第2版

いちばんやさしい
Python（パイソン）
機械学習の教本

人気講師が教える
業務で役立つ
実践ノウハウ

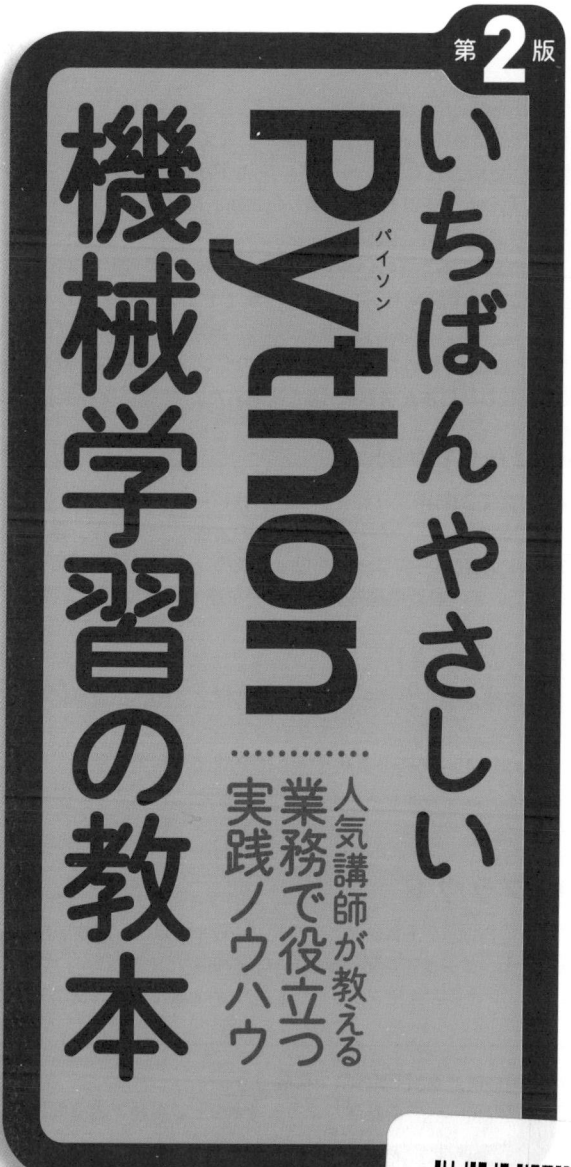

JN006870

インプレス

著者プロフィール

鈴木 たかのり（すずき たかのり）

株式会社ビープラウド取締役／Python Climber

前職で部内のサイトを作るためにZope/Ploneと出会い、その後必要にかられてPythonを使い始める。2012年3月よりビープラウド所属。主な活動は一般社団法人PyCon JP Association副代表理事、PyCon JP 2014-2016座長、Pythonボルダリング部（#kabepy）部長、Python mini Hack-a-thon（#pyhack）主催など。

共著書／訳書に『Pythonによるあたらしいデータ分析の教科書 第2版（2022 翔泳社刊）』『Python実践レシピ（2022 技術評論社刊）』『最短距離でゼロからしっかり学ぶ Python入門（必修編・実践編）（2020 技術評論社刊）』『いちばんやさしいPythonの教本 第2版（2020 インプレス刊）』などがある。

各国PyConやPython Boot Campで訪れた土地で、現地のクラフトビールを飲むことが楽しみ。2019年は世界各国のPyConでの発表に挑戦し、日本を含む9か国で発表した。趣味は吹奏楽とボルダリングとレゴ。

降籏 洋行（ふりはた ひろゆき）

Sier、ベンチャー企業を経て2015年よりビープラウド社に所属。Sier時代、同僚が社内ツールを作成するのにPythonを使っていたのがPythonとの出会い。その後、自分でも徐々にPythonを使うようになる。現在は主にDjangoを使ったWebシステムの開発に従事。Python研修の講師やTAも務めている。最近の趣味はコーヒー。座右の書は『歎異抄』。

平井 孝幸（ひらい たかゆき）

携帯電話向けサービス開発企業、アドテク関連企業を経て、2015年よりビープラウド社に所属。

データ分析基盤の開発やDWHの構築、運用を通じてPythonの利用を開始。ビープラウド社内では、機械学習システムやWebシステムの設計と開発、インフラの整備、研修講師などに従事。

株式会社ビープラウド

ビープラウドは、2008年にPythonを主言語として採用し、Web開発から機械学習までさまざまなシステムを開発している。その経験を活かし、オンライン学習サービス「PyQ®（パイキュー）」やPython研修でのエンジニア育成にも力を注いでいる。また、IT勉強会支援プラットフォームconnpassはITエンジニアに広く利用されている。

読者の皆様はPyQ®の一部の機能を3日間無料で体験できます。
本書の「Chapter 6 表形式のデータを前処理しよう」をPyQ上で実装できる問題を用意しました。
さらに追加演習も用意しましたのでぜひチャレンジしてください。
無料体験は以下のURLにアクセスし、画面の案内に従って開始してください。

https://pyq.jp/account/join/?pyq_campaign=yasashiipythonml02

※キャンペーンの提供は予告なく終了することがあります。あらかじめご了承ください。

本書は、Pythonについて、2023年1月時点での情報を掲載しています。
本文内の製品名およびサービス名は、一般に各開発メーカーおよびサービス提供元の登録商標または商標です。
なお、本文中にはTMおよび®マークは明記していません。

はじめに

Pythonを使った機械学習の入門書が多数出版される中、本書『いちばんやさしいPython機械学習の教本 第2版』を手に取っていただき、ありがとうございます。

近年、ITの普及により大量のデータに触れることが容易になり、高性能なPCで機械学習を試しやすくなっています。機械学習を活用することで、データから異常を見つけたり、売上を予測したり、テキストを分類するといったことが可能になります。

私たちが所属する株式会社ビープラウドでは、さまざまなシステムをPythonで開発しています。また、オンライン学習サービス「PyQ®」や企業向けのPython研修では、長年の開発でのノウハウをベースにPythonのみならず、機械学習やデータ分析についても教えています。

本書は、それらの経験に基づいて「初めて機械学習を学習する人」や「機械学習に挑戦してみたが難しくて挫折した人」に対して、やさしく機械学習の概要と導入部分について解説しています。

また、本書はPythonの基礎を解説した『いちばんやさしいPythonの教本 第2版』の続編に当たります。前著を読んでいなくても読み進められますが、Pythonの基礎知識があることを前提としていますので、Python自体が初めてという場合は前著をご一読ください。

本書は機械学習に興味を持つプログラミング初心者の皆さんのために執筆しました。ワークショップ形式の講義のような内容を通して「機械学習の概念」「データ収集（スクレイピング）」「自然言語処理」「データの前処理」「機械学習によるデータの分類や数値の予測」について解説します。上記の通り、本書には機械学習の他に「データ収集」や「自然言語処理」「前処理」といった関連技術も含まれています。機械学習を使った実用的なプログラムを作るために必要となるため、これらの関連技術についても解説しています。

さらに各Chapterの最後では、前著でも作成した「pybot」というボットプログラムを拡張します。このボットプログラムを通じて、実際に機械学習や関連技術をアプリケーションに活用する方法を体験できます。活用方法を含めて学ぶことで、実用的なプログラムが作れるようになります。

私たちは、本書をきっかけに、より深く機械学習について学んでほしいと考えています。そこでChapter 8では、本書を読んだあとの次のステップについて解説しています。本書を入り口として、機械学習という広い世界に挑戦していただけますと幸いです。

本書は2019年6月に発売された『いちばんやさしいPython機械学習の教本 』の改訂版です。対象とするPythonのバージョンを3.7から3.10にアップデートし、使用するライブラリも更新しました。またノートブックを編集する環境をJupyter Notebookから次世代インターフェースのJupyterLabに変更するなど、最新の環境にあわせて全体を見直しています。

ぜひPythonで機械学習と関連技術の世界を楽しんでください！

2023年1月 株式会社ビープラウド 著者一同

「いちばんやさしい Python機械学習の教本 第2版」の読み方

「いちばんやさしいPython機械学習の教本」は、はじめての人でも迷わないように、わかりやすい説明と大きな画面でPythonを使ったプログラムの書き方を解説しています。

「何のためにやるのか」 がわかる！

薄く色の付いたページでは、プログラムを書く際に必要な考え方を解説しています。実際のプログラミングに入る前に、意味をしっかり理解してから取り組めます。

タイトル
レッスンの目的をわかりやすくまとめています。

レッスンのポイント
このレッスンを読むとどうなるのか、何に役立つのかを解説しています。

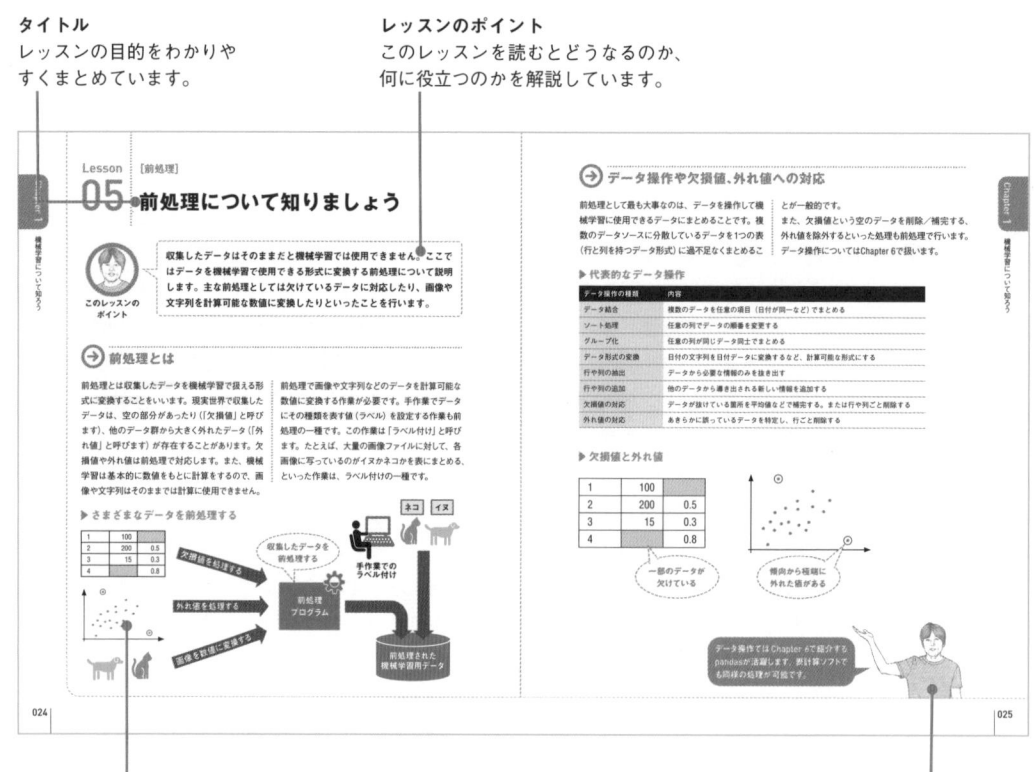

解説
Webサイトを作る際の大事な考え方を、画面や図解をまじえて丁寧に解説しています。

講師によるポイント
特に重要なポイントでは、講師が登場して確認・念押しします。

「どうやってやるのか」
がわかる！

プログラミングの実践パートでは、1つ1つのステップを丁寧に解説しています。途中で迷いそうなところは、Pointで補足説明があるのでつまずきません。

手順
番号順に入力をしていきます。入力時のポイントは赤い線で示しています。また、一部のみ入力するときは赤字で示します。

ワンポイント
レッスンに関連する知識や知っておくと役立つ知識を、コラムで解説しています。

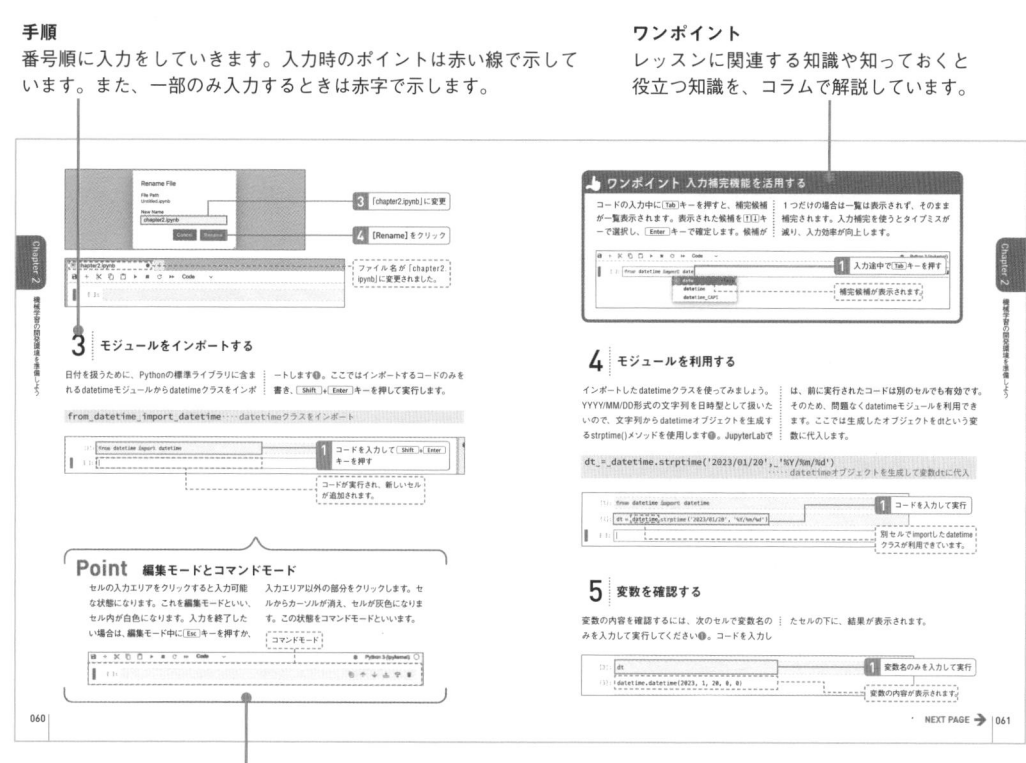

Point
その入力作業を行う際の注意点や補足説明です。

いちばんやさしい Python 機械学習の教本 第2版

人気講師が教える
業務で役立つ実践ノウハウ

Contents
目次

Chapter 1 機械学習について知ろう

page 013

Chapter **2** | 機械学習の開発環境を
準備しよう

page
045

Chapter 3 スクレイピングで データを収集しよう

Chapter 4 日本語の文章を生成しよう

Chapter 6 表形式のデータを前処理しよう

Chapter

1

機械学習について知ろう

機械学習に関連するプログラミングをはじめる前に、機械学習の概要について理解しましょう。機械学習とはどういった技術なのか、また機械学習プロジェクトを実施するための全体像について知りましょう。

Lesson
01
［機械学習とその用途］

機械学習とは何かを知りましょう

**このレッスンの
ポイント**

最近注目されている機械学習という技術はどのようなものでしょうか？　また、通常のプログラミングと何が違うのでしょうか？　まずはこれらの疑問に答えつつ、機械学習がどういった用途で使用されているかについても学びましょう。

人間の学習能力を再現する「機械学習」

機械学習とは人工知能（AI）の一分野で、人間の学習能力をコンピューターで実現するものです。たとえば、人はイヌとネコの写真を見分けられます。これは過去にイヌとネコの画像を学習することにより、イヌとネコを見分けるルールを脳の中に作成することで実現していると考えられます。同じようにコンピューターにデータ（イヌとネコの画像）を学習させることで、判別ルールを作成するのが機械学習です。

▶ 機械学習のイメージ

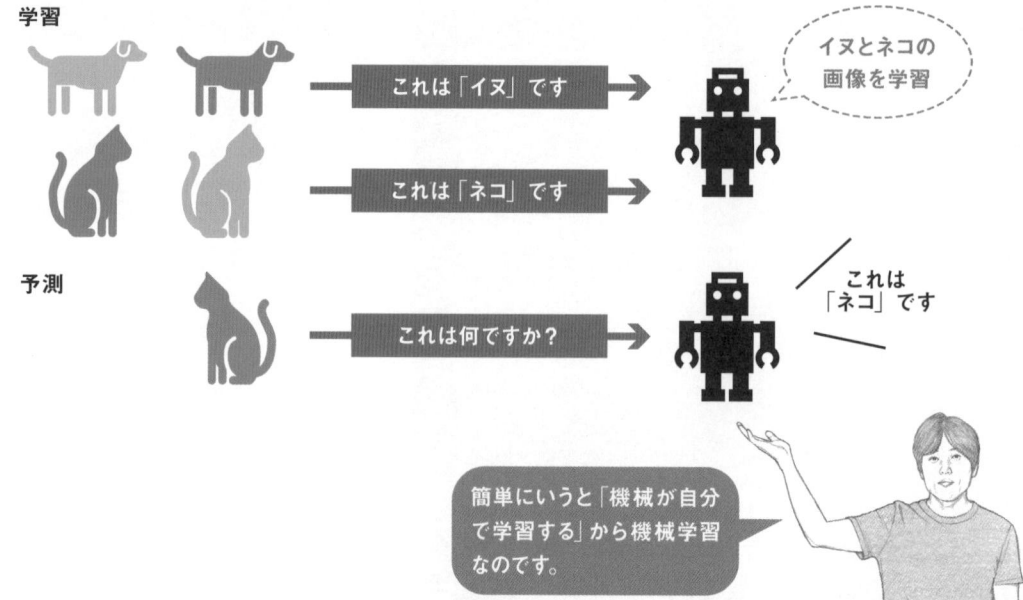

機械学習が向いている用途

機械学習はどのような用途に向いているのでしょうか？　機械学習は、人間では処理しきれないほどの大量のデータが存在しており、そのデータの傾向をもとにグループ分けしたり、関連性を見つけたりするといった用途に向いています。また、さまざまな過去のデータをもとに将来のデータを予測するといった用途にも向いています。

自分の身の回りのデータが機械学習に向いているか考えてみましょう。学習するデータが少ない場合や、データに傾向がなさそうな場合は機械学習には向いていません。

 # 身近にある機械学習の例

機械学習はすでに社会の中でさまざまな分野で応用されています。例を挙げると以下のようなところで機械学習が利用されています。

▶ 機械学習の利用例

- Gmailなどで使用されているスパム（迷惑メール）フィルター
- Microsoftで開発された女子高生のように会話するAIチャットボット「りんな」
- Google翻訳などの機械翻訳
- 自動車の自動運転技術

▶ Google翻訳の例

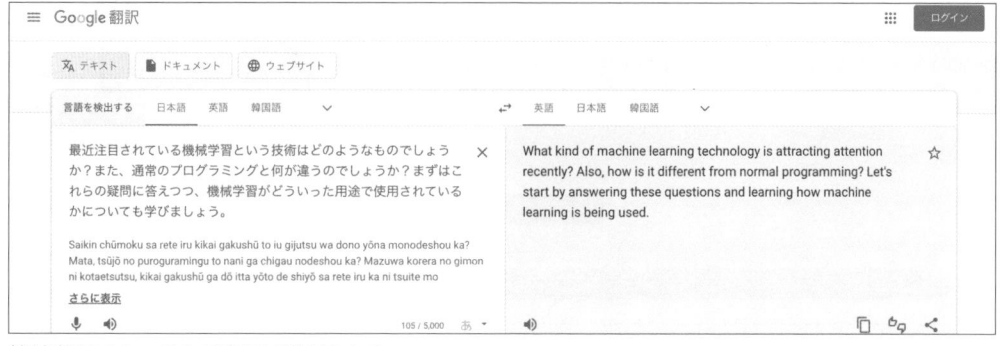

機械学習によってより適切に翻訳される
https://translate.google.co.jp/

Lesson 02

[今、機械学習が注目される理由]

今、機械学習が注目されている理由を知りましょう

このレッスンの
ポイント

機械学習は以前から存在する技術で、数十年の長い歴史があります。今までは研究分野のみで活用されている印象が強かった機械学習が、近年非常に注目されるようになりました。機械学習が注目されるようになった理由について知りましょう。

→ 人工知能の歴史

Lesson 01でも紹介した通り、機械学習は人工知能（AI）の一分野です。人工知能という分野の歴史は長く、第一次AI（人工知能）ブームと呼ばれるものが1950〜1960年代にかけて起きています。この頃は単純なパズルや迷路を解くといったものでした。第二次AIブームは1980年代に起こり、エキスパートシステムという専門家の知識をコンピューターに移植して問題を解かせることが試みられました。この頃から機械学習の研究が重要になってきました。

現在は第三次AIブームといえ、機械学習だけでなく深層学習（ディープラーニング）の利用が広がっています。

▶ 3回のAIブーム

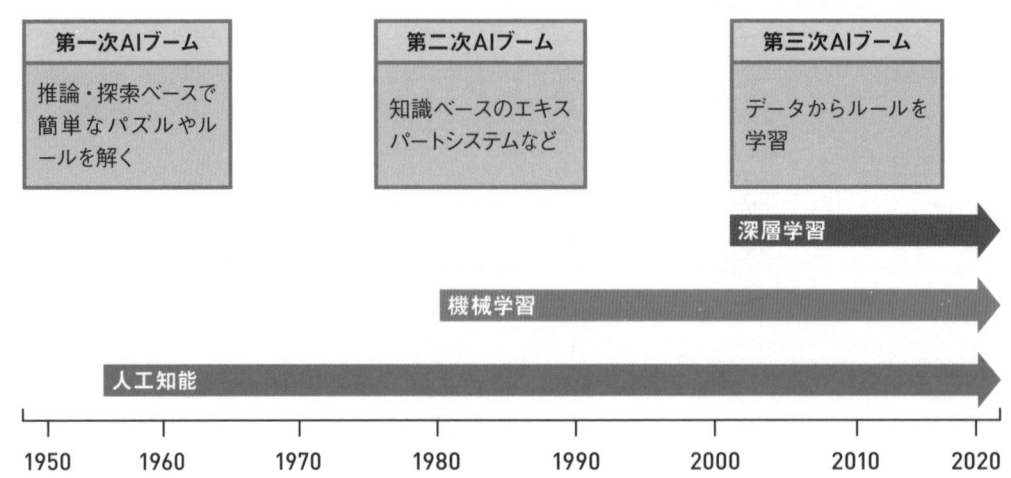

データが集めやすくなった

以前から存在する機械学習ですが、なぜ現在注目されるようになったのでしょうか？ それには大きく3つの要因があり、そのおかげで研究だけでなくビジネスで機械学習を利用することが現実的になりました。要因の1つ目はインターネットの普及です。インターネットの普及から年月が経ち、個人や会社で機械学習に必要となる大量のデータを集めやすくなりました。たとえば、インターネット上のWebページや、Webサービスが提供するAPIを経由してデータを取得できます。Webページ上の情報は、Webスクレイピングという手法でデータを収集できます。

▶ インターネットからデータを収集

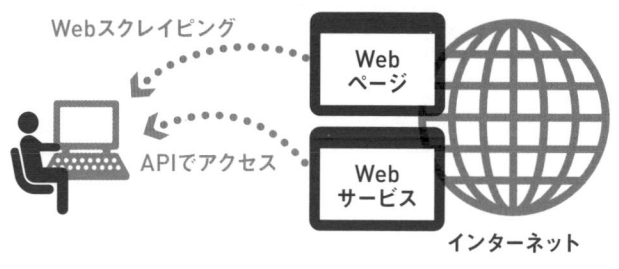

学習用の大量のデータは、機械学習にとって欠かせないものです。

高速な計算処理が可能になり、ライブラリが充実した

2つ目の要因はコンピューターのスペックが上がったことです。高速なCPUと大量のメモリが必要な機械学習を個人のPCでも試せるようになりました。機械学習の計算を高速に行うために、GPUも利用できます。また、AmazonのAWSやGoogleのGCPなど、クラウド上のコンピューターを使うことで、機械学習のための高速で大規模な計算処理環境を短期間で用意できるようになりました。3つ目の要因は、便利なライブラリが充実したことです。Pythonを中心に機械学習に便利なライブラリが多数提供されるようになりました。これらのライブラリの多くはオープンソースで開発されており、簡単にインストールでき、機械学習のアルゴリズムを自分でプログラミングしなくてもすぐに利用できます。

ワンポイント GPUを機械学習に利用する

GPUはGraphics Processing Unitの略で、名前の通り画像処理に特化したプロセッサーです。GPUによるグラフィックスを描画するための計算能力は、機械学習で使用する数値計算に転用可能です。そのため、機械学習の分野でもGPUを搭載したコンピューターが広く利用されています。

Lesson 03

[機械学習と周辺の技術]

機械学習と関連する技術を知りましょう

このレッスンの
ポイント

機械学習で何かを実現するためには、機械学習そのもの以外にもさまざまな関連技術を活用する必要があります。ここでは機械学習という技術の扱う範囲と、周辺の関連技術が必要な理由と用途について解説します。また、各技術がどのように関連しているかを説明します。

→ 機械学習が扱うもの

機械学習は、データを学習し、学習した結果から作成された判別ルールを利用して結果を予測する用途に主に使用します。

ここでは2つのプログラムを作成する必要があります。学習プログラムはデータから判別ルール（機械学習

では「学習済みモデル」と呼びます）を生成します。予測プログラムは学習済みモデル（判別ルール）に対して「未知のデータ」を入力し、予測した結果を出力します。

▶「学習」と「予測」のプログラムを作成する

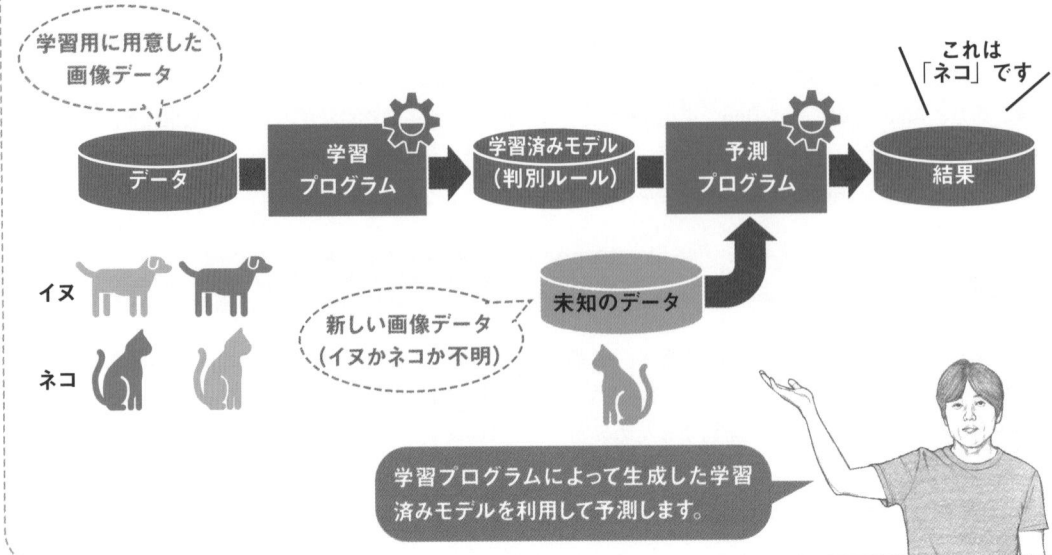

➔ 機械学習の技術だけでは課題を解決できない

しかし、機械学習の技術を使用して何かを実現するためには、いくつもの課題があります。
これらの課題を機械学習の関連技術を使用して解決する必要があります。イヌとネコの画像認識を例

にすると、イヌとネコの画像データを集めたり、集めた画像に他の動物が混ざっていたら除外したりするといった作業が必要となります。

▶ 機械学習に関する課題

データがない	データが汚い	成果が出ない	システムへの組み込み
そもそも学習のもととなるデータがないため、データを用意する必要がある	集めた大量のデータの形式に問題があるため、そのままでは機械学習で利用できない	機械学習を実行してみたが、予測が当たらない	継続的に機械学習を使用するためには、システムに組み込む必要がある

➔ 課題を解決するための関連技術

先ほど挙げた課題を解決しないと、機械学習でシステムを作ることはできません。下図に課題を解決するための関連技術についてまとめました。機械学習でシステムを作成するためには、機械学習技

術そのものだけでなく、関連技術の用途や使い方についても理解する必要があります。そのため、本書ではこれら関連技術についても各Chapterで解説していきます。

▶ 課題を解決する関連技術

データがない	データが汚い	成果が出ない	システムへの組み込み

| データ収集 | 前処理 | 精度評価 | システム化 |
| 機械学習に使用するデータを集めてくる技術。機械学習には大量のデータが必要となる（Chapter 3参照） | 収集したデータを機械学習で使用できる形式に整理する技術。数値ではないデータを数値化したり、ゴミデータを取り除いたりする（Chapter 4〜6参照） | 機械学習で作成したモデルがどのくらい正しく予測できるかを評価する技術。評価が低い場合は学習プログラムを見直すなどの対策が必要となる（Chapter 5、7参照） | 機械学習プログラムをシステムに組み込み、利用できるようにする技術。Webサービスに機械学習を組み込む場合などに必要となる（Chapter 3〜7参照） |

→ 機械学習と関連技術

ここまで説明してきたように、機械学習を用いたシステムを作成するには、機械学習技術だけでなく関連技術も組み合わせる必要があります。
次の図ではそれぞれの技術がどのように関連してい

るかを表しています。各プログラムが作成したデータやモデルなどを、次のプログラムが受け取って処理をしていく流れがわかると思います。

▶ 機械学習と関連技術の処理の流れ

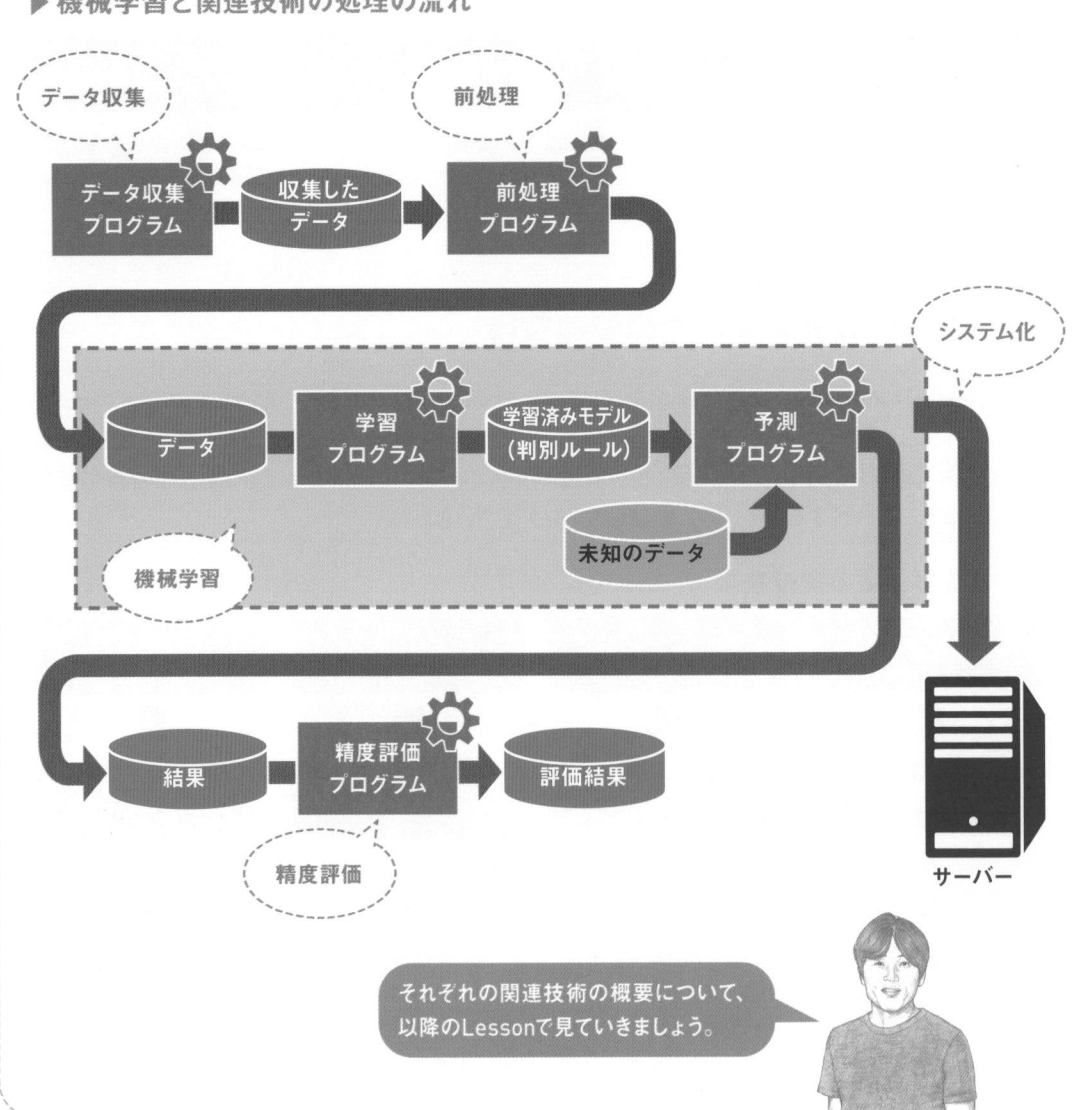

それぞれの関連技術の概要について、以降のLessonで見ていきましょう。

Lesson 04 ［データ収集］

データ収集について知りましょう

このレッスンの
ポイント

機械学習を行うためには学習の対象となるデータを用意する必要があります。ここではなぜ大量のデータが必要であるのかについてと、大量データを集めるためのさまざまな手法について解説します。

→ 機械学習にはなぜ大量のデータが必要なのか

機械学習では大量のデータを集められないと、効果的な学習が行えず、よい学習済みモデル（判別ルール）を作成できません。たとえばイヌとネコの画像を分類するモデルの作成を目標とした場合、イヌとネコの画像が1枚ずつしか用意できなかったら、そのたった2枚を基準に誤った形でイヌとネコを学

習してしまいます。適切な学習済みモデルを作成するためには、大量の学習データを用意する必要があります。その作業をデータ収集と呼びます。なお、必要なデータ量は目的やデータの傾向によって異なります。

▶ 機械学習には大量のデータが必要

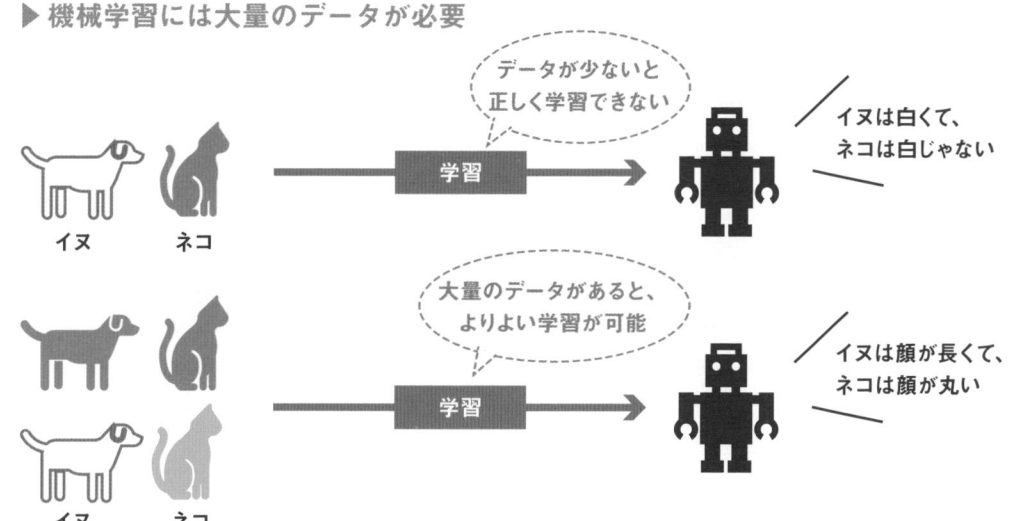

データ収集とは

データ収集とは名前の通り、機械学習に使用するデータを集めることです。機械学習を行うためには大量の学習用のデータが必要となります。あらかじめデータが存在しない場合、データを集める必要があります。データを集めるには各種サーバー、インターネット、公開されているデータセット、データベースといったさまざまなデータソースを利用することが考えられます。

▶ さまざまなデータソースからデータを集める

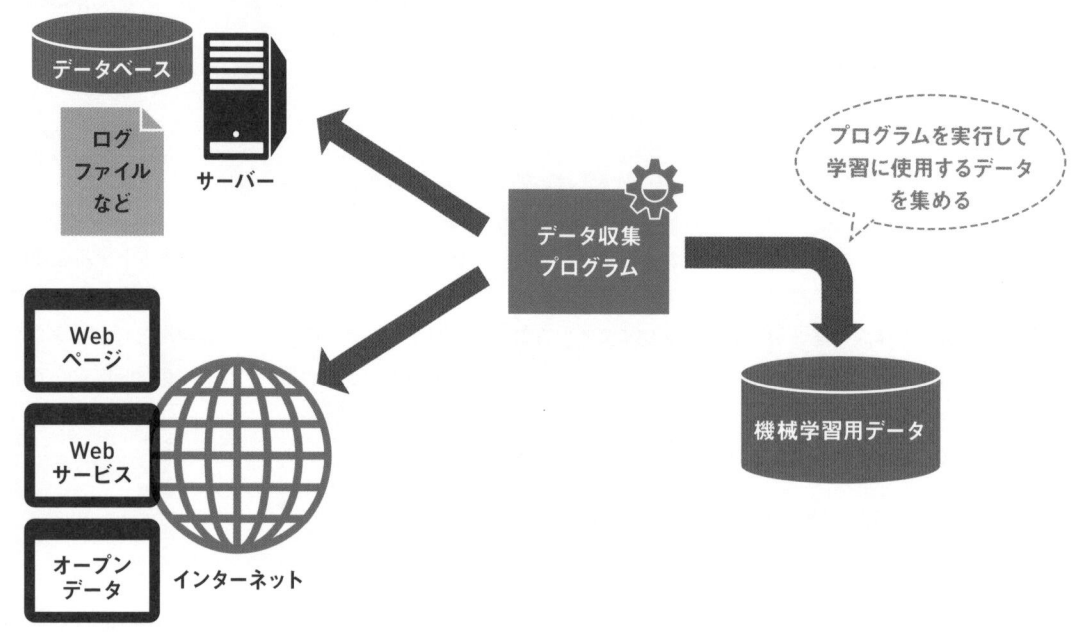

サーバーからデータを取得する

自身が運用しているサーバーでサービスを提供している場合、そのサーバーが利用するデータベースや、ログから各種情報を集めて機械学習に利用できます。たとえば、ECサイトを運営している場合は、データベースから顧客情報と販売情報を取得して、どういう属性の人が何を購入しているか、というような学習用データが作成できます。また、サーバーのアクセスログをもとに侵入を検知したり、CPUなどの各種パフォーマンスに関するログからハードウェアの異常検知を行うといったことが考えられます。Webサーバーへのアクセスログはユーザーの行動分析などに利用することが考えられます。

インターネットからデータを取得する

インターネット上に存在するデータをプログラムなどで収集する方法です。Web APIが公開されている場合は、API経由でデータを取得します。APIが提供されていない場合はWebスクレイピングという手法で、Webページの情報をプログラムで取得できます。API、スクレイピングいずれの手法であっても、データ提供元の利用規約などに従う必要があります。Web APIを利用するためにユーザー登録を行う場合や、アクセス数に上限が設定されている場合があります。WebスクレイピングについてはChapter 3で扱います。

公開されているデータセットを取得する

公開されているデータセットをダウンロードして入手することもできます。Kaggle（カグル）という機械学習の学習済みモデルの性能を競い合うWebサイトでは、各種データセットが提供されています。
また、近年「オープンデータ」という名称で各種自治体などからデータが提供されている例もあります。ただし、オープンデータとはいってもフォーマットはさまざまです。PDFなどプログラムでは扱いにくい形式で提供されているデータも存在し、利用するために工夫が必要となることもあります。

▶ KaggleのDatasetsページ

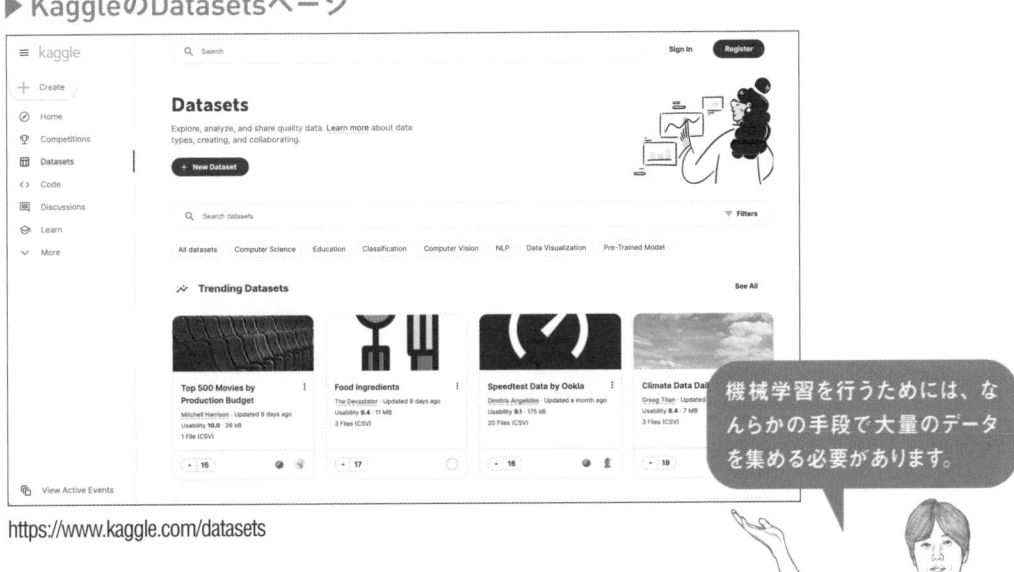

https://www.kaggle.com/datasets

機械学習を行うためには、なんらかの手段で大量のデータを集める必要があります。

[前処理]

前処理について知りましょう

**このレッスンの
ポイント**

収集したデータはそのままだと機械学習では使用できません。ここではデータを機械学習で使用できる形式に変換する前処理について説明します。主な前処理としては欠けているデータに対応したり、画像や文字列を計算可能な数値に変換したりといったことを行います。

→ 前処理とは

前処理とは収集したデータを機械学習で扱える形式に変換することをいいます。現実世界で収集したデータは、空の部分があったり（「欠損値」と呼びます）、他のデータ群から大きく外れたデータ（「外れ値」と呼びます）が存在することがあります。欠損値や外れ値は前処理で対応します。また、機械学習は基本的に数値をもとに計算をするので、画像や文字列はそのままでは計算に使用できません。

前処理で画像や文字列などのデータを計算可能な数値に変換する作業が必要です。手作業でデータにその種類を表す値（ラベル）を設定する作業も前処理の一種です。この作業は「ラベル付け」と呼びます。たとえば、大量の画像ファイルに対して、各画像に写っているのがイヌかネコかを表にまとめる、といった作業は、ラベル付けの一種です。

▶ さまざまなデータを前処理する

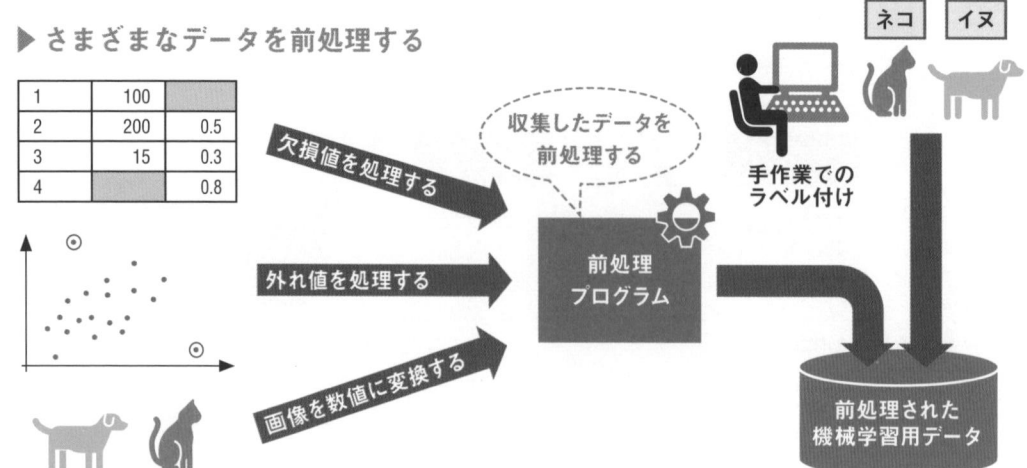

データ操作や欠損値、外れ値への対応

前処理として最も大事なのは、データを操作して機械学習に使用できるデータにまとめることです。複数のデータソースに分散しているデータを1つの表（行と列を持つデータ形式）に過不足なくまとめるこ

とが一般的です。

また、欠損値という空のデータを削除／補完する、外れ値を除外するといった処理も前処理で行います。データ操作についてはChapter 6で扱います。

▶ 代表的なデータ操作

データ操作の種類	内容
データ結合	複数のデータを任意の項目（日付が同一など）でまとめる
ソート処理	任意の列でデータの順番を変更する
グループ化	任意の列が同じデータ同士でまとめる
データ形式の変換	日付の文字列を日付データに変換するなど、計算可能な形式にする
行や列の抽出	データから必要な情報のみを抜き出す
行や列の追加	他のデータから導き出される新しい情報を追加する
欠損値の対応	データが抜けている箇所を平均値などで補完する。または行や列ごと削除する
外れ値の対応	あきらかに誤っているデータを特定し、行ごと削除する

▶ 欠損値と外れ値

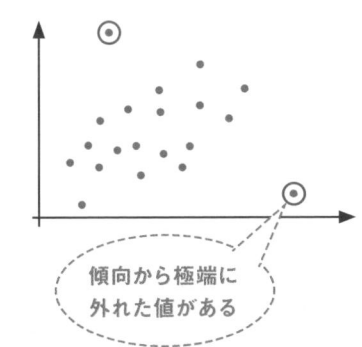

一部のデータが欠けている

傾向から極端に外れた値がある

データ操作では Chapter 6で紹介するpandasが活躍します。表計算ソフトでも同様の処理が可能です。

文字列の前処理

文字列を機械学習にかけるためには前処理が必要です。文字列処理では基本的に単語単位で処理することが多いです。英語などと異なり日本語は単語の区切りにスペースがないため文字列を単語に分割する必要があります。また、品詞などの情報を取得する形態素解析という処理が必要となることも多い

です。動詞などの活用がある単語を原形に戻す処理もよく行われます。その後、単語の数を数えるなどすることで機械学習のデータとして活用できるようになります。文字列の前処理についてはChapter 4で扱います。

▶ 形態素解析で単語を分割する

前処理について知りましょう　→　形態素解析　→

	品詞	原形
前処理	名詞	前処理
について	助詞	について
知り	動詞	知る
ましょ	助動詞	ます
う	助動詞	う

画像の前処理

画像データを機械学習にかけるためにもさまざまな前処理が必要です。データのサイズ（ピクセル数）や、色の階調を揃えるなど、画像データの形式を統一する処理を行います。他に、画像から必要となる

部分を手作業で抜き出す作業もあります。また、機械学習は数値を計算するので、画像の各ピクセルを数値に変換する処理も必要となります。画像の前処理についてはChapter 5で扱います。

▶ 画像の前処理

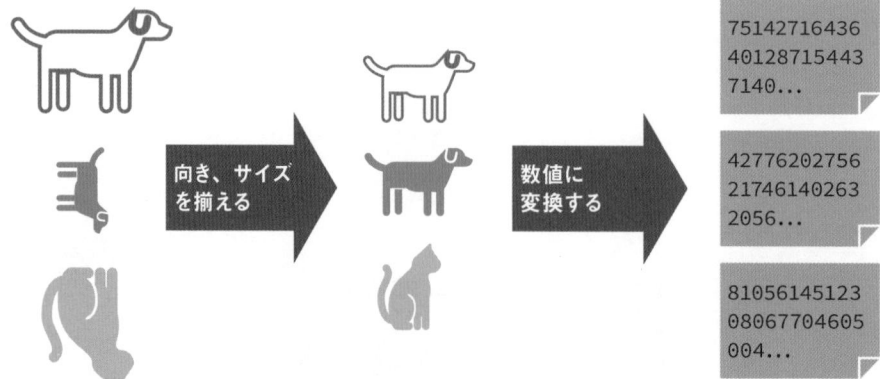

向き、サイズを揃える　→　数値に変換する　→

75142716436
40128715443
7140...

42776202756
21746140263
2056...

81056145123
08067704605
004...

→ ラベル付け

機械学習の目的として予測を行いたい場合には、正解が設定された学習データが必要です。たとえば、大量のイヌとネコの写真を集めた場合、どの画像がイヌでどの画像がネコであるかをあらかじめ分類する必要があります。また、イヌとネコ以外の画像が含まれていた場合には、その画像を対象外とする作業も必要になる場合があります。このように各データの正解（イヌまたはネコ）を学習データに設定する作業をラベル付け（またはラベリング）といいます。ラベル付けは基本的に手作業で行うしかないため、大量データのラベル付けは労力を必要とする作業です。

▶ ラベル付けには手作業が必要

機械学習によって分類を自動化するためには、そのもととなる大量の学習データに対して手作業でラベル付けをする必要があります。

👍 ワンポイント ラベル付けアプリケーション

ラベル付けの作業を効率的に行うために、専用のアプリケーションを作成することがあります。たとえば、イヌとネコの画像にそれぞれ適切なラベルを付けるために以下のようなアプリケーションが考えられます。

- 画面にまだラベルが付いていない画像を1枚表示する
- 人がそれを見て「イヌ」または「ネコ」のボタンを押す
- 画像のファイル名とイヌまたはネコの情報を保存する

この機能をWebアプリケーションで作成すれば、複数人で分担してラベル付けの作業もできます。

Lesson 06

[機械学習の手法]

機械学習の手法について知りましょう

**このレッスンの
ポイント**

機械学習には大きく分けて「教師あり学習」「教師なし学習」「強化学習」の3種類の学習方法があります。ここではそれぞれの学習方法の違いと、それぞれの学習方法がどういった分野に適しているかを理解しましょう。

➡ 機械学習の3種類の学習方法

機械学習には大きく分けて 教師あり学習、教師なし学習、強化学習 という3種類の学習方法があります。それぞれの学習方法ごとに、目的や学習データを準備する方法などが異なります。本書で扱う機械学習は 教師あり学習 のみですが、簡単にそれぞれの特徴や違いについて理解しましょう。

▶ 3種類の機械学習

学習方法	主な用途
教師あり学習	データの分類、数値の予測など
教師なし学習	データのクラスタリング（似たものを集めてグループ化する）
強化学習	ゲームのルールなどを与えて、自ら学んで強くなる

本書を読み終えたあとは、別の書籍などを参考に教師なし学習、強化学習にもぜひ挑戦してみてください。

教師あり学習とは

教師あり学習は正解となるデータを元に機械学習を行う手法です。ここでいう正解とは 前処理でラベル付けを行ったラベル のことです。教師あり学習には大きく分けて分類と回帰という2種類があります。分類は名前の通り、データがどのグループに属するかを分類する用途で使用します。ここまで例に挙げていたイヌとネコの画像分類も、教師あり学習の分類の一種となります。回帰は結果が連続した数値のデータに対して使用します。たとえば、気温と湿度からビールの売上を予測するといった用途に使用します。教師あり学習はChapter 5、7で扱います。

▶ 分類と回帰の利用例

種類	利用例
分類	画像の分類、文字認識など
回帰	売上の予測、気温の予測など

教師なし学習と強化学習とは

教師なし学習とは、正解のラベルが付けられていないデータに対して行う機械学習の手法です。教師なし学習は、正解がない状態で似たデータを探す「クラスタリング」に利用されます。クラスタリングは、データ群の中から似たものをグループ化するときに使用します。応用例としては顧客のセグメンテーションなどが考えられます。

強化学習はある環境の中でとった行動によって、得られる報酬が最大になるように学習する手法です。たとえば、囲碁のルールを環境として設定し、勝つと報酬を与えることによって、強い囲碁プログラムを作成するといった用途に使用します。近年研究が進んでいる分野で、他の応用例としてはロボットの制御や自動車の自動運転といった用途にも利用されています。

▶ クラスタリング

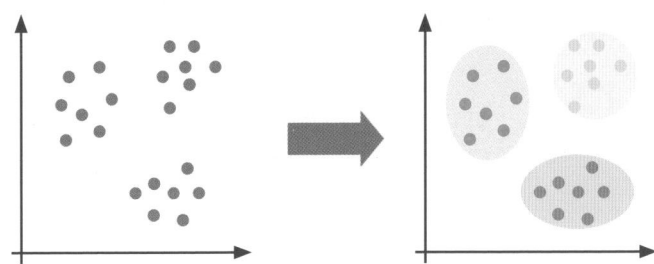

07

[機械学習のアルゴリズム]
機械学習のアルゴリズムの種類を知りましょう

**このレッスンの
ポイント**

機械学習で成果を出すには、さまざまなアルゴリズムを使いこなす必要があります。このLessonでは機械学習のアルゴリズムとはどういうものかを知り、主なアルゴリズムとさまざまなアルゴリズムを試すことについて学びます。

→ 機械学習のアルゴリズムとは

アルゴリズムとは一般には数学やコンピューターなどで問題を解くための手順のことです。

機械学習の分野でのアルゴリズムとは、教師あり学習の分類と回帰、教師なし学習、強化学習それぞれの処理を行うための計算式の集まりです。機

械学習の手法と対象となるデータ特性に合わせて、使用するアルゴリズムを選択する必要があります。実際には計算を実行してみるまで適切なアルゴリズムはわからないため、さまざまなアルゴリズムを試して結果を比較する必要があります。

▶ さまざまなアルゴリズムを試す

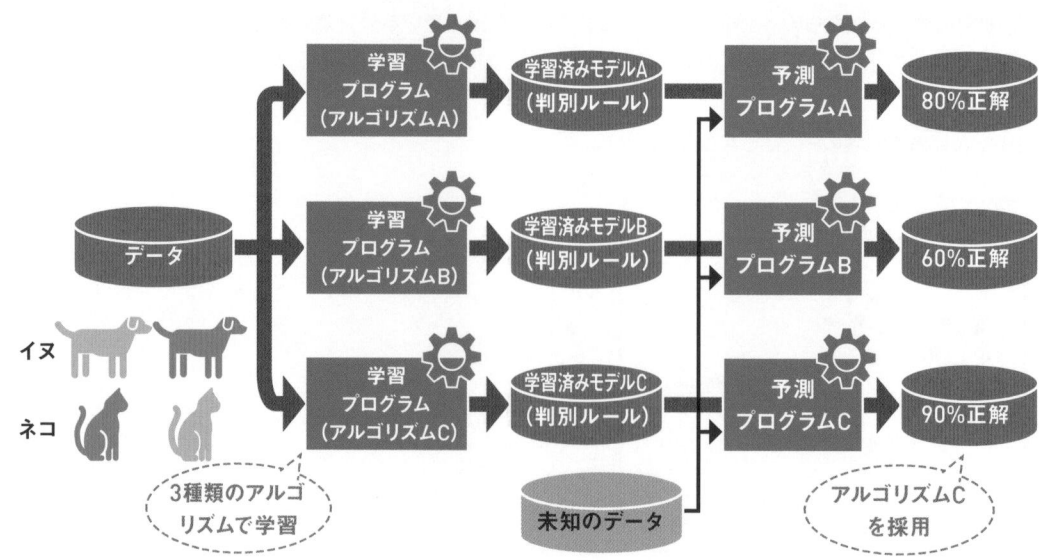

教師あり学習の代表的なアルゴリズム

教師あり学習で使用される主なアルゴリズムを紹介します。これらのアルゴリズムはすべて機械学習ライブラリのscikit-learn（サイキットラーン）で提供されており、プログラム中で呼び出すだけで使用できます。また、これらのアルゴリズムは同じインターフェース（利用方法）になっており、学習プログラムの中で簡単にアルゴリズムを入れ替えて試すことが可能です。

本書ではChapter 5でロジスティック回帰とランダムフォレスト、Chapter 7で線形回帰を扱います。なお、ロジスティック回帰は名前に「回帰」と付きますが、分類に使用するので注意しましょう。

▶ 教師あり学習の主なアルゴリズム

アルゴリズム	scikit-learnのクラス	分類／回帰
線形回帰	LinearRegression	回帰
ロジスティック回帰	LogisticRegression	分類
サポートベクターマシン（SVM）	SVC	分類
	SVR	回帰
決定木	DecisionTreeClassifier	分類
ランダムフォレスト	RandomForestClassifier	分類

👍 ワンポイント 機械学習に関する主なライブラリ

scikit-learn以外にも、Pythonの機械学習では次のようなライブラリが使用されます。

名前（読み）	内容
JupyterLab（ジュピターラボ）	Webブラウザ上で対話形式でPythonを実行する環境。本書全体でPythonの実行環境として使用する（Chapter 2）
NumPy（ナムパイ）	数値計算、多次元配列の操作などを効率的に行うためのライブラリ（Chapter 5）
SciPy（サイパイ）	科学技術計算、統計計算を行うためのライブラリ。本書では直接使用しないが、scikit-learn内部での高度な計算処理に使用されている
pandas（パンダス）	データフレームという表形式のデータ構造を使用して、データの抽出や加工、集計を行うライブラリ（Chapter 6）
Matplotlib（マットプロットリブ）	折れ線グラフ、棒グラフなどデータを可視化するためのライブラリ（Chapter 5、7）

→ アルゴリズムの選び方

アルゴリズムの選び方の参考として、機械学習ライブラリのscikit-learnのサイトにあるチートシートがあります。

左上が教師あり学習の分類（classification）、右上が教師あり学習の回帰（regression）、左下が教師なし学習のクラスタリング（clustering）、右下が教師なし学習の次元削減（dimensionality reduction）に使用する主なアルゴリズムです。次元削減は本書では説明していませんが、2次元のデータを1次元に変換するなどして、データ量を減らして効率的に計算できるようにすることです。

▶ scikit-learnのアルゴリズムチートシート

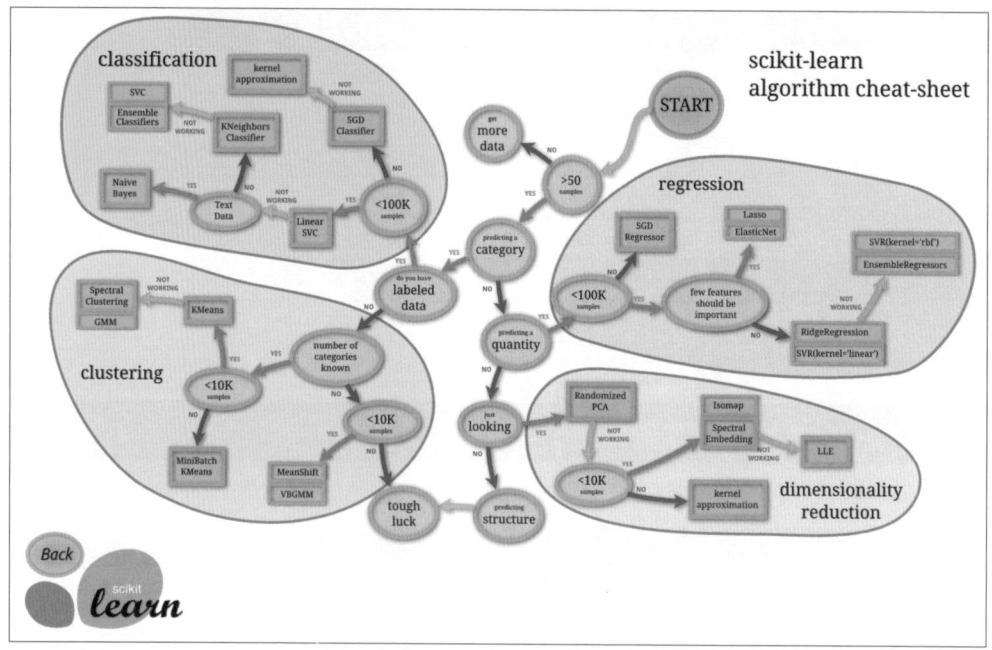

https://scikit-learn.org/stable/tutorial/machine_learning_map/index.html

たとえば分類（classification）ではデータ量が 100,000より多ければ Linear SVCを、そうでなければ SGD Classifierがおすすめされています。

アンサンブル学習

機械学習では複数のアルゴリズムを組み合わせて使用するアンサンブル学習という手法もあります。アンサンブル学習では、複数のアルゴリズムの結果をもとに多数決などで最終的な結果を決定する手法です。Chapter 5で使用するランダムフォレストはアンサンブル学習の1つです。

▶ アンサンブル学習で多数決で決定

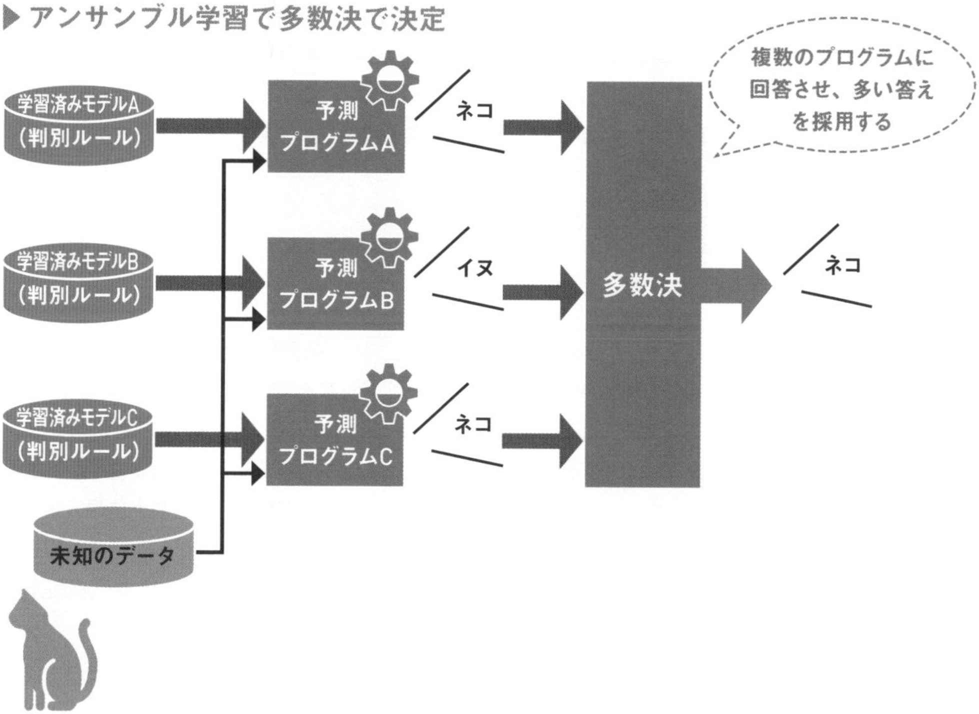

```
学習済みモデルA        予測              ／ネコ
（判別ルール）     プログラムA

                                              複数のプログラムに
                                              回答させ、多い答え
                                              を採用する

学習済みモデルB        予測              ／イヌ          多数決      ／ネコ
（判別ルール）     プログラムB

学習済みモデルC        予測              ／ネコ
（判別ルール）     プログラムC

未知のデータ
```

アンサンブル学習についてもscikit-learnでさまざまなものが用意されています。本書を読み終えたあとにぜひチャレンジしてみてください。
https://scikit-learn.org/stable/modules/ensemble.html

Lesson

[PoC：Proof of Concept]

08

PoCについて理解しましょう

**このレッスンの
ポイント**

機械学習では収集したデータから目的とする結果が得られるかどうか
は試してみないとわかりません。実際に成果が得られるかどうかを検
証する作業をPoCと呼びます。ここでは、なぜPoCが必要なのか、具
体的に何を行うのか、について理解しましょう。

◯→ 機械学習におけるPoCとは

PoC（ポックまたはピーオーシー）　はProof of
Conceptの略で日本語では概念実証と訳されます。
PoC自体は機械学習の専門用語ではなく、新しい
概念やアイデアが実現可能かを確認するために、
部分的に成果物を作成することをいいます。いきな
り実際のプロジェクトを進めて失敗すると多くの時
間と労力が無駄になるため、PoCによって実現可能
性をはかります。試供品を顧客が試用した結果を

確認することや、新薬を投与して安全性を確認する
ことなども概念実証と呼ばれます。機械学習プロ
ジェクトにおけるPoCとは何を行うのでしょうか？
機械学習ではデータを元に目的となる成果、たとえ
ばイヌとネコの画像をどの程度正しく分類できるか
は学習させてみないとわかりません。成果が得られ
そうかどうかを実際にシステム化する前に検証する
ことが、機械学習でのPoCの目的です。

▶ **PoCによって事前に検証する**

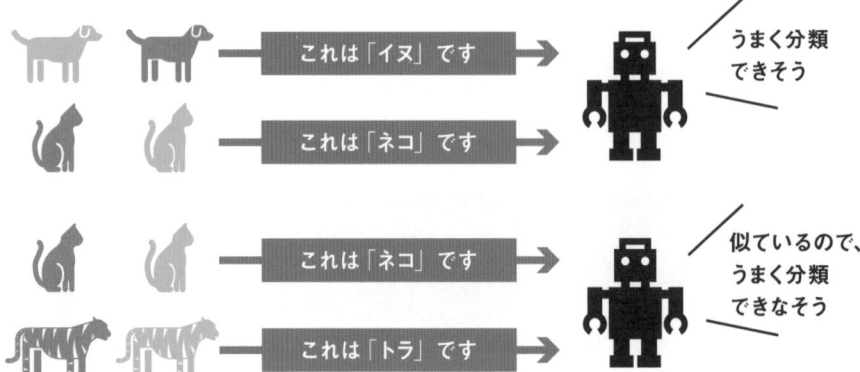

PoCでは何を行うのか

PoCでは、実際に「学習用のデータを用意し、前処理を行い、学習する」という一連の処理を行い、結果の精度を評価します。精度がPoCでの目標値に達していない場合はデータを見直したり、アルゴリ

ズムを変更したりといった改善を行います。機械学習プロジェクトを進めるべき（またはやめるべき）かを判断するための検証を行います。

▶ PoCは繰り返し行う

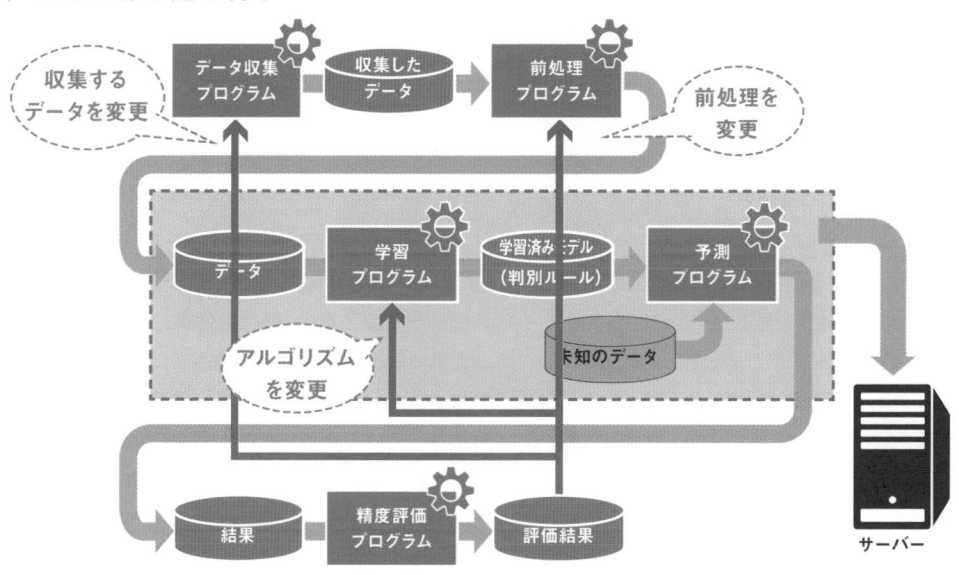

PoCを行う場合に注意すること

本書では紹介のみでPoCの実作業については説明しませんが、機械学習プロジェクトを行う場合にはPoCは重要な作業となります。ここではPoCに関する注意点をまとめておきます。

PoCは試行回数を増やすほどよい成果が得られる可能性が高いです。しかし、無限に時間を使うこ

とはできませんから、あらかじめ期間を決めて、期間内に成果が得られるかを判断すべきです。

期待する成果が得られない場合は、ビジネス要件を見直す必要があるかもしれません。ときにはプロジェクト全体をあきらめる場合もあります。

> 機械学習プロジェクトでは、データから想定する成果が得られるかを、PoCで事前に検証しましょう。

Lesson 09 ［精度評価］ 機械学習の精度について理解しましょう

このレッスンの ポイント

Lesson 8で成果が得られそうかどうかを検証するPoCについて説明しました。この成否を決める指標となるのが「精度」です。精度の求め方についてはあとのChapterでも何度か説明しますが、ここでは共通する基本的な考え方を説明します。

➔ 精度がプロジェクトの成否を決める

機械学習で作成した予測プログラムは100%正解を導き出すことはまずありません。

どのくらい正確に予測できているかを表す精度という指標を使用して、どのアルゴリズムがよいか、といった比較を行います（精度は0から1の間の数値で表します）。

PoCでは、精度の値をもとにプロジェクトがビジネス的に意味があるか（費用対効果があるか）を判断します。たとえば、人が行っていた作業を機械学習プログラムに置き換える場合、人件費の減少が見込めるので、人が行うときより結果が多少悪くても問題ない、ということも考えられます。

▶ 精度がわかれば費用対効果を割り出せる

機械学習で
精度90%

3人がかりで
精度100%

VS

精度を指標にして、「精度が多少落ちても機械学習を導入するメリットがある」のか「精度が落ちるから見送るべき」なのかを判断します。

精度を求めるための準備

教師あり学習で精度を求めるためには、学習して予測を行い、その結果を使用します。一般的に機械学習では、用意したデータを学習データ（教師データともいいます）とテストデータに分割して使用します。学習データで機械学習を行い、そこから作成した予測プログラムを利用して、テストデータに対して結果を予測し、正解と不正解の数を数えます。次の図では右端の青い四角が正しく予測できた結果、赤色が間違って予測した結果です。

▶ データを分割して、正解／不正解を数える

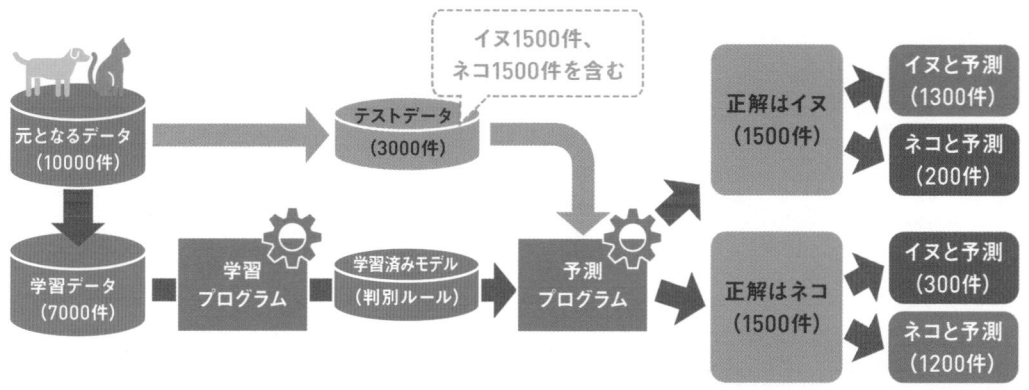

予測結果を混同行列にまとめる

次の図のように、正解と予測の組み合わせがそれぞれ何件あったかをまとめた表を「混同行列」といいます。この例では「イヌとネコの画像からイヌを見つける」というシナリオを想定して、イヌを陽性（Positive）、ネコを陰性（Negative）として扱います。また、正解と予測が合っているもの（青色）はTrue、異なっているもの（赤色）はFalseといいます。この図を使用して、機械学習でよく使われる精度指標をいくつか紹介します。精度の計算式では4つの枠を表す略語（TP、FP、FN、TN）を使用するので、合わせて覚えましょう。

▶ 混同行列

	予測はイヌ（陽性）	予測はネコ（陰性）
正解はイヌ （陽性: Positive）	イヌの画像をイヌと予測（1300件） **TP**（True Positive）	イヌの画像をネコと予測（200件） **FN**（False Negative）
正解はネコ （陰性: Negative）	ネコの画像をイヌと予測（300件） **FP**（False Positive）	ネコの画像をネコと予測（1200件） **TN**（True Negative）

混同行列から「正解率」「適合率」「再現率」を求める

続いて混同行列から「正解率」「適合率」「再現率」という3つの値を求めます。正解率は、全体に対して予測と正解が一致している割合を表します。適合率は、陽性と予測したデータのうち、実際に陽性だったデータの割合を表します。再現率は、正解が陽性のデータのうち、陽性と予測したデータの割合を表します。

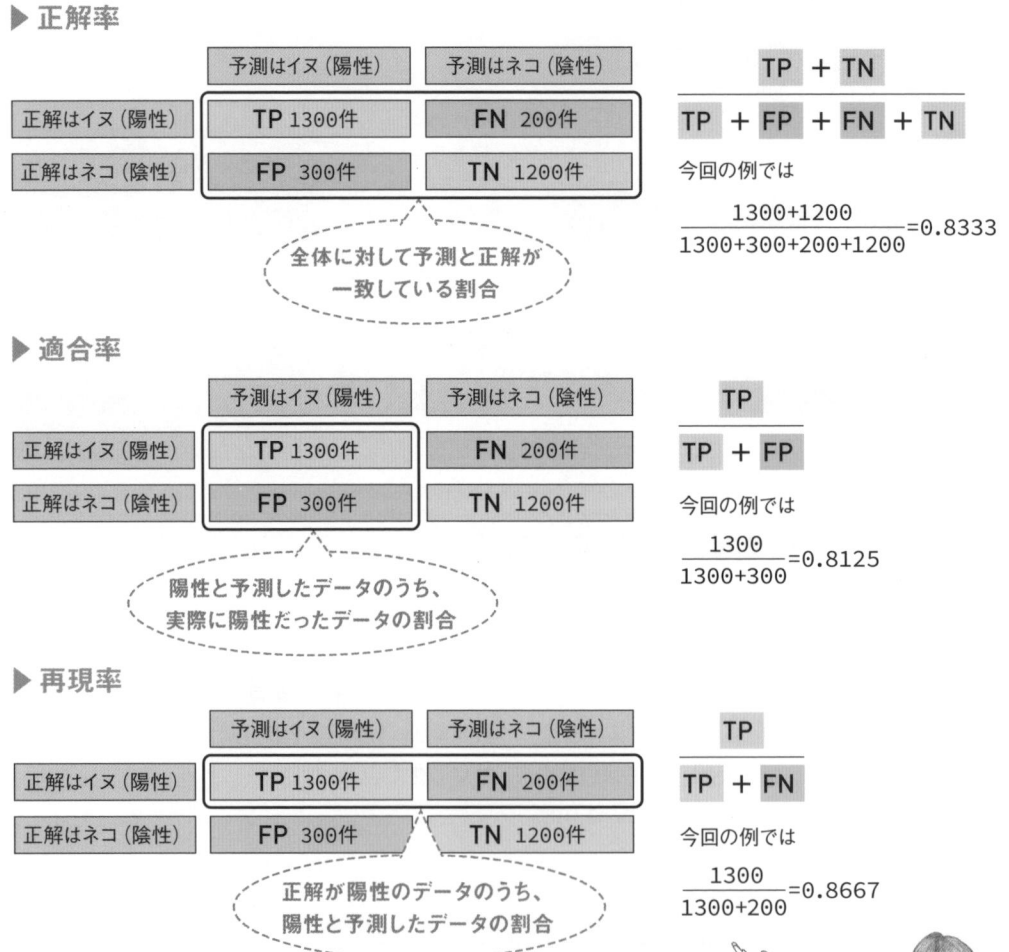

▶ 正解率

	予測はイヌ（陽性）	予測はネコ（陰性）
正解はイヌ（陽性）	TP 1300件	FN 200件
正解はネコ（陰性）	FP 300件	TN 1200件

全体に対して予測と正解が
一致している割合

$$\frac{TP + TN}{TP + FP + FN + TN}$$

今回の例では

$$\frac{1300+1200}{1300+300+200+1200}=0.8333$$

▶ 適合率

	予測はイヌ（陽性）	予測はネコ（陰性）
正解はイヌ（陽性）	TP 1300件	FN 200件
正解はネコ（陰性）	FP 300件	TN 1200件

陽性と予測したデータのうち、
実際に陽性だったデータの割合

$$\frac{TP}{TP + FP}$$

今回の例では

$$\frac{1300}{1300+300}=0.8125$$

▶ 再現率

	予測はイヌ（陽性）	予測はネコ（陰性）
正解はイヌ（陽性）	TP 1300件	FN 200件
正解はネコ（陰性）	FP 300件	TN 1200件

正解が陽性のデータのうち、
陽性と予測したデータの割合

$$\frac{TP}{TP + FN}$$

今回の例では

$$\frac{1300}{1300+200}=0.8667$$

たとえば、病気かどうかを予測する場合は、再現率（病気なのに見逃す人が少ないようにする）が重要な指標となります。

→ 適合率と再現率はトレードオフの関係にある

一般的に適合率と再現率はトレードオフの関係にあり、片方の値を高くするともう片方が低くなります。図のように、イヌと予測する範囲を狭くすれば適合率が上がりますが、再現率が下がります。イヌと予測する範囲を広くすれば、逆の動きをします。極端な例を挙げれば、すべてのデータをイヌと判断すれば再現率は100%となり、絶対にイヌだと思われる1つのデータだけをイヌと判断すれば、適合率は100%となります。しかし、そのようなモデルにほとんど意味がありません。

▶ 適合率と再現率

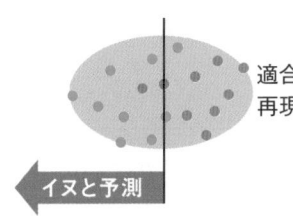

適合率：中
再現率：中

● 正解がイヌのデータ
● 正解がネコのデータ

イヌと予測

適合率と正解率のバランスがとれている

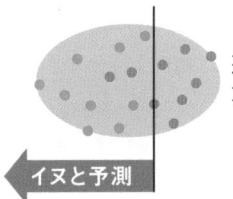

適合率：小
再現率：大（100%）

イヌと予測

正解がイヌのデータをすべてイヌと予測

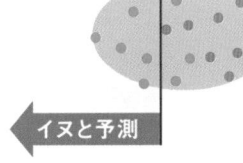

適合率：大（100%）
再現率：小

イヌと予測

イヌと予測したデータの正解はすべてイヌ

→ F値は適合率と再現率のバランスを表す

最後に紹介する指標はF値です。適合率と再現率はトレードオフの関係にあります。F値は適合率と再現率のバランスをとり、両方の値がバランスよく高くなることを目指す場合に使用します。数式で表すと下図のようになります。

▶ F値の計算式

$$\frac{2}{\dfrac{1}{適合率}+\dfrac{1}{再現率}}\qquad \frac{2}{\dfrac{1}{0.8125}+\dfrac{1}{0.8667}}=0.8387$$

ここで挙げた値のうち、どれを指標とするかはプロジェクトの目的によって変わります。

Lesson 10 ［システム化］ 機械学習システムを運用する仕組みを理解しましょう

このレッスンの ポイント

データを収集し、前処理し、機械学習を行って成果が得られるプログラムが作成できました。しかし、成果物としてできあがった予測プログラムをシステムに組み込んで終わりではありません。機械学習をシステムとして運用する際に注意すべき点について知りましょう。

→ 予測プログラムをシステムに組み込む

目標とする精度が出る予測プログラムが作成できたら、そのプログラムをシステムに組み込んで実際に運用することとなります。たとえば、予測プログラムをWebシステムなどに組み込んで、ブラウザからアップロードされた画像に対して画像認識を行うなどが考えられます。実際のシステムではテストデータとは異なり、正解が不明な未知のデータが入力されます。システム化後の未知のデータへの予測結果に対しても、継続して精度を評価する必要があります。

精度に問題がある場合は、運用中でも学習プログラム、前処理などを見直す必要があります。

▶ 機械学習をシステム化し、未知のデータに対する結果を評価する

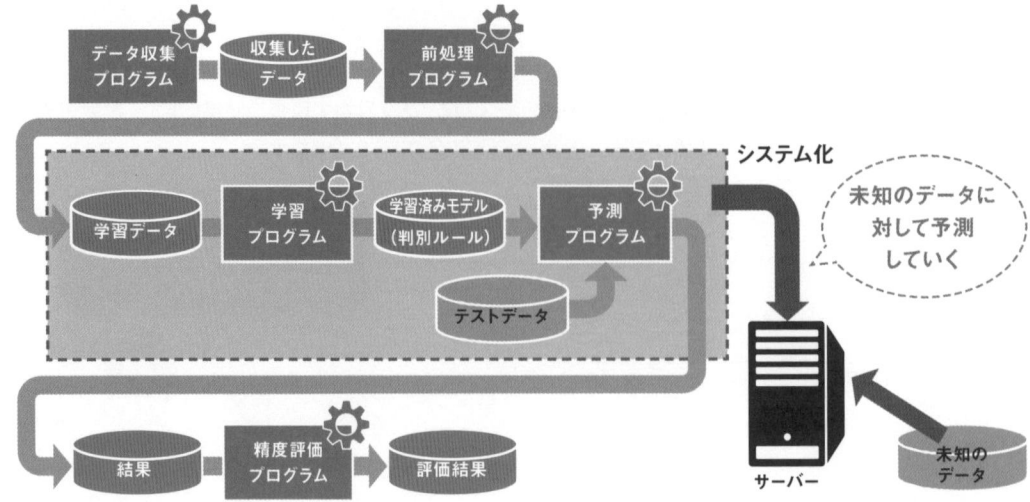

モデルの継続的な更新

機械学習を用いたシステムを運用していけば、自然と未知のデータを入手できます。新たに得た未知のデータと正解ラベルも、機械学習の追加のデータとして利用できます。追加のデータを使用することで、精度をさらに高められる可能性があります。機械学習システムを運用する場合は、システムをリリースして終了ではなく、継続的に評価を行うことや、データを追加した再学習などが必要となります。

▶ データを追加して再度学習を行う

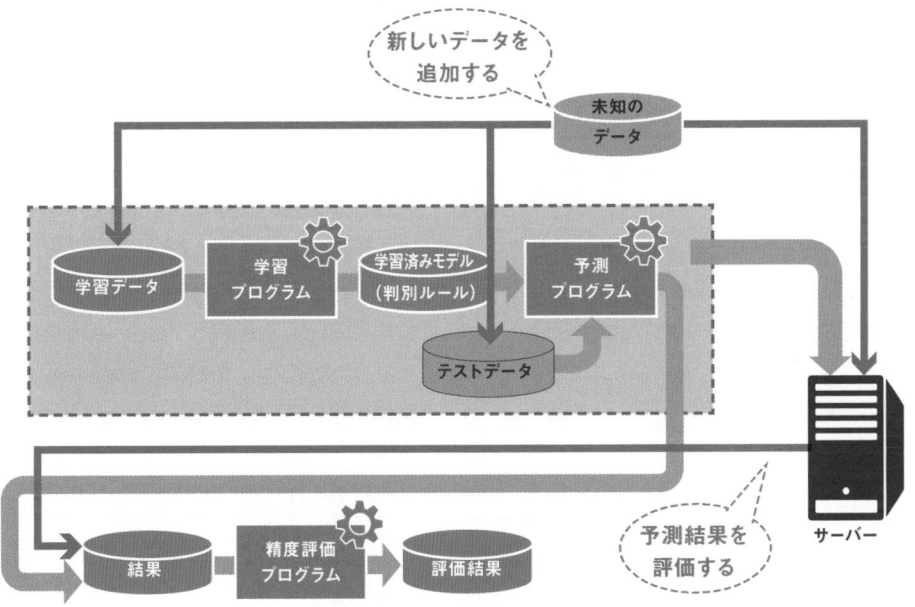

機械学習を用いたシステムは構築して終わりではありません。継続的に再学習などを行い、予測精度を向上させます。

Lesson 11

[本書の読み進め方]

本書での学習の仕方を理解しましょう

このレッスンの
ポイント

次のChapterからいよいよ機械学習に関する技術を学びます。しかし、機械学習に関する技術は非常に多様であるため本書ではその一部しか解説、実践していません。本書で学習を進める上でのポイントや、本書では扱わない内容について解説します。

➡ 機械学習プロジェクトの全体の流れ

機械学習を組み込んだシステムを作成する機械学習プロジェクトの全体的な流れを改めて見てみましょう。ここでは便宜上4つのフェーズに分けて説明します。

最初のフェーズは機械学習に使用するデータを集めて前処理を行う、データ準備フェーズです。データが準備できたら、プロジェクトの中心となる機械学習フェーズで学習済みモデルを作成します。次に結果から精度を計算して評価を行うのが精度評価フェーズです。PoCではこれら3つのフェーズを何度も繰り返すことになります。最終的にシステム化フェーズで機械学習プログラムをシステムに組み込んで運用します。システム運用後も追加データでの再学習や精度評価を繰り返し行う必要があります。

▶ 機械学習プロジェクトの全体像

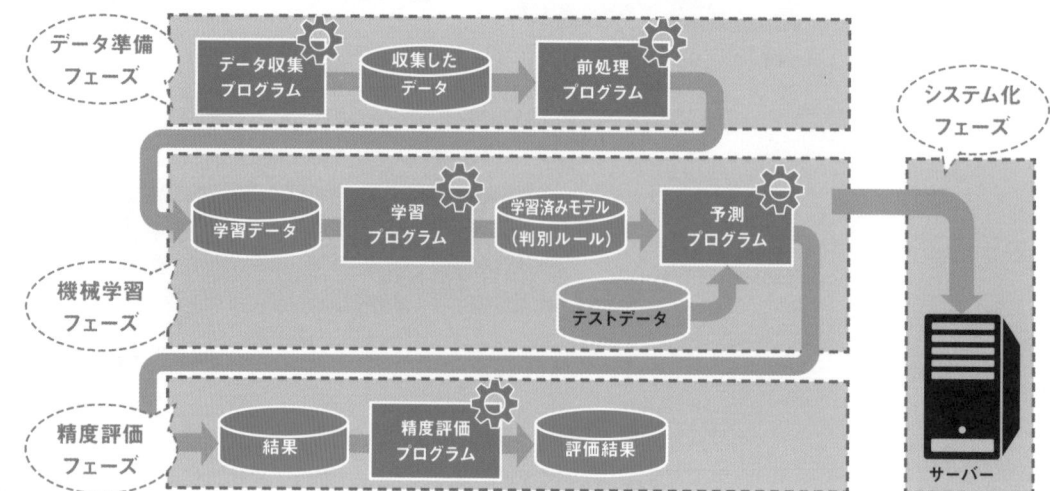

本書の読み進め方

ここまで機械学習の全体像や各要素について説明をしてきました。しかし、本書の中ではデータ収集→前処理→学習→予測→評価というような全体の流れを使用した演習は行いません。このような手順を踏むと、最終的な成果物ができるまでの手順が長すぎるため、本書の最後まで進めてやっと1つの機能ができる形式となってしまいます。本書ではその代わりに、機械学習プロジェクトで必要となる要素を使用した小さなプログラムを、各Chapterで作成していきます。Chapter 2で機械学習プログラミングのための環境を構築したあとは、興味のあるChapterから実践してみてください。なお、Chapter 6、7は連続しているため、続けて実践することをおすすめします。

▶ 各Chapterの範囲

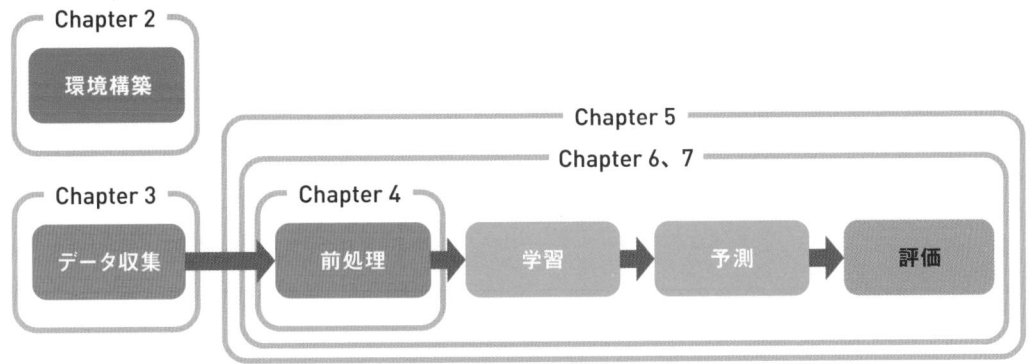

▶ 各Chapterの概要

Chapter	キーワード	概要
Chapter 2	環境構築	機械学習プログラミングのための環境を構築する
Chapter 3	データ収集	Webスクレイピングを使用してWebページからデータを収集する
Chapter 4	前処理	日本語テキストの形態素解析を行い、文章を自動生成する
Chapter 5	前処理、学習、予測、評価	数字が書かれた画像を教師あり学習（分類）し、手書き文字を認識する
Chapter 6	前処理	オープンデータを機械学習が行える形式にデータ変換する
Chapter 7	学習、予測、評価	Chapter 6で作成したデータを元に、教師あり学習（回帰）を行う

→ 本書では扱わないこと

機械学習は非常に広い技術分野であり、本書では扱っていないさまざまな技術要素があります。ここでは、本書で扱っていない機械学習に関するキーワードを挙げます。

興味がある方は本書のChapter 8で紹介している参考書籍などを使用して学習してください。

▶ 本書では扱わない技術要素

名称	内容
数学	機械学習のアルゴリズムの内容を理解するには数学的な知識が必要となります。微積分や線形代数などの知識が必要となります。
統計学	精度評価の中では統計学を使用していますが、論理的な説明は行っていません。
教師なし学習	Lesson 6で紹介しましたが、本書では実践は行いません。
強化学習	Lesson 6で紹介しましたが、本書では実践は行いません。
処理速度	機械学習プログラミングでは大量のデータを扱うことが多いため、処理速度についても配慮する必要があります。
パラメーターチューニング	機械学習の各種アルゴリズムはパラメーターを指定することによって結果が異なります。よりよい結果を出すためにはパラメーターのチューニングが必要となりますが、本書では扱っていません。
深層学習	深層学習（ディープラーニング）は機械学習の一手法ですが、本書では紹介していません。
API利用	Google、Microsoft、AWSなどが提供する機械学習のAPIを利用する手法があります。

このChapterで説明した機械学習でよく出てくる用語を巻末付録（P.292参照）にまとめています。以降の解説を読み進めている途中で用語がわからなくなったら、そちらにも目を通してください。

Chapter

2

機械学習の
開発環境を
準備しよう

Pythonで機械学習を学ぶ準備
として、PythonおよびPython
の仮想環境を用意します。そし
て定番ツールであるJupyterLab
をインストールし、その使い方
を学びましょう。

Lesson

12

[Pythonの準備]

Pythonをインストールしましょう

このレッスンの
ポイント

Pythonをインストールする方法はいくつかありますが、本書では
Pythonの公式サイトが配布しているインストーラーを使います。
WindowsとmacOSではインストール方法に若干違いがあるので、そ
の注意点を解説します。

● Pythonをインストールする

1 公式サイトのインストーラーを 使ってインストールする

Pythonの公式サイトのダウンロードページにアクセ
スし、各OSに対応した「Python 3.10」系の最新版イ
ンストーラーを入手します❶。ダウンロードしたイン
ストーラーを実行し、その指示に従っていけばイン

ストールできます❷。ただし、Windowsの場合のみ、
注意点があるので、次の「2. インストール時にパス
を追加する」も行ってください。

Looking for a specific release?			
Python releases by version number:			
Release version	**Release date**		
Python 3.11.0	Oct. 24, 2022		🔽 Download
Python 3.9.15	Oct. 11, 2022		🔽 Download
Python 3.8.15	Oct. 11, 2022		🔽 Download
Python 3.10.8	Oct. 11, 2022		🔽 Download
Python 3.7.15	Oct. 11, 2022		🔽 Download
Python 3.7.14	Sept. 6, 2022		🔽 Download
Python 3.8.14	Sept. 6, 2022		🔽 Download
View older releases			

1 Pythonのダウンロードページ
（https://www.python.org/downloads/）
を表示し、下にスクロールする

2 Python 3.10.x の ［Download］
をクリックしてインストーラ
ーをダウンロードする

※2022年11月時点では Python 3.11.0が最新ですが、この時点では本書で使用するパッケージの一部が特定の環境に対応していませんで
した。そのため、本書ではPython 3.10系の最新を使用しています。

2 | インストール時にパスを追加する （Windowsのみ）

Windowsの場合のみ、インストーラーの画面に [Add Python.exe to PATH] というチェックボックスが表示されます。PowerShellで「python」コマンドを使うためには、インストールしたPythonのパス情報を環境変数PATHに追加する必要があります。[Add Python.exe to PATH] にチェックマークを付けると、この設定を自動で行ってくれるので、チェックを付けてインストールします❶❷。

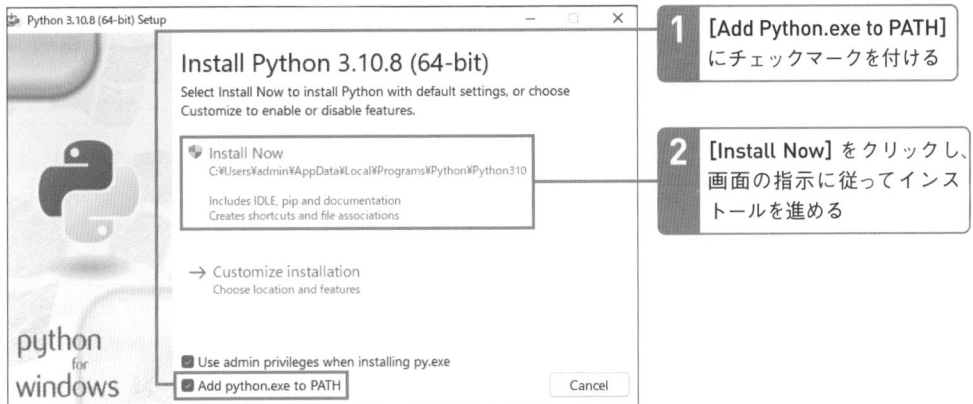

1 [Add Python.exe to PATH] にチェックマークを付ける

2 [Install Now] をクリックし、画面の指示に従ってインストールを進める

3 | Pythonがインストールできた ことを確認する

pythonコマンドを実行して、Pythonが正しくインストールされていることを確認します。Windowsの場合はPowerShellを起動し、「python --version」と入力しましょう❶。macOSの場合はターミナルを起動して「python3 --version」と入力します。Pythonのバージョン情報が表示されれば問題なくインストールできています。

```
python --version
```

1 「python --version」（macOSの場合は「python3 --version」） を入力して Enter キーを押す

インストールしたPythonの バージョンが表示されます。

Lesson 13 ［仮想環境の準備］
学習用のフォルダーと 仮想環境を作成しましょう

このレッスンの
ポイント

以降のChapterで、プログラムファイルを作成していきます。また、後述するJupyterLabなどのサードパーティ製のパッケージも必要です。それらを管理しやすいよう、本書の学習に使う専用のフォルダーと仮想環境を準備しましょう。

→ Pythonの仮想環境とは

Pythonの仮想環境とは、使用するPythonのバージョンとライブラリをプロジェクトごとに管理できる仕組みです。この仕組みを利用することで、プロジェクトに必要なライブラリのみをインストールできます。また不要になったら仮想環境のフォルダーを削除するだけで済むため、Pythonの開発では仮想環境を利用するのが一般的です。Python 3.3以降、標準ライブラリに仮想環境をサポートするvenvモジュールが同梱されました。これを使って仮想環境用のフォルダーを作成することで、簡単に仮想環境を準備できます。本書でもいくつかのライブラリを使うため、次ページで学習用の仮想環境を作成します。なお、作成した仮想環境を利用するには、仮想環境を有効化する必要があります。

▶ 仮想環境の作成と有効化（Windowsの場合）

```
python␣-m␣venv␣{仮想環境のフォルダー名} ‥‥‥‥‥‥ 仮想環境の作成
{仮想環境のフォルダー名}\Scripts\Activate.ps1 ‥‥‥ 仮想環境の有効化
```

▶ 仮想環境の作成と有効化（macOSの場合）

```
python3␣-m␣venv␣{仮想環境のフォルダー名} ‥‥‥‥‥ 仮想環境の作成
source␣{仮想環境のフォルダー名}/bin/activate ‥‥‥‥ 仮想環境の有効化
```

{仮想環境のフォルダー名}には仮想環境に使う任意のフォルダー名を指定します。

● 学習用フォルダーと仮想環境の作成（Windows編）

1 ターミナルアプリについて

Windows 11の最新版では標準のターミナルアプリが「Windows Terminal」になりました（Windows 10ではMicrosoft Storeからインストールできます）。タブインターフェースが採用されており、タブごとにPowerShellやコマンドプロンプト、WSLなどを実行できます。本書では、Windows Termial上のPowerShellを利用して解説します。Windows Terminalを起動するには、 ⊞ キーを押して「WT」と入力し、 Enter キーを押してください。

2 学習用のフォルダーを作成する

PowerShellを起動し、cdコマンドでDesktopに移動します❶。mkdirコマンドで [yasapy] フォルダーを作成し❷、cdコマンドを使って [yasapy] フォルダーに移動します❸。以降は、このフォルダーを学習用フォルダーとして使用します。

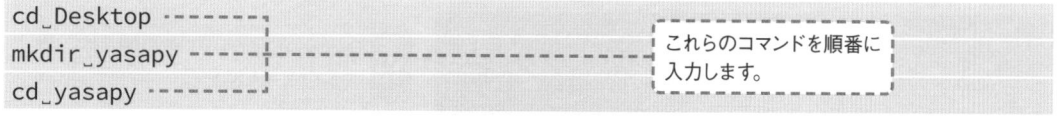

```
cd Desktop
mkdir yasapy
cd yasapy
```

これらのコマンドを順番に入力します。

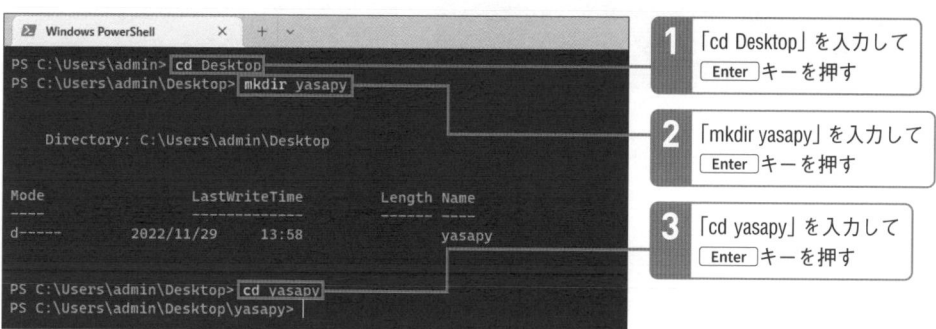

1 「cd Desktop」を入力して Enter キーを押す

2 「mkdir yasapy」を入力して Enter キーを押す

3 「cd yasapy」を入力して Enter キーを押す

3 | PowerShellの実行ポリシーを設定する（初回のみ）

PowerShellでスクリプトを実行できるよう、以下のコマンドを実行します。「実行ポリシーを変更しますか?」と表示されたら、「Y」を入力してください。この

コマンドは1度実行すれば、再度実行する必要はありません。

```
Set-ExecutionPolicy_RemoteSigned_-Scope_CurrentUser
```

4 | 仮想環境を作成する

PowerShellで「python -m venv env」と入力し、仮想環境を作成します❶。仮想環境が作成されると、[yasapy] フォルダーには [env] フォルダーが追加されます。

一度作成した仮想環境は再利用可能なので、再びこの仮想環境を利用する場合、このステップは不要です。また、仮想環境が不要になった場合は、[env] フォルダーを削除すれば破棄できます。

```
python_-m_venv_env
```

```
    Directory: C:\Users\admin\Desktop

Mode                 LastWriteTime         Length Name
----                 -------------         ------ ----
d-----        2022/11/29     13:58                yasapy

PS C:\Users\admin\Desktop> cd yasapy
PS C:\Users\admin\Desktop\yasapy> python -m venv env
```

1 「python -m venv env」を入力して Enter キーを押す

仮想環境の作成には少し時間がかかることがあります。

5 仮想環境を有効化する

「env\Scripts\Activate.ps1」を実行し、仮想環境を有効化します❶。PowerShellの表示が変更され、先頭に(env)が表示されたら有効化は完了です。

なお、仮想環境を無効化するには、仮想環境が有効化された状態で「deactivate」を実行します。

```
env\Scripts\Activate.ps1
```

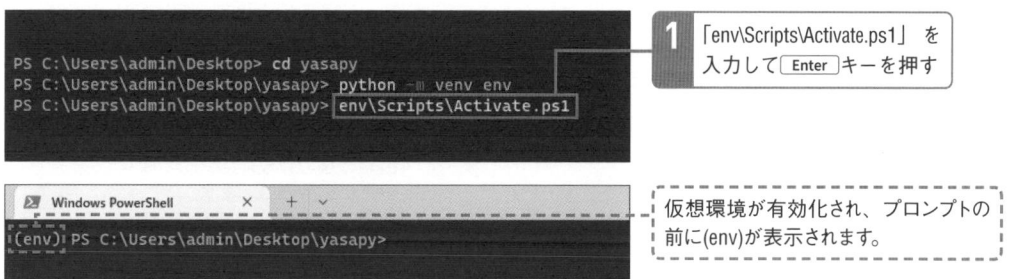

「env\Scripts\Activate.ps1」を入力して Enter キーを押す

仮想環境が有効化され、プロンプトの前に(env)が表示されます。

● 学習用フォルダーと仮想環境の作成(macOS編)

1 学習用のフォルダーを作成する

ターミナルを起動し、cdコマンドでDesktopに移動します❶。mkdirコマンドで[yasapy]フォルダーを作成し❷、cdコマンドを使って[yasapy]フォルダー

に移動します❸。以降は、このフォルダーを学習用フォルダーとして使用します。

```
cd_Desktop/
mkdir_yasapy
cd_yasapy/
```

これらのコマンドを順番に入力します。

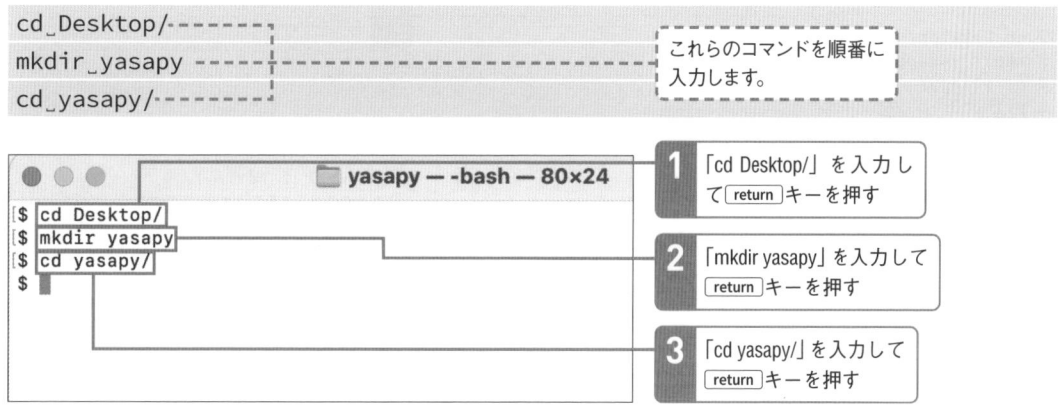

1 「cd Desktop/」を入力して return キーを押す

2 「mkdir yasapy」を入力して return キーを押す

3 「cd yasapy/」を入力して return キーを押す

2 仮想環境を作成する

ターミナルで「python3 -m venv env」と入力し、仮想環境を作成します❶。仮想環境が作成されると、[yasapy] フォルダーには [env] フォルダーが追加されます。一度作成した仮想環境は再利用可能なので、

再びこの仮想環境を利用する場合、このステップは不要です。また、仮想環境が不要になった場合は、[env] フォルダーを削除すれば破棄できます。

```
python3␣-m␣venv␣env
```

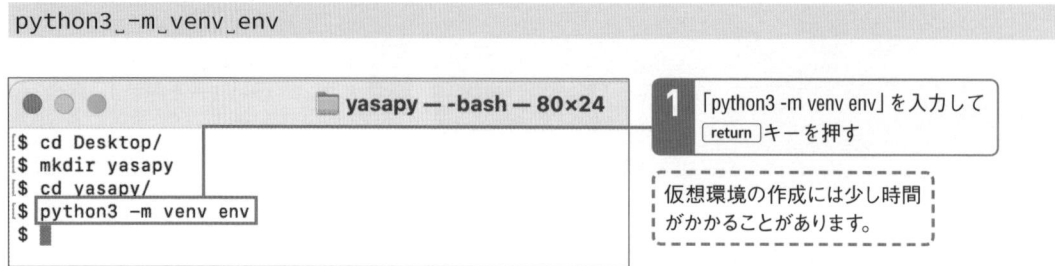

● ● ●   📁 yasapy — -bash — 80×24

```
[$ cd Desktop/
[$ mkdir yasapy
[$ cd yasapy/
[$ python3 -m venv env
$ ▮
```

1 「python3 -m venv env」を入力して return キーを押す

仮想環境の作成には少し時間がかかることがあります。

3 仮想環境を有効化する

「source env/bin/activate」を実行し、仮想環境を有効化します❶。ターミナルの表示が変更され、先頭に(env)が表示されたら有効化は完了です。仮想環境が有効化された状態であれば、macOSでも

「python3」ではなく「python」でPython3を実行できます。なお、仮想環境を無効化するには、仮想環境が有効化された状態で「deactivate」を実行します。

```
source␣env/bin/activate
```

● ● ●   📁 yasapy — -bash — 80×24

```
[$ cd Desktop/
[$ mkdir yasapy
[$ cd yasapy/
[$ python3 -m venv env
[$ source env/bin/activate
[(env) $ ▮
```

1 「source env/bin/activate」を入力して return キーを押す

仮想環境が有効化され、プロンプトの前に(env)が表示されます。

Lesson 14 ［JupyterLabのインストール］ JupyterLabをインストールしましょう

**このレッスンの
ポイント**

機械学習やデータ分析では、JupyterLab（ジュピターラボ）というエディタと対話モードが一体化したツールがよく使われます。JupyterLabをインストールし、機械学習プログラミングを行うための準備をしましょう。

→ JupyterLabとは

Pythonによる機械学習やデータ分析の分野では、JupyterLab（https://jupyter.org）というツールが人気です。これは、ブラウザ上で対話的にPythonを実行できるWebアプリケーションです。対話的というのは、画面上にコードを入力して実行すると、すぐに結果が表示されるということです。Pythonにも対話モードがありますが、JupyterLabにはより高度

な機能が備わっています。プログラミング用テキストエディタのようにコード補完機能により効率的にコードが書け、実行結果にグラフや図も表示できるため、機械学習やデータ分析で試行錯誤するにはうってつけです。本書でも、基本的にJupyterLabを使ってプログラムを作成していきます。

▶ JupyterLab の画面

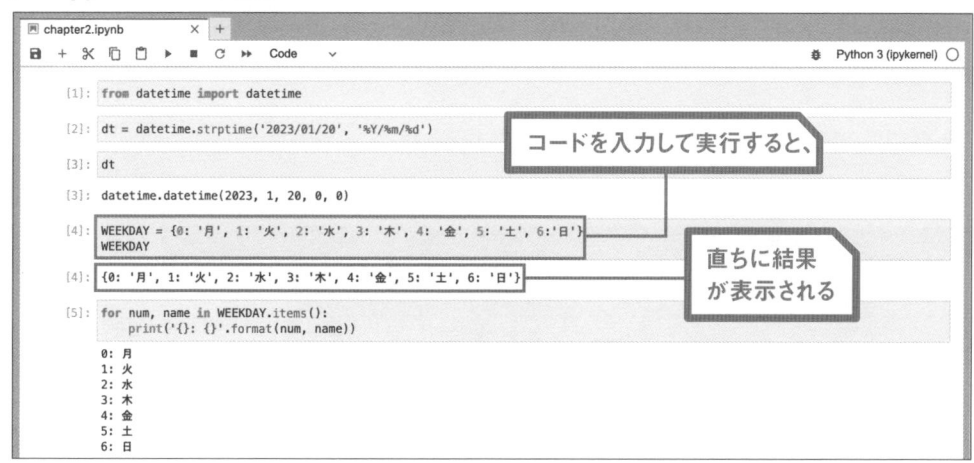

⚫ JupyterLabをインストールする

1 ┃ pipを最新化する

JupyterLabのインストールには、Pythonの標準的なパッケージ管理ツールであるpipを使います。Pythonをインストールした時点でpipは利用可能ですが、バージョンが最新とは限りません。pipのバージョンが古いとパッケージによってはインストールできないことがあるため、まずはpipを最新化しましょう。

PowerShellでLesson 13で作成済みの［yasapy］フォルダーに移動し、仮想環境を有効化した状態で、「python -m pip install --upgrade pip」を実行します❶。なお、以降はWindowsの場合のみ解説しますが、macOSの場合も操作は変わらないので、PowerShellをターミナルと置き換えて読んでください。

```
python␣-m␣pip␣install␣--upgrade␣pip
```

1 「python -m pip install --upgrade pip」を入力して Enter キーを押す

2 ┃ JupyterLabをインストールする

pipを最新化したら、JupyterLabの最新版（執筆時点では3.5.1）をインストールしましょう。PowerShellで「pip install jupyterlab」を実行します❶。JupyterLab

はいくつかのパッケージに依存しているため、それらも同時にインストールされます。

```
pip␣install␣jupyterlab
```

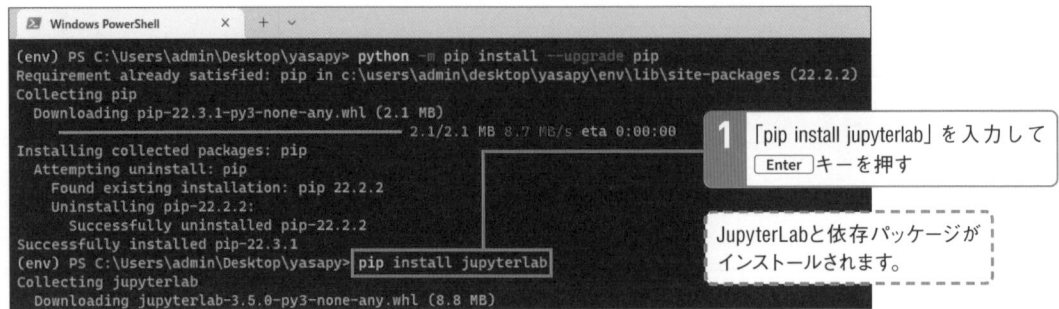

1 「pip install jupyterlab」を入力して Enter キーを押す

JupyterLabと依存パッケージがインストールされます。

3 JupyterLabを起動する

JupyterLabを起動するには、PowerShellで「jupyter lab」を実行します❶。このコマンドでJupyterLabのサーバーが起動します。同時にブラウザも立ち上がり、JupyterLabの画面が表示されます。これで準備完了です。次のLessonで、JupyterLabの基本的な使い方を解説します。

jupyter_lab

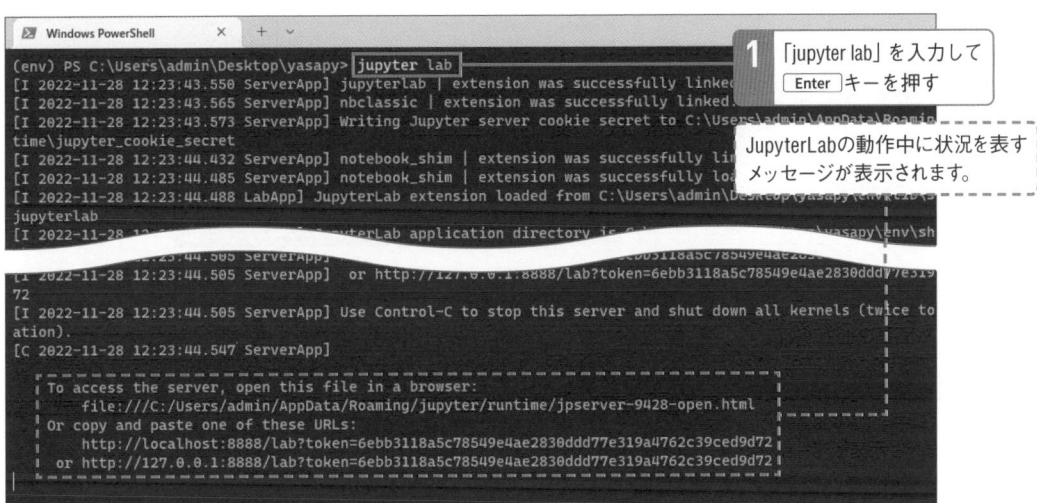

1 「jupyter lab」を入力して Enter キーを押す

JupyterLabの動作中に状況を表すメッセージが表示されます。

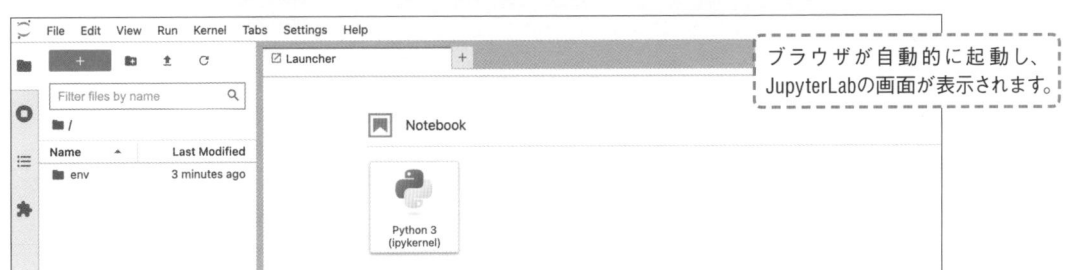

ブラウザが自動的に起動し、JupyterLabの画面が表示されます。

JupyterLabはPowerShell上でJupyterLabのサーバーを実行し、そこにブラウザからアクセスする仕組みで動きます。使用中はPowerShellを終了しないでください。

4　JupyterLabを終了する

JupyterLabを終了するには、[File]メニューから[Shut Down]をクリックします❶。確認ダイアログが表示されるので[Shut Down]ボタンをクリックすると終了できます❷。

また、別の方法としては、PowerShellで Ctrl + C キーを押しても停止できます（macOSは control + C キ

ー）。macOSの場合はコマンド入力後に確認メッセージが表示されるので、さらに「y」を入力して return キーを押します。なお、ブラウザを閉じただけだとJupyterLabのサーバーは起動したままです。サーバーを停止するには上記のどちらかの手順を行ってください。

1 [File]-[Shut Down]を
クリック

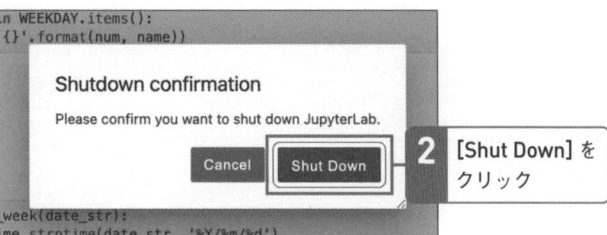

Shutdown confirmation

Please confirm you want to shut down JupyterLab.

Cancel　**Shut Down**

2 [Shut Down]を
クリック

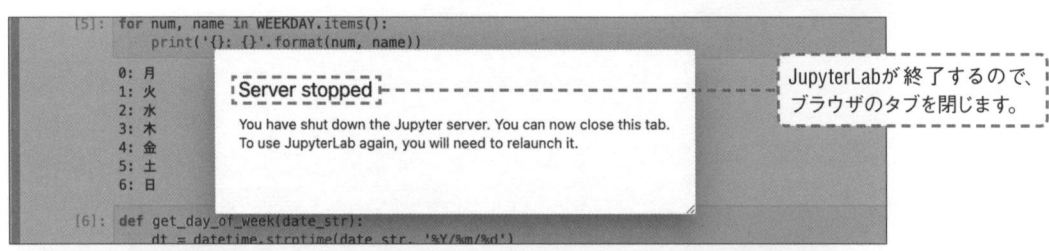

```
[5]: for num, name in WEEKDAY.items():
         print('{}: {}'.format(num, name))

     0: 月
     1: 火
     2: 水
     3: 木
     4: 金
     5: 土
     6: 日

[6]: def get_day_of_week(date_str):
         dt = datetime.strptime(date_str, '%Y/%m/%d')
```

Server stopped

You have shut down the Jupyter server. You can now close this tab.
To use JupyterLab again, you will need to relaunch it.

JupyterLabが終了するので、ブラウザのタブを閉じます。

```
To access the server, open this file in a browser:
     file:///C:/Users/admin/AppData/Roaming/jupyter/runtime/jpserver-17800-open.html
Or copy and paste one of these URLs:
     http://localhost:8888/lab?token=5d9e86aadfcc4ccd274db7095fdc2f7701d19a1e4dfe92e8
  or http://127.0.0.1:8888/lab?token=5d9e86aadfcc4ccd274db7095fdc2f7701d19a1e4dfe92e8
[W 2022-11-29 14:06:19.168 LabApp] Could not determine jupyterlab build status without nodejs
[I 2022-11-29 14:06:23.819 ServerApp] Shutting down on /api/shutdown request.
[I 2022-11-29 14:06:23.819 ServerApp] Shutting down 3 extensions
[I 2022-11-29 14:06:23.820 ServerApp] Shutting down 0 terminals
(env) PS C:\Users\admin\Desktop\yasapy>
```

PowerShellにも終了したことが表示されます。

👍 ワンポイント JupyterLab に対応しているブラウザ

JupyterLabがサポートしているブラウザは、「Google Chrome」「Safari」「Firefox」の最新版です。Microsoft Edgeなど他のブラウザでも動作するか

もしれませんが、保証はされていません。そのため、この中のどれかを使うようにしましょう。なお本書では、Google Chromeを使用します。

Lesson 15 [JupyterLabの使い方]

JupyterLabの使い方を覚えましょう

このレッスンの
ポイント

このLessonでは、JupyterLabの画面構成や基本的な使い方を解説します。JupyterLabではどのようにプログラムを作成・実行するのでしょうか。サンプルプログラムの作成を通して、JupyterLabを使ったプログラミングの基本的な流れを学びます。

→ JupyterLabの画面構成

JupyterLabの画面は下図の通りです。左にファイル一覧などを表示するサイドバー、上部に各種メニュー、そしてメインの作業エリアで構成されています。

メインの作業エリアでは後述するNotebookファイルやPythonのプログラムファイルを編集できます。

▶ JupyterLabの画面構成

Notebookファイルを作成する「ランチャー」

JupyterLabを起動すると、作業エリアには「Launcher（ランチャー）」という画面が表示されます。これは、JupyterLabで操作するファイル等を作成するための画面です。本書では主に「Notebookファイル」（拡張子は .ipynb）を使います。Notebookファイルは、一番上の「Notebook」の下にある [Python 3] をクリックすると作成できます。

なおタブ横の [+] をクリックすると、新規のランチャーが表示されます。

▶ Notebookダッシュボード

Notebookファイルを編集する「Notebookエディタ」

Notebookファイルを開くと、「Notebookエディタ」が表示されます。この画面がJupyterLabでPythonプログラムを作成する画面です。プログラムはセルと呼ばれるエリアに入力します。下図を見るとわかる通り、「def」などのPythonのキーワードや関数名、文字列に色が付き強調されています。これはシンタックスハイライトと呼ばれる機能です。これによりPowerShellやターミナルの対話モードよりも、コードが見やすくなっています。

▶ Notebookエディタの画面要素

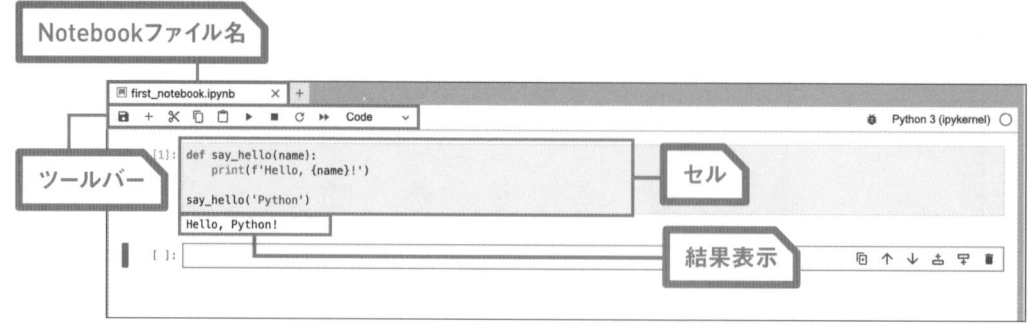

◯ JupyterLabの基本的な使い方

1 新しくNotebookファイルを作る

それでは、実際にNotebookエディタで簡単なプログラミングを行い、その使い方を学びましょう。ここでは例として「YYYY/MM/DD形式の文字列で入力した日付の曜日を返すプログラム」を作成していきます。

JupyterLabを起動し、ランチャーの「Notebook」から [Python 3] をクリックします❶。すると、Notebookファイルが新規作成されます。

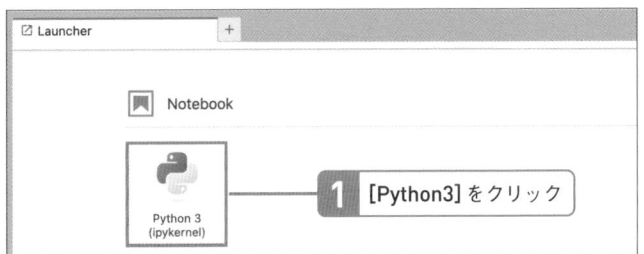

2 Notebookファイルの名前を変更する `chapter2.ipynb`

作成したNotebookファイルの名前を変更します。Notebookエディタのタブ部分に表示されているのがファイル名です。新規作成時は「Untitled.ipynb」となっています。このタブ部分を右クリックし❶、さらに [Rename Notebook...] をクリックすると❷、ファイル名を変更するダイアログが表示されます。ファイル名を変更し❸、[Rename] をクリックして保存

しましょう❹。ここでは「chapter2.ipynb」という名前にします。

新規作成したNotebookはサイドバーのファイル一覧でも確認できます。なお、ファイル名の変更は、サイドバーのファイル一覧でファイルを選択し、F2 キーを押すことでも可能です。

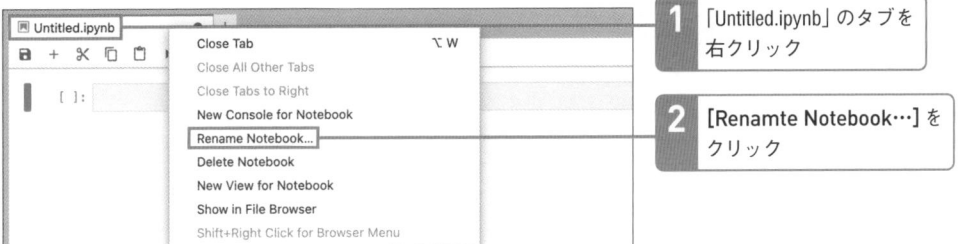

Chapter 2

機械学習の開発環境を準備しよう

NEXT PAGE ➡ | 059

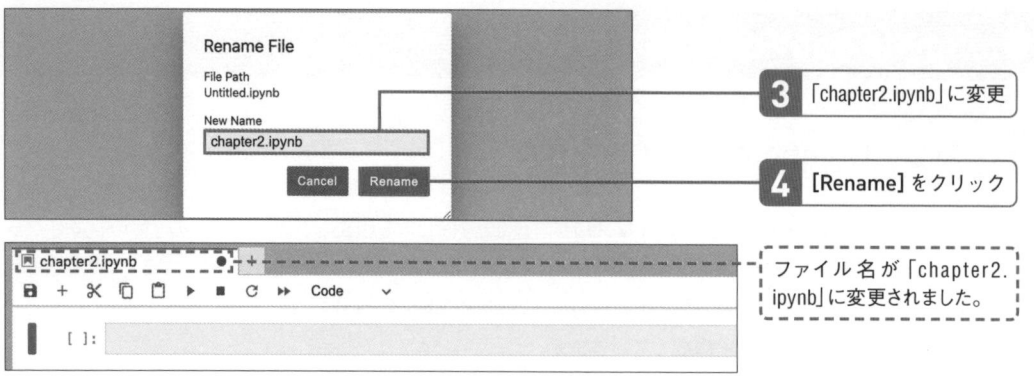

「chapter2.ipynb」に変更 **3**

[Rename] をクリック **4**

ファイル名が「chapter2.
ipynb」に変更されました。

3 モジュールをインポートする

日付を扱うために、Pythonの標準ライブラリに含まれるdatetimeモジュールからdatetimeクラスをインポートします❶。ここではインポートするコードのみを書き、Shift + Enter キーを押して実行します。

```
from datetime import datetime  …… datetimeクラスをインポート
```

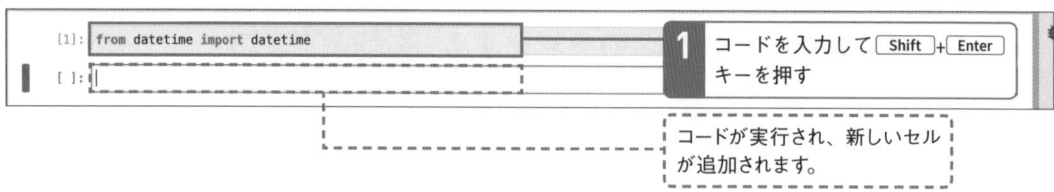

1 コードを入力して Shift + Enter キーを押す

コードが実行され、新しいセル
が追加されます。

Point 編集モードとコマンドモード

セルの入力エリアをクリックすると入力可能な状態になります。これを編集モードといい、セル内が白色になります。入力を終了したい場合は、編集モード中に Esc キーを押すか、入力エリア以外の部分をクリックします。セルからカーソルが消え、セルが灰色になります。この状態をコマンドモードといいます。

コマンドモード

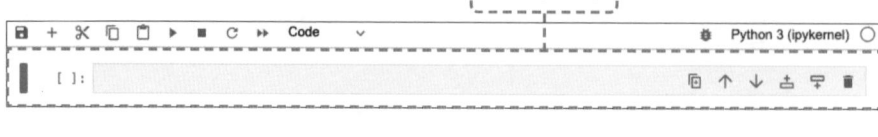

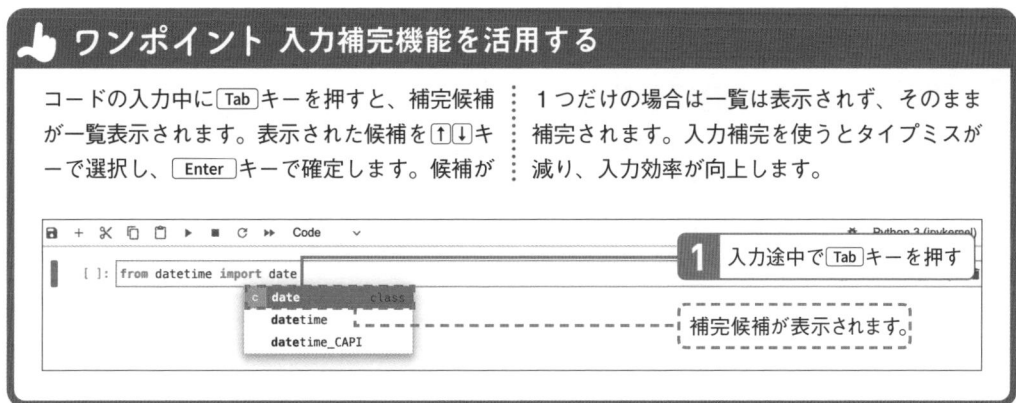
4 モジュールを利用する

インポートしたdatetimeクラスを使ってみましょう。YYYY/MM/DD形式の文字列を日時型として扱いたいので、文字列からdatetimeオブジェクトを生成するstrptime()メソッドを使用します❶。JupyterLabでは、前に実行されたコードは別のセルでも有効です。そのため、問題なくdatetimeモジュールを利用できます。ここでは生成したオブジェクトをdtという変数に代入します。

```
dt = datetime.strptime('2023/01/20', '%Y/%m/%d')
```
····· datetimeオブジェクトを生成して変数dtに代入

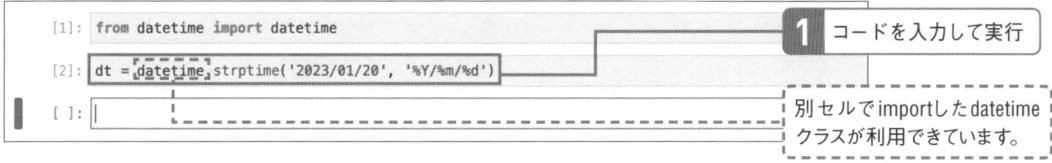

1 コードを入力して実行

別セルでimportしたdatetimeクラスが利用できています。

5 変数を確認する

変数の内容を確認するには、次のセルで変数名のみを入力して実行してください❶。コードを入力したセルの下に、結果が表示されます。

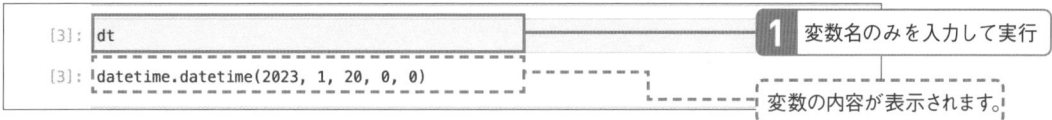

1 変数名のみを入力して実行

変数の内容が表示されます。

編集モードで入力中に [Enter] キーを押すと そのまま改行され、セルに複数行のコード を記述できます。記述したコードを実行する には、編集モードで [Shift] + [Enter] キーを

押します。すると、セルの下に実行結果が 表示されます。このとき、下にセルがない場 合は、新たなセルが追加されます。

6 変数の定義と確認を同時に行う

曜日を取得するには、datetimeオブジェクトの weekday()メソッドを利用します。このメソッドは datetimeオブジェクトの曜日を0〜6の数値として返 却する関数で、それぞれの数値は月曜日〜日曜日に 対応しています。 この対応表を辞書型の変数 WEEKDAYとして定義しましょう。JupyterLabは、セ

ルの最後の行に入力されたPythonコードの評価結 果を表示します。そのため、セルの最後に変数名 を記述すれば、その内容を表示できます❶。この 方法は、定義した変数をすぐに確認したいときに便 利です。なお、評価結果がNoneの場合は、何も表 示されません。

```
WEEKDAY = {0: '月', 1: '火', 2: '水', 3: '木', 4: '金', 5: '土', 6:'日'}
WEEKDAY‥‥‥‥ 改行して変数名を記述
```

```
[4]: WEEKDAY = {0: '月', 1: '火', 2: '水', 3: '木', 4: '金', 5: '土', 6:'日'}
     WEEKDAY
```
❶ 2行目に変数名を記述して実行

```
[4]: {0: '月', 1: '火', 2: '水', 3: '木', 4: '金', 5: '土', 6: '日'}
```

最後の行に書いた変数の内容 が表示されます。

7 print()関数で複数の値を表示する

for文とprint()関数を使ってWEEKDAYの内容を表示 してみましょう。print()関数を使うことで、一度に 複数の値を表示できます❶。なお、print()関数で 表示した場合は、結果表示の左側に [数値] は付 きません。

ところで、for文を記述した行の末尾で改行したとき、 自動的にインデントされたことに気づいたでしょうか。 これは、オートインデントと呼ばれる機能で、自分 でインデントを入力する手間を省いてくれます。

```
for num, name in WEEKDAY.items(): ‥‥‥‥‥‥‥ WEEKDAYの内容を1つずつ取り出す
    print(f'{num}: {name}') ‥‥‥‥‥‥‥‥‥‥ print()関数で表示
```

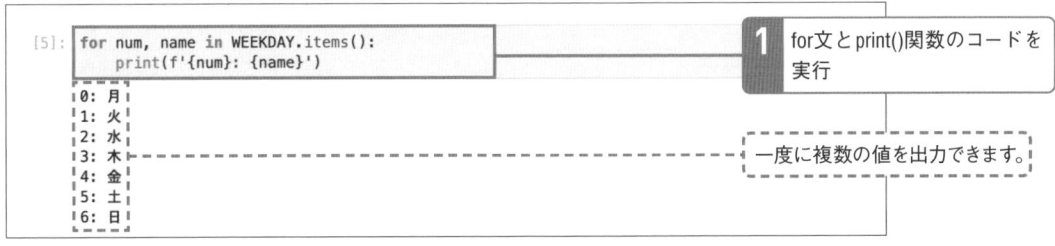

```
[5]: for num, name in WEEKDAY.items():
         print(f'{num}: {name}')
     0: 月
     1: 火
     2: 水
     3: 木
     4: 金
     5: 土
     6: 日
```

1 for文とprint()関数のコードを実行

一度に複数の値を出力できます。

8 関数を作成する

日付を曜日に変換する関数を作成してみましょう。ここでは「YYYY/MM/DD」形式の文字列で日付を与えると、曜日を返すget_day_of_week()関数を作成します**1**。前述の通り、すでに実行済みのPythonコードは、他のセルでも有効です。そのため、datetimeクラスのインポートや変数WEEKDAYを改め

て定義する必要はありません。

なお、セルに関数のみを記述する場合でも、最後に Shift + Enter キーでコードを実行するのを忘れないでください。そうしないと、関数が読み込まれず使用することができません。

```
def_get_day_of_week(date_str):················· 日付を曜日に変換する関数
____dt_=_datetime.strptime(date_str,_'%Y/%m/%d')
____return_WEEKDAY[dt.weekday()]
```

```
[6]: def get_day_of_week(date_str):
         dt = datetime.strptime(date_str, '%Y/%m/%d')
         return WEEKDAY[dt.weekday()]
```

1 関数を記述して Shift + Enter キーで実行

関数が読み込まれて使用可能になります。

9 作成した関数を使用する

作成した関数を使ってみましょう。「YYYY/MM/DD」形式の文字列で任意の日付を関数の引数に指定し**1**、結果が表示されることを確認してください。なお、すでに実行したセルであっても、セルを再びクリックすると入力可能（編集モード）になり、修正およ

び再実行が可能です。そのため、引数を変更して関数を実行したい場合やコードがエラーになったときなど、最初から入力し直す手間を省くことができます。

```
get_day_of_week('2023/01/20')
```

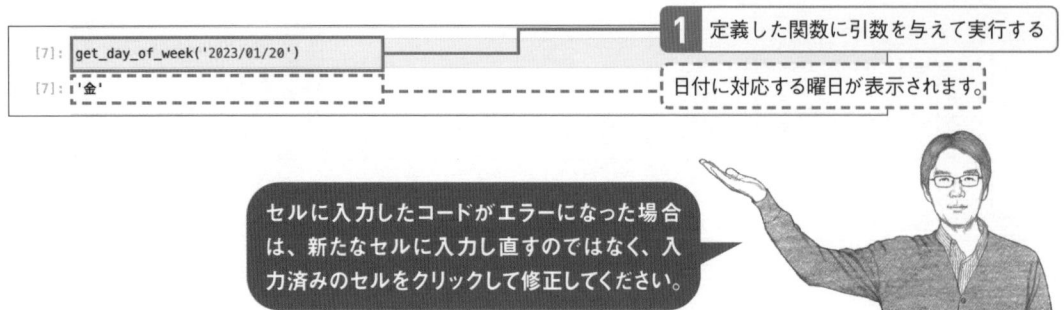

1 定義した関数に引数を与えて実行する

```
[7]: get_day_of_week('2023/01/20')
[7]: '金'
```

日付に対応する曜日が表示されます。

> セルに入力したコードがエラーになった場合は、新たなセルに入力し直すのではなく、入力済みのセルをクリックして修正してください。

10 すべてのコードを実行する

ここまではセルごとにPythonコードを実行しました。最後に、作成したコードを上からすべて実行してみましょう。すべて実行するには、ツールバーにある再実行ボタン（[▶▶]）をクリックします❶❷。途中でエラーになったらそこで実行が止まるため、Notebookファイル全体でエラーのないコードになっ

ているかを確認するときに便利です。
また、JupyterLabは停止すると作成した変数や関数などがリセットされます。そこでJupyterLabを再開したときに、すべてのコードを実行することで、再度、作成した変数や関数などを読み込ませることができます。

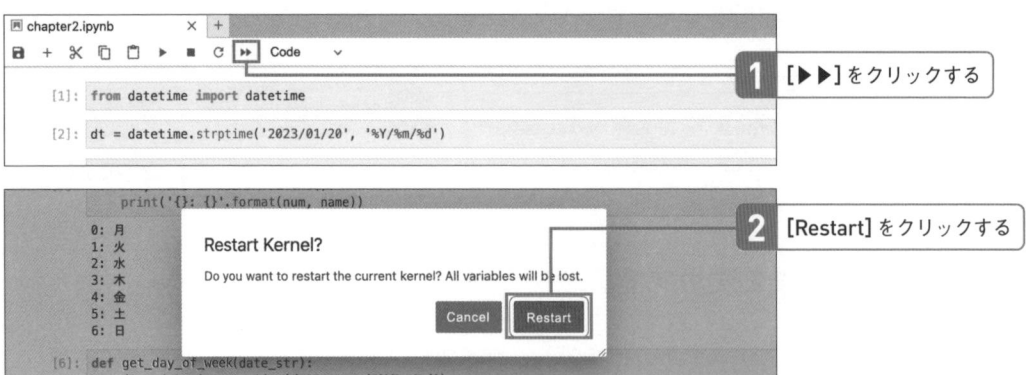

1 [▶▶]をクリックする

2 [Restart]をクリックする

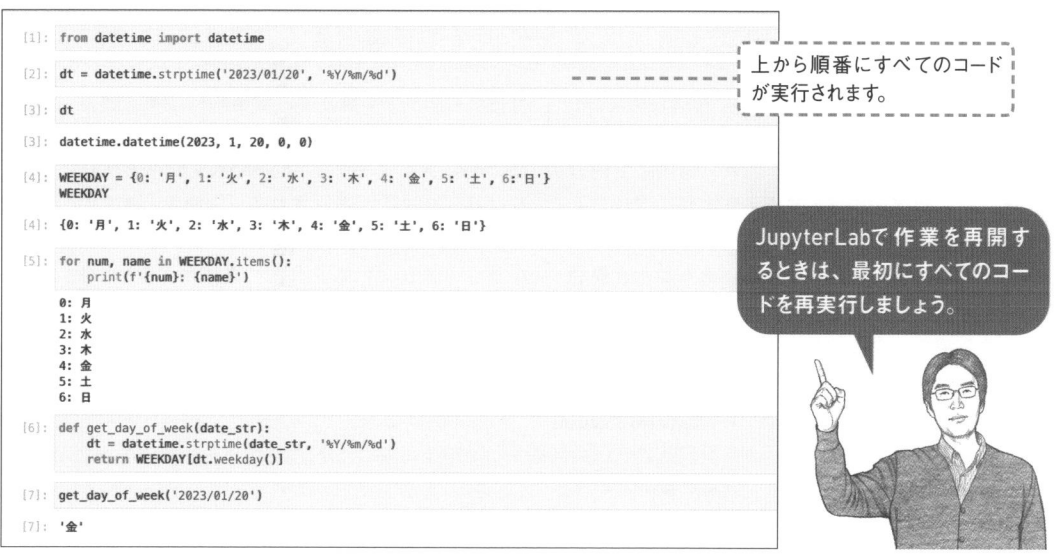

```
[1]: from datetime import datetime

[2]: dt = datetime.strptime('2023/01/20', '%Y/%m/%d')

[3]: dt

[3]: datetime.datetime(2023, 1, 20, 0, 0)

[4]: WEEKDAY = {0: '月', 1: '火', 2: '水', 3: '木', 4: '金', 5: '土', 6:'日'}
     WEEKDAY

[4]: {0: '月', 1: '火', 2: '水', 3: '木', 4: '金', 5: '土', 6: '日'}

[5]: for num, name in WEEKDAY.items():
         print(f'{num}: {name}')

     0: 月
     1: 火
     2: 水
     3: 木
     4: 金
     5: 土
     6: 日

[6]: def get_day_of_week(date_str):
         dt = datetime.strptime(date_str, '%Y/%m/%d')
         return WEEKDAY[dt.weekday()]

[7]: get_day_of_week('2023/01/20')

[7]: '金'
```

上から順番にすべてのコードが実行されます。

JupyterLabで作業を再開するときは、最初にすべてのコードを再実行しましょう。

👍 ワンポイント Notebookファイルに保存する

JupyterLabで作成したコードは拡張子が「.ipynb」のNotebookファイルとして保存されます。Notebookファイルは編集されると自動で保存されるため、あまり保存を意識する必要はありません。現在の内容が保存済みかどうかは、Notebookエディタの上部を見ると確認できます。

タブ右端の黒丸（●）が消えていれば、内容は保存済みです。黒丸が表示されている場合、まだ保存されていません。デフォルト設定では120秒ごとに自動で保存されます。なお、手動で保存したい場合は Ctrl + S キーを押します（macOSの場合は、command + S キーです）。

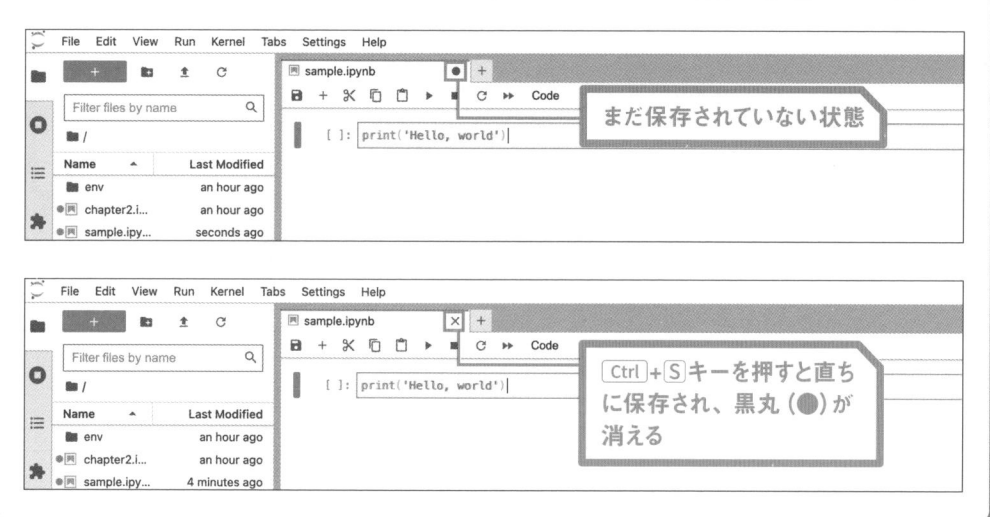

まだ保存されていない状態

Ctrl + S キーを押すと直ちに保存され、黒丸（●）が消える

👆 ワンポイント ショートカットキーを活用する

このLessonで紹介した以外にも、Notebookエディタではさまざまな操作ができます。たとえばセルの移動や削除などです。これらは画面上部のメニューやツールバーで行えますが、慣れてくるとメニューやツールバーをクリックするのが面倒に感じるかもしれません。そんなとき便利なのが、これらの操作に対応したショートカットキーです。ショートカットキーを使うと、キーボードから手を離さず、効率的に作業できます。どのようなショートカットキーがあるかは、[Settings] メニューから [Advanced Settings Editor] をクリックすると表示される「Settings」画面の「Keyboard Shortcuts」で確認できます。さまざまなショートカットが表示されますが、Notebookエディタに関するものは「Category」が「notebook」のものです。

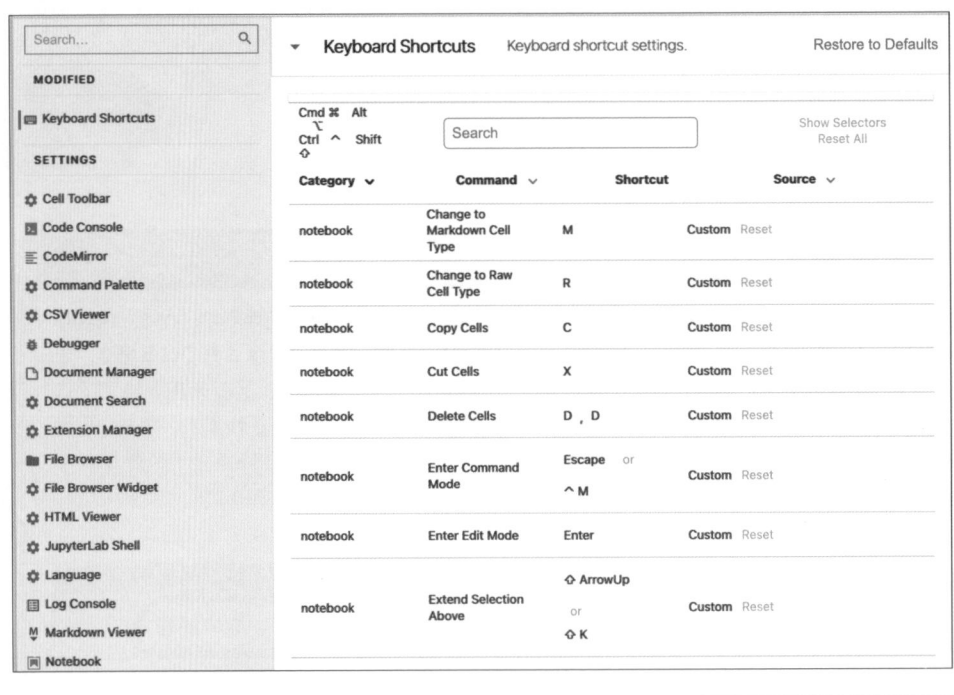

Lesson 16　［botプログラミング］

pybotについて知りましょう

このレッスンの
ポイント

本書の各Chapterでは、JupyterLabを使ってプログラミングを進め、そのプログラムをpybotという会話botに組み込んでアプリケーションとして実行できるようにします。会話botとは何かを知り、pybotを動かす準備をしましょう。

pybotとは何か

pybotとは、前著『いちばんやさしいPythonの教本 第2版』で作成したシンプルな会話botプログラムです。Webアプリケーションとして動作し、入力フォームから送信されたメッセージに応じてコマンドを実行し、その結果を応答として返します。

本書で作成したプログラムは、通常のPythonファイルに移植してpybotのコマンドとして利用できるようにします。pybotはすでに作成済みのものをダウンロードできるので、次ページからの手順に従って、pybotを動かせるように準備しましょう。

▶ pybotの画面

---

pybot Webアプリケーション

メッセージを入力してください: 干支 2001
画像を選択してください: ［ファイルを選択］ 選択されていません
［送信］

- 入力されたメッセージ:
- pybotからの応答メッセージ:

> 入力フォームにメッセージを入力して［送信］をクリック

---

pybot Webアプリケーション

メッセージを入力してください: ［　　　　　　］
画像を選択してください: ［ファイルを選択］ 選択されていません
［送信］

- 入力されたメッセージ: 干支 2001
- pybotからの応答メッセージ: 2001年生マレノ干支ハ「巳」デス。

> メッセージに応じた結果が返る

> 本書でpybotを利用するにあたって必要なことは次のLessonで解説するので、前著を読んでいなくても大丈夫です。

● pybotを動かしてみよう

1 ┊ pybotをダウンロードする

本書のサポートページからサンプルコードをダウンロードし、ZIPファイルを解凍します（P.303参照）。その中にある［pybotweb］フォルダーを、Lesson 13

で作成した［yasapy］フォルダーに、フォルダーごとコピーして配置します❶。

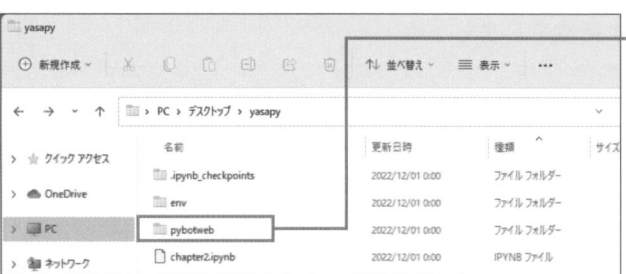

1 ［yasapy］フォルダーに［pybotweb］フォルダーを配置する

2 ┊ pybotに必要なライブラリをインストールする

次に、pybotに必要なライブラリをインストールします。PowerShellを起動して、Lesson 13で作成した［yasapy］フォルダーに移動し、仮想環境を有効化しましょう。

pybotは「Bottle」というWebアプリケーションフレームワークを使用しているため、pipコマンドで仮想環境にBottleの最新版（執筆時点では0.12.23）をインストールします❶。

pip_install_bottle

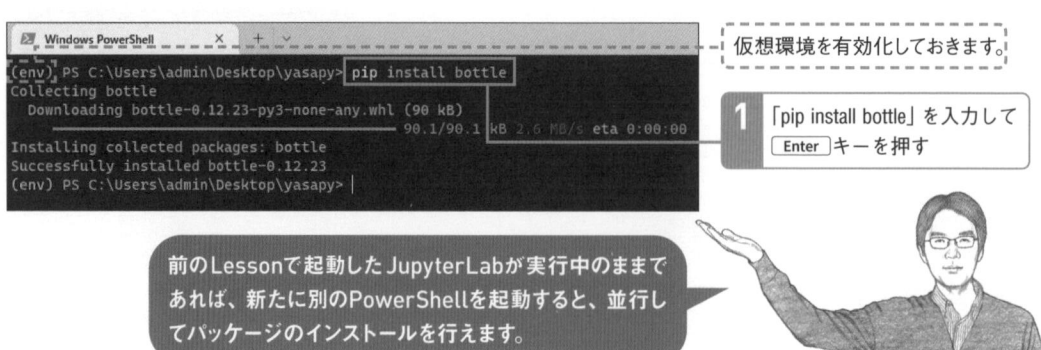

仮想環境を有効化しておきます。

1 「pip install bottle」を入力して Enter キーを押す

前のLessonで起動したJupyterLabが実行中のままであれば、新たに別のPowerShellを起動すると、並行してパッケージのインストールを行えます。

3 | pybotサーバーを起動する

Bottle が インストール できたら、PowerShell で
[pybotweb] フォルダーに移動します❶。 そして
「python pybotweb.py」を実行し、pybotサーバーを
起動します❷。PowerShellに「Hit Ctrl-C to quit.」と
表示されたら起動完了です。pybotサーバーを起動

したら、ブラウザで「 http://localhost:8080/hello 」
にアクセスしましょう❸。pybotの画面が表示され
たら成功です。なお、pybotサーバーを停止するには、
PowerShell で Ctrl + C キーを押します（macOSは
control + C キー）。

```
cd_pybotweb
python_pybotweb.py
```

▶ pybotコマンドを試してみよう

コマンド形式	機能	入力例	出力例
長さ {文字列}	文字列の長さを返す	長さ あいうえお	文字列ノ長サハ 5 文字デス
干支 {西暦}	西暦の干支を返す	干支 2023	2023年生マレノ干支ハ「卯」デス。
選ぶ {候補1} {候補2} ...	候補から1つ選ぶ	選ぶ A B C	「A」ガ選バレマシタ
今日	今日の日付を返す	今日	今日ノ日付ハ 2022-12-17 デス

069

Lesson 17 [pybotの仕組み]

pybotの仕組みを知りましょう

このレッスンの
ポイント

本書の各Chapterでは、pybotにコマンドを追加していきます。そこで、まずはpybotの基本的な仕組みやファイル構成を解説します。そして、コマンドを追加できるよう、pybotの関数や引数のルールについても説明します。

→ pybotの仕組み

pybotサーバーは、まず入力フォームから送信されたテキストに含まれるコマンドをチェックします。そしてif文を使って、コマンドに応じた関数を呼び分け、その関数の戻り値をレスポンスとして返却します。pybotコマンドの実体はPythonの関数なので、一定

のルールに従った関数を作成することで、新しいコマンドを追加できます。P.73はコマンド呼び出し部分の抜粋です。コマンド用の関数を作成し、if文の分岐を追加することで、コマンドを追加します。

▶ pybotコマンドの実行イメージ

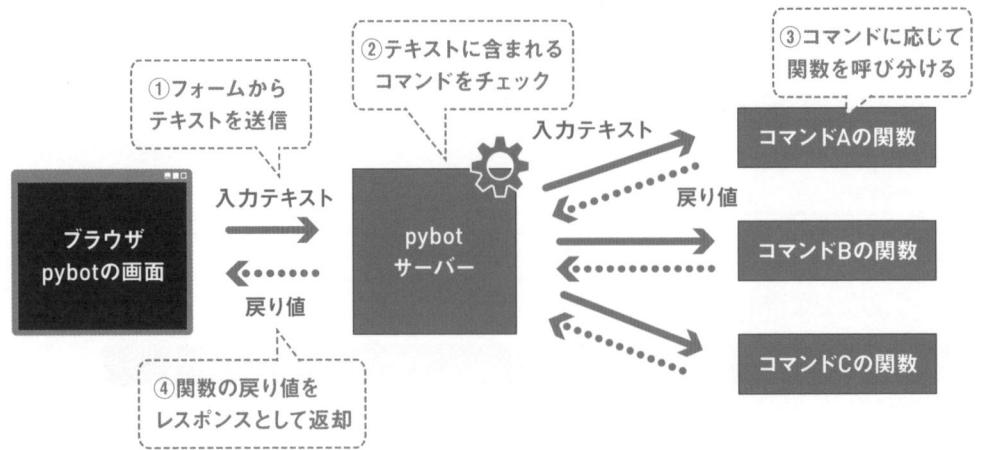

pybotのファイル構成

pybotのファイル構成は、大まかに以下の表のように
なっています。本書の各Chapterでは、作成した
プログラムをpybotにコマンドとして組み込みますが、
追加するのは「pybotコマンド」と「データファイル」

です。なお、追加したpybotコマンドを使えるように
するには、さらにpybot本体にpybotコマンドのモジ
ュールをインポートする必要があります。

▶ pybotのファイルの種類

種類	ファイル名	役割
pybotサーバー	pybotweb.py	pybotのサーバーを起動する
pybot本体	pybot.py	入力内容に応じたpybotコマンドを呼び分ける
pybotコマンド	pybot_{コマンド名}.py	pybot.py から呼ばれる各コマンド
テンプレート	pybot_template.tpl	pybotの画面
データファイル	任意のファイル名	各コマンドで使用するデータファイル

▶ pybotのファイルの配置

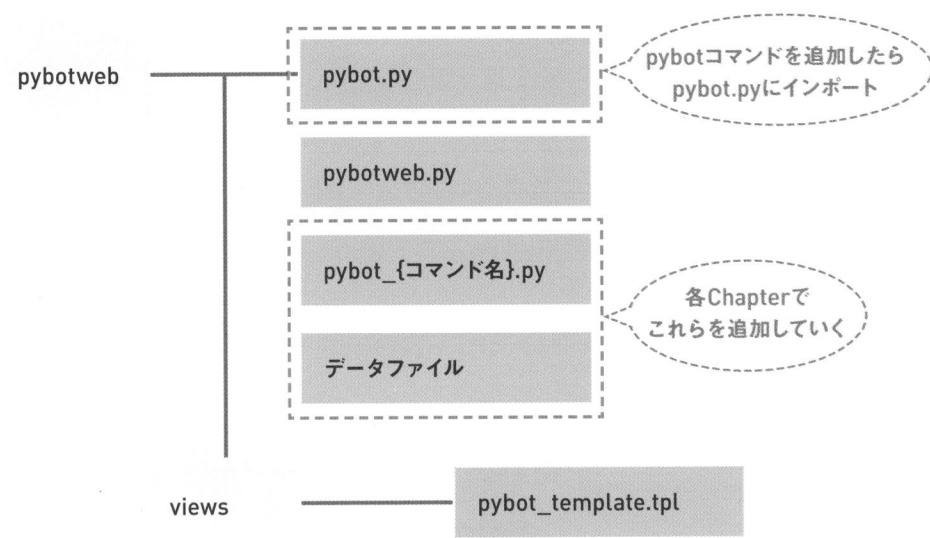

pybotのテンプレートファイル

pybotの画面はBottleのテンプレート機能を使って作成していますが、前著『いちばんやさしいPythonの教本 第2版』で作成したものを、本書用に2箇所変更しています。

1つ目は、フォームで画像を送信できるようにしました❶。また、出力結果にHTMLタグを利用できるようにしています❷。

▶ pybotのテンプレートファイル（pybot_template.tpl）

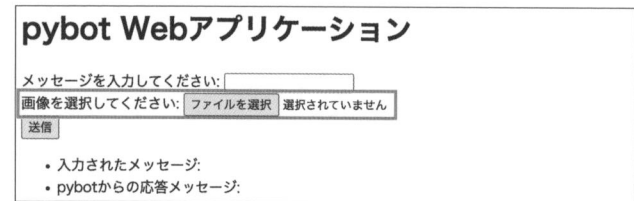

```
<body>
<h1>pybot_Webアプリケーション</h1>
<form_method="post"_action="/hello"_enctype="multipart/form-data">
メッセージを入力してください:_<input_type="text"_name="input_text"><br>
画像を選択してください:_<input_type="file"_name="input_image"><br>
<input_type="submit"_value="送信">
</form>
<ul>
<li>入力されたメッセージ:_{{input_text}}</li>
<li>pybotからの応答メッセージ:_{{!output_text}}</li>
</ul>
</body>
</html>
```

❶Chapter 5で使用する
ファイルアップロード

❷!を追加

▶ pybotの画面

pybot Webアプリケーション

メッセージを入力してください:
画像を選択してください: ファイルを選択 選択されていません
送信

- 入力されたメッセージ:
- pybotからの応答メッセージ:

テンプレートファイルには
Webページの画面となる
HTMLを書きます。

pybotコマンドの関数

pybotコマンドとして利用できる関数は、入力フォームから送信されたテキストを受け取り、レスポンスとしての戻り値がある関数であれば問題ありません。関数名や変数名なども自由に付けられますが、各コマンドの関数はxxx_command、引数はcommand、戻り値の変数はresponseという名前で統一しています。commandは半角スペースで区切られ、1番目の要素をコマンド名、2番目以降の要素をコマンドの引数とみなします。この引数を使ってそのコマンドの処理を行い、最後にresponseを返します。なお、引数が不要なコマンドの場合、command引数は省略可能です。

▶ コマンドの呼び出し部分（pybot.pyより抜粋）

```
def␣pybot(command,␣image=None):␣···commandは入力フォームから送信されたテキスト
␣␣␣␣response␣=␣''
␣␣␣␣try:
␣␣␣␣␣␣␣␣for␣message␣in␣bot_dict:
␣␣…中略…
␣␣␣␣␣␣␣␣if␣'選ぶ'␣in␣command:␣·······␣入力テキストに含まれるコマンドで関数を呼び分ける
␣␣␣␣␣␣␣␣␣␣␣␣response␣=␣choice_command(command)␣·······␣pybotコマンドとなる関数
␣␣…中略…
␣␣␣␣␣␣␣␣return␣response␣············処理結果を返却
```

▶ コマンドのサンプル（pybot_random.pyの「選ぶ」コマンド）

```
import␣random
def␣choice_command(command):␣·····commandは入力フォームから送信されたテキスト
␣␣␣␣data␣=␣command.split()·······························␣半角スペースで分割する
␣␣␣␣choiced␣=␣random.choice(data[1:])␣·········␣2番目以降の要素を引数とみなす
␣␣␣␣response␣=␣response␣=␣f'「{choiced}」ガ選バレマシタ'········戻り値の変数
␣␣␣␣return␣response
```

▶ コマンドのルール

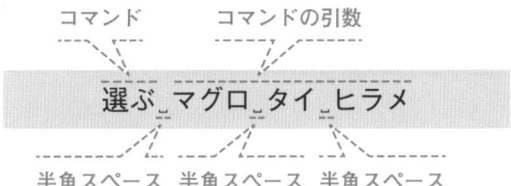

pybotに合計コマンドを追加する

実際にpybotにコマンドを追加してみましょう。単純な数字の足し算を行う「合計」コマンドを作成します。コマンド用の関数を作成し、pybotへのコマンドの追加方法を理解しましょう。なお、pybotのコマンドは、通常のPythonプログラムとして作成する必要がありますが、JupyterLabは通常のPythonファイルも扱えるため問題ありません。

1 JupyterLabでpybotwebのフォルダーを開く

まずJupyterLabのサイドバーにある [pybotweb] フォルダーをダブルクリックします❶。すると[pybotweb]フォルダー内に移動し、サイドバーに [pybotweb] フォルダー内のファイル一覧が表示されます。

なお、元のフォルダーに戻るにはサイドバーの [pybotweb] 左横にあるフォルダーアイコンをクリックします。

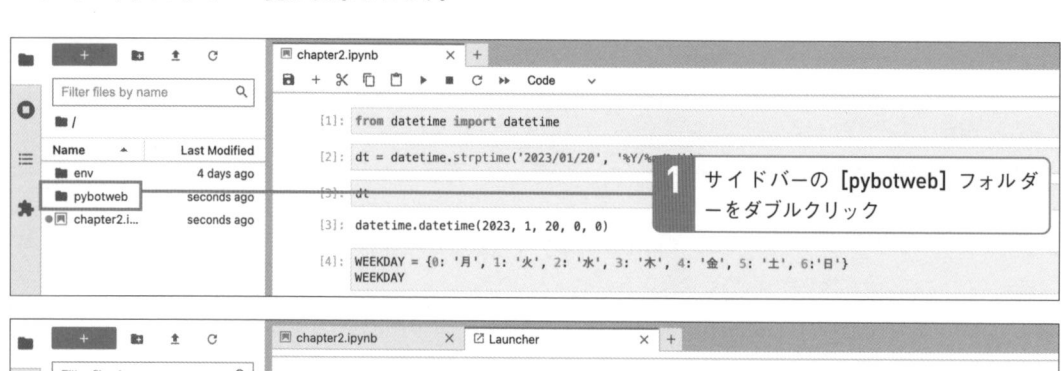

1 サイドバーの [pybotweb] フォルダーをダブルクリック

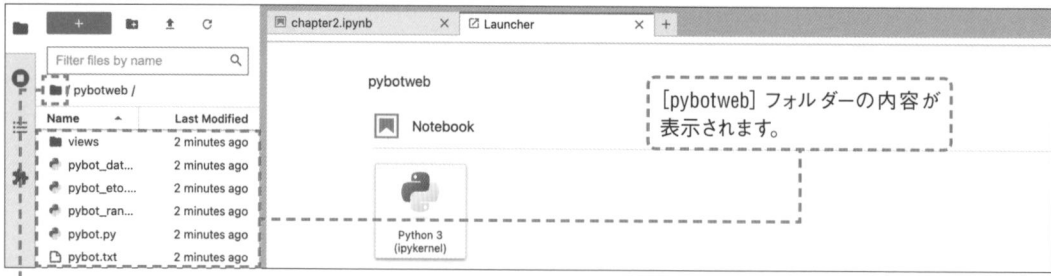

[pybotweb] フォルダーの内容が表示されます。

元のフォルダーに戻る場合は、このフォルダアイコンをクリックします。

2 エディタでコマンド用のファイルを作成する

次に、コマンド用の関数を記述するためのPythonファイルを作成します。新規のランチャーを開き、下のほうにある「Other」から [Python File] をクリックしましょう❶。「pybotweb」フォルダーに「untitled.py」というPythonファイルが追加されます。続いて「untitled.py」のタブを右クリックして表示されるメニューから

「Rename Python File...」をクリックします❷。ファイル名を入力するダイアログが表示されるので、「pybot_sum.py」と入力し Enter キーを押します❸。これで「pybot_sum.py」という名前のPythonファイルを作成できました。

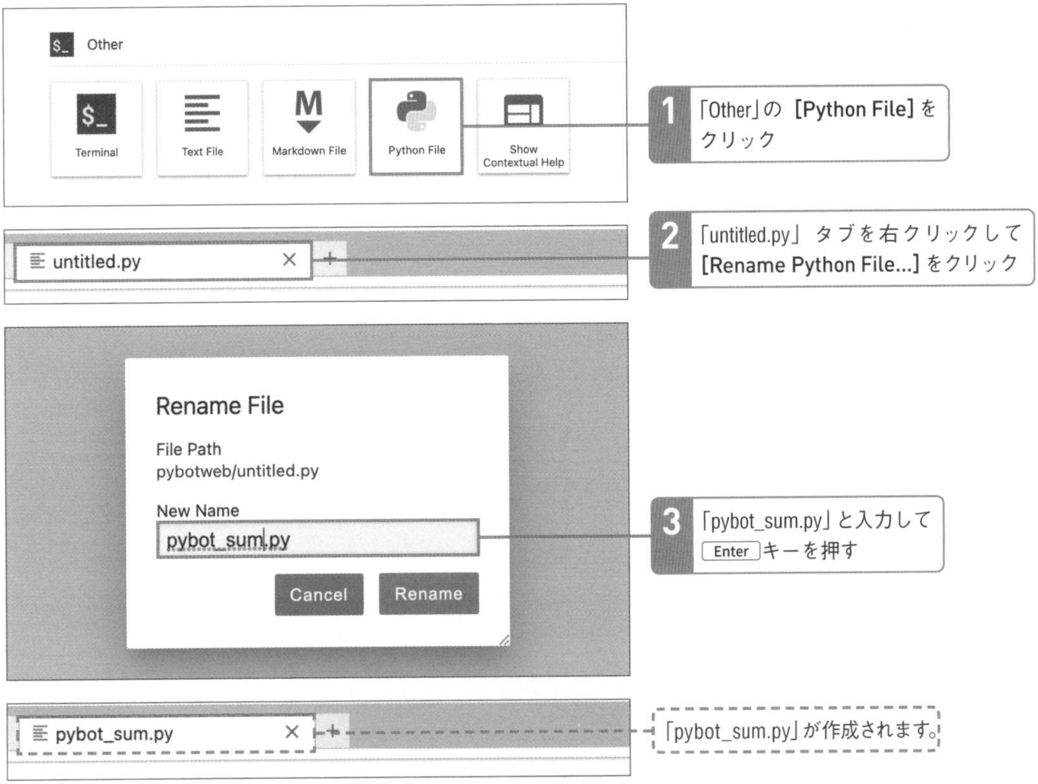

S_ Other

$_	☰	**M**	🐍	🖥
Terminal	Text File	Markdown File	Python File	Show Contextual Help

1 「Other」の [Python File] をクリック

☰ untitled.py　　　×　＋

2 「untitled.py」タブを右クリックして [Rename Python File...] をクリック

Rename File

File Path
pybotweb/untitled.py

New Name

pybot_sum.py

Cancel　Rename

3 「pybot_sum.py」と入力して Enter キーを押す

☰ pybot_sum.py　　　×　＋

「pybot_sum.py」が作成されます。

実際の開発では、通常のPythonファイルの編集はプログラミング用のエディタを使うことが多いです。しかし、複数のツールを使うと作業が複雑になるため、本書では通常のPythonファイルもJupyterLabを使って編集します。

3 合計コマンドの関数を作成する `pybot_sum.py`

作成されたファイルに以下のコードを入力します❶。入力したら[Ctrl]+[S]キーを押して内容を保存します。このsum_command()関数が合計コマンドの本体です。引数commandを半角スペースで区切り、2番

目以降の要素をコマンドの引数としています。引数は文字列として受け取るため、それぞれ数値型に変換したものを合計し、計算結果を返却しています。

```
001  def_sum_command(command):
002  ____data_=_command.split()········引数を分割
003  ____command_args_=_data[1:]·····コマンドの引数部分
004  ____result_=_0····················合計値
005  ____for_num_in_command_args:·····引数を合計
006  _____result_+=_int(num)·······数値に変換
007  ____response_=_f'合計ハ「{result}」デス'
008  ____return_response
```

1 コードを入力

4 合計コマンドをimportする `pybot.py`

作成した関数を、pybotに組み込みます。[pybotweb]フォルダーにある、「pybot.py」をエディタで開きましょう。ファイルの先頭部分にimport文を追加します❶。

これで作成した「pybot_sum.py」のsum_command()関数を、pybotで使用できるようになりました。

```
001  from_pybot_eto_import_eto_command
002  from_pybot_random_import_choice_command,_dice_command
003  from_pybot_datetime_import_today_command,_now_command,_weekday_command
004  from_pybot_sum_import_sum_command
```

1 import文を追加

👍 ワンポイント 前著『いちばんやさしいPythonの教本 第2版』のpybotとの違い

前著『いちばんやさしいPythonの教本 第2版』を読まれた方は、すでにpybotのコードがお手元にあるかもしれません。

しかし、前述の通り本書のpybotはテンプレートを一部修正しています。また説明の都合上、

前著で作成したpybotコマンドもいくつか削除しています。

そのため、前著でpybotを作成済みの方も、改めて本書のサポートページからpybotのコードをダウンロードしてください。

5 | 合計コマンドを追加する `pybot.py`

pybot()関数にif文を追加します。フォームから送られたテキストに「合計」が含まれていたら、sum_command()関数を呼ぶようにしましょう❶。インデ ントは他のif文と合わせるようにしてください。これで、合計コマンドの追加は完了です。

```
040  def pybot(command):
041      response = ''
042      try:
043          for message in bot_dict:
            ……中略……
062          if '曜日' in command:
063              response = weekday_command(command)
064          if '合計' in command:
065              response = sum_command(command)
```

1 if文を追加

6 | 合計コマンドを実行する

pybotを起動し、pybotの画面を表示します❶。すでにpybotを起動済みの場合は追加した合計コマンドを反映させる必要があります。いったんpybotサーバーを停止して、再度実行してください(P.69参照)。

pybotを起動したら、合計コマンドを入力します。「合計」のあとに半角スペース区切りで合計したい数字を並べ、「送信」をクリックします❷。計算結果が表示されることを確認しましょう。

pybot Webアプリケーション

メッセージを入力してください: 合計 1 2 3
画像を選択してください: ファイルを選択 選択されていません
送信

- 入力されたメッセージ:
- pybotからの応答メッセージ:

1 pybotを起動して、ブラウザでpybotの画面を表示

2 メッセージに「合計 1 2 3」(数字は任意)と入力し、[送信]をクリック

pybot Webアプリケーション

メッセージを入力してください:
画像を選択してください: ファイルを選択 選択されていません
送信

- 入力されたメッセージ: 合計 1 2 3
- pybotからの応答メッセージ: 合計は「6」です

合計が表示されます。

👍 ワンポイント JupyterLab でつまずきやすいポイント

はじめてJupyterLabを使うと、いくつかつまずきやすいところがあります。そこで、よくあるケースとその対処方法を3つ紹介します。

1つ目は、セルで実行したコードがエラーになった場合です。セルは再編集が可能なので、エラーになった箇所を修正して再実行できます。そのため、エラーになっても新たなセルにコードを書き直す必要はありません。

2つ目は、JupyterLabを再起動した場合です。保存されたNotebookを開くと、以前に書いたコードや実行結果は表示されます。しかし、変数や関数などはPython環境からリセットされています。[▶▶] をクリックして再実行しましょう（P.64参照）。

最後は、JupyterLabの実行中にpipインストールなどでPowerShellが必要になった場合です。JupyterLabを停止して再度実行すれば問題ありませんが、それが手間な場合はもう1つ別のPowerShellを立ち上げるとよいでしょう。

▶ セルを実行してエラーになった場合

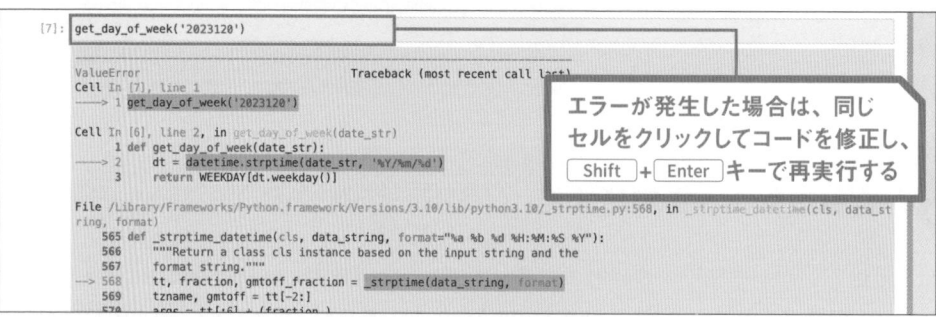

エラーが発生した場合は、同じセルをクリックしてコードを修正し、 Shift + Enter キーで再実行する

▶ JupyterLab実行中にpipコマンドなどを使いたい場合

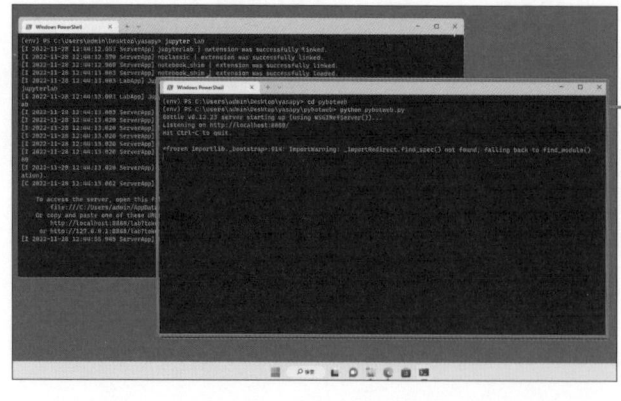

JupyterLabを実行しながら、別のPowerShellを開いて実行する

Chapter

3

スクレイピングでデータを収集しよう

機械学習にはデータが必要です。ここではインターネット上のWebページからデータを集める手段として、スクレイピングについて学びましょう。

Lesson
18
[スクレイピングとは]
スクレイピングについて知りましょう

このレッスンの
ポイント

機械学習を行うには、学習の元となるデータが必要です。学習元のデータとしてインターネット上のデータを利用する方法の1つに、スクレイピングがあります。ここではスクレイピングの概要に加え、HTTP通信などのスクレイピングに必要な基礎知識についても説明します。

→ スクレイピングとは

インターネットにはニュース・天気・株価・写真などさまざまな種類のWebサイトがあり、データ収集にはうってつけといえるでしょう。Webサイトからデータを集める手法の1つがスクレイピングです。

Webページ（Webサイト中の1つのページ）からデータを取得するシンプルな方法は、ブラウザで表示したWebページから、抜き出したいテキストや画像を手作業でコピー&ペーストすることです。しかし、多くのデータを集めるには手作業だと時間がかかっ

てしまいます。どうすればWebページから効率良く目的の情報を収集できるのでしょうか?

Webページは HTML という言語で書かれており、ブラウザは HTML を解釈して見やすく表示しています。HTMLはルールに従った構造を持つため、その構造を解析することで、HTML中の任意の情報を機械的に抽出することが可能です。プログラムを利用して必要な情報を取得することをスクレイピングといいます。

▶ WebページのHTMLから情報を抽出

ブラウザ

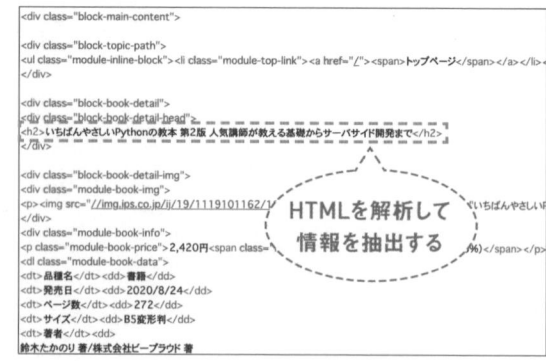

HTML

Webページの送受信に使われるHTTP通信

ブラウザがWebページを表示するとき、HTTPと呼ばれる方式でサーバーと通信しています。サーバーに対してWebページを要求することをリクエスト、サーバーからの応答をレスポンスといいます。レスポンスにはWebページの本体であるHTMLの他に、リクエストの成功・失敗を表す情報（ステータスコード）などが含まれます。

スクレイピングを行う際は、PythonプログラムでサーバーにHTTPでリクエストを送り、そのレスポンスからHTMLを取得します。

▶ HTTPでサーバーからWebページを取得するイメージ

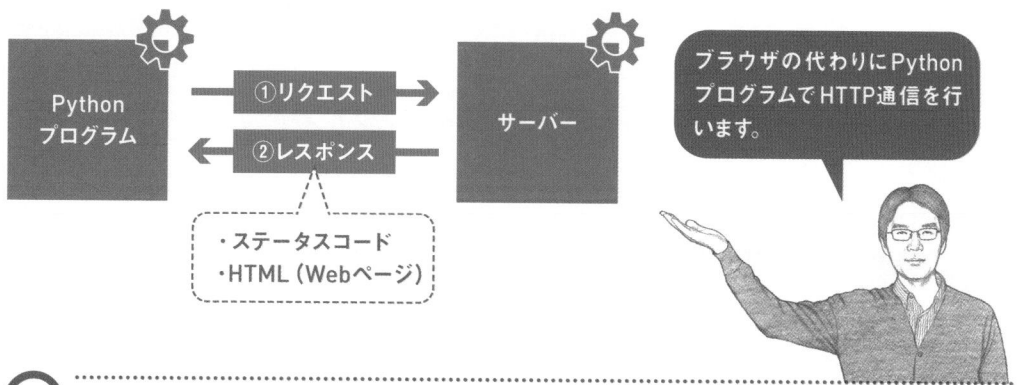

HTMLの基本ルール

HTMLでは、表示するテキストなどの内容を開始タグと終了タグで囲んだものを要素といいます。要素の内容には別の要素を含めることができ、HTMLは要素の入れ子構造になっています。

Webページにはタイトルやリンクなどさまざまな役割のパーツがありますが、それらの役割は要素名として表されます。要素名にはいろいろな種類があります。

▶ HTMLの要素

HTML

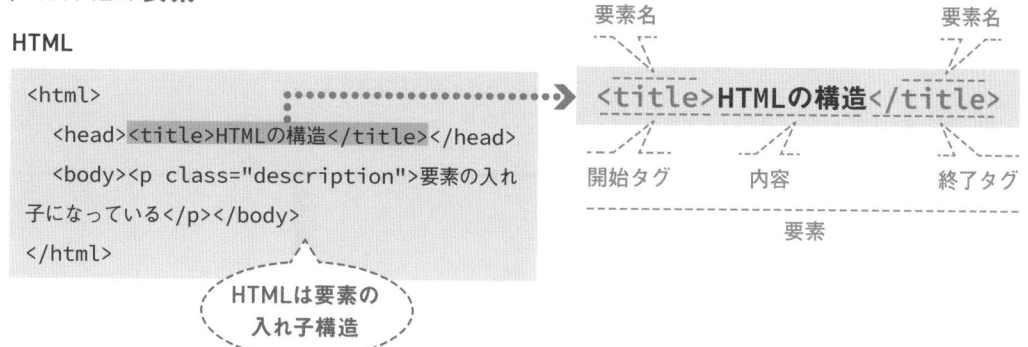

要素には属性が設定できる

要素の開始タグには、追加情報として属性を記述できます。たとえばリンクを表すa要素には、リンク先のURLをhref属性で設定できます。また、1つのHTMLには同じ要素名の要素を複数記述できます。そのため、同じ要素名の要素を区別するための属性として、id属性、class属性といったものもあります。

スクレイピングにおいては、HTMLの要素名や属性について細かく覚える必要はありません。しかし、これらはHTMLから目的の情報を取得するためのヒントになります。

▶ 属性を設定した要素

属性

```
<h1 class="title">Pythonでスクレイピングしよう</h1>
```

▶ 代表的な要素名

要素名	役割
html	HTMLであることを宣言する
head	タイトルなどWebページに関する情報を記述する
body	ブラウザ上で表示されるWebページの本体
h1、h2、h3、h4	見出し。数値が小さいほど大きな見出しになる
p	段落を表す
a	リンクを表す。リンク先のURLはhref属性に記述する
div	要素をブロック化する

▶ 属性の例

属性名	説明
id	要素に一意のIDを付与する。1つのHTMLでid属性の値は重複してはならない
class	要素にクラス名を付与する。1つのHTMLで同じ値を複数の要素に使用できる。また半角スペース区切りで複数のクラス名を設定できる
href	リンク先のURLを設定する。主にa要素で使用される

Lesson 19 [RequestsとBeautiful Soup 4]
スクレイピングに使用する ライブラリを知りましょう

このレッスンの
ポイント

スクレイピングに使われるPythonライブラリの中で、人気の高いものがRequestsとBeautiful Soup 4です。前者がHTTP通信、後者がスクレイピングのためのライブラリです。このLessonではそれぞれの概要とインストール方法を知りましょう。

→ Webページを取得するためのRequests

Webページを取得するために、HTTP通信を行うライブラリがRequestsです。Requestsを使うと、PythonのプログラムからWebサーバーにHTTPでリクエストを送り、レスポンスを受け取ることができます。Pythonの標準ライブラリにもurllib.requestというHTTP通信のためのライブラリがあるのですが、Requestsのほうが直感的に操作できて使いやすいため、PythonでのHTTP通信では定番のライブラリとなっています。

サードパーティ製のライブラリなので、pipを使ってインストールする必要があります。

▶ Requestsの公式サイト

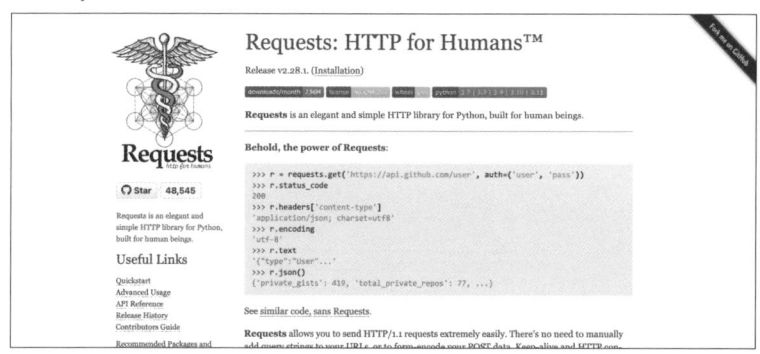

https://requests.readthedocs.io/

▶ Requestsのインストール方法

```
pip_install_requests
```

スクレイピングのためのBeautiful Soup 4

Beautiful Soup 4はHTMLからデータを抽出するためのライブラリです。このライブラリを使うと、要素名や属性名を指定してWebページから目的の情報を取得できます。

Pythonでスクレイピングするときはよく使われる人気のライブラリです。Beautiful Soup 4もRequestsと同様にpipでインストールする必要があります。

▶ Beautiful Soup 4の公式サイト

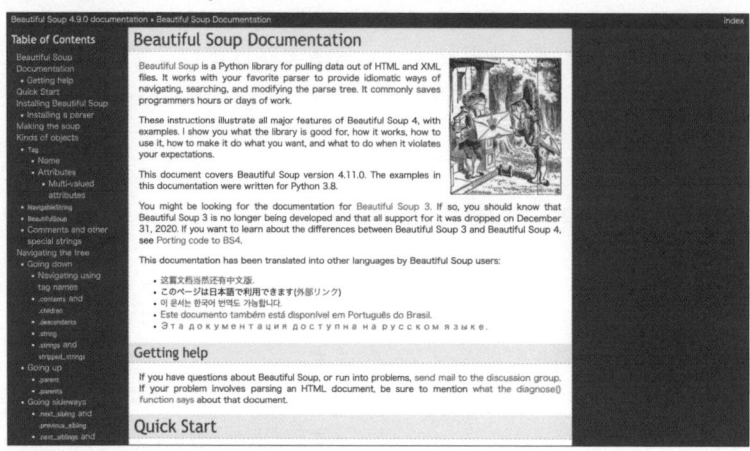

https://www.crummy.com/software/BeautifulSoup/bs4/doc/

▶ Beautiful Soup 4のインストール方法

```
pip install beautifulsoup4
```

ライブラリをインストールするときも、必ず仮想環境を有効にした状態（P.51参照）で行ってください。仮想環境を有効にしていない状態でインストールしたライブラリは、仮想環境上のプログラムから利用できません。

RequestsとBeautiful Soup 4をインストールする

1 ライブラリのインストール

RequestsとBeautiful Soup 4をインストールします。Lesson 13で作成した仮想環境を有効化し、PowerShellで「pip install requests beautifulsoup4」を実行して最新版をインストールします（執筆時点ではRequestsが2.28.1、Beautiful Soup 4が4.11.1）❶。「pip install」コマンドは1行に複数のライブラリ名を書くと、1回のコマンド実行でインストールできます。

pip␣install␣requests␣beautifulsoup4

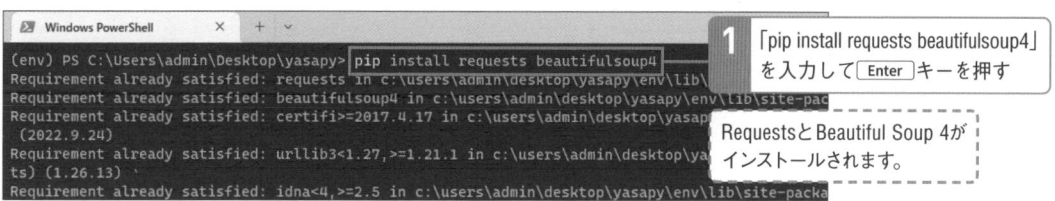

1 「pip install requests beautifulsoup4」を入力して Enter キーを押す

RequestsとBeautiful Soup 4がインストールされます。

2 インストールの確認

インストールが終わったら、「pip list」コマンドを実行し、インストールされたことを確認しましょう❶。表示されるリストにrequestsとbeautifulsoup4が含まれていればインストール成功です。なお、requestsとbeautifulsoup4をインストールすると、それらの依存パッケージも合わせてインストールされるため、リストにはrequestsとbeautifulsoup4以外も表示されます。

pip␣list

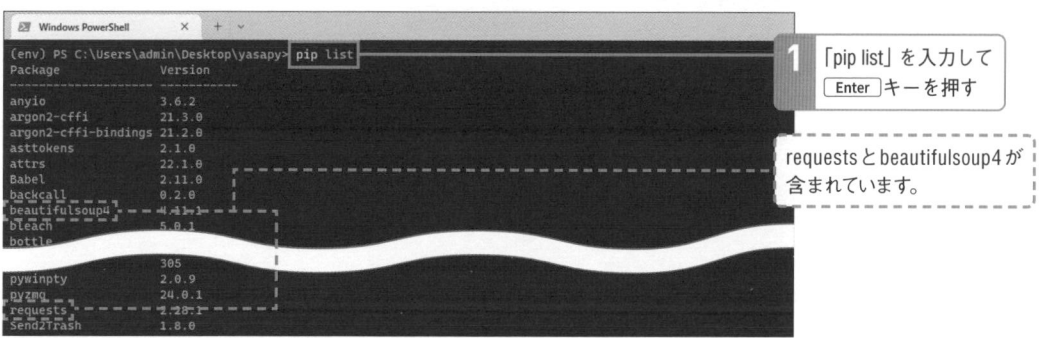

1 「pip list」を入力して Enter キーを押す

requestsとbeautifulsoup4が含まれています。

Lesson

20

[RequestsでHTMLを取得]

Webページを取得してみましょう

このレッスンの
ポイント

スクレイピングを行うためには、まず対象となるWebページのHTML
を取得する必要があります。このLessonではRequestsの基本的な
使い方と、Requestsの機能を使ってWebページのHTMLを取得する
方法を学びましょう。

→ RequestsでWebサーバーからレスポンスを受け取る

Requestsを使ってWebページを取得するには、まず、
requestsモジュールをインポートします。そして、取
得したいWebページのURLを指定してget()関数を実
行します。

すると、サーバーへWebページ取得のためのリクエ
ストが送信され、戻り値としてサーバーからのレス
ポンス情報を格納したレスポンスオブジェクトが取
得できます。

▶ Requestsの基本的な使い方

```
import_requests ···················· requestsをインポート
res_=_requests.get(URL) ··········· get()関数でレスポンスを取得
```

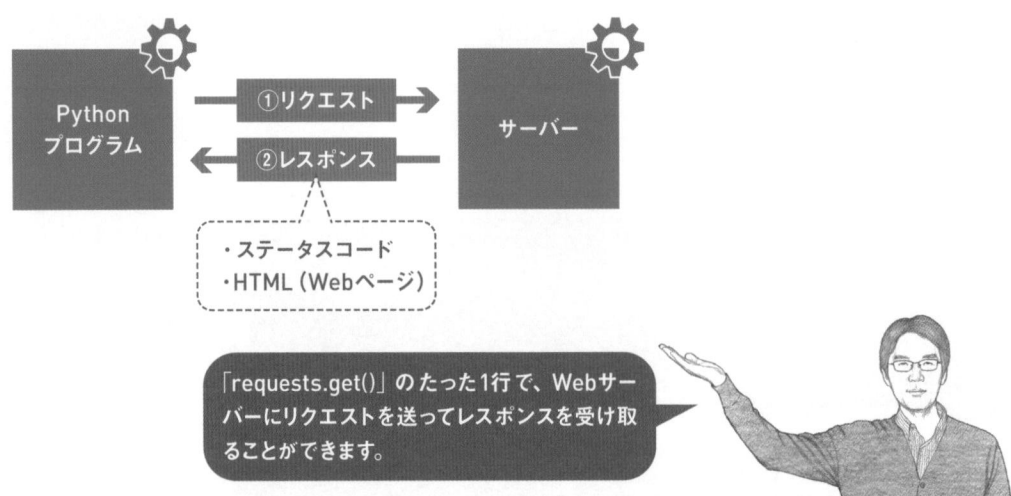

「requests.get()」のたった1行で、Webサー
バーにリクエストを送ってレスポンスを受け取
ることができます。

レスポンスオブジェクトに含まれる情報

get()関数で取得したレスポンスオブジェクトには、さまざまな情報が格納されています。スクレイピングに必要なWebページのHTMLは.textで取得できま

す。HTMLの他にも、リクエストの成功・失敗を表すステータスコードや、HTMLの文字エンコーディングなどが含まれています。

▶ レスポンスオブジェクトに含まれる情報例

属性名	内容
text	WebページのHTMLテキスト
status_code	ステータスコードと呼ばれる3桁の数字。リクエストの成功・失敗などを表す。200番台なら成功
encoding	HTMLの文字エンコーディング。UTF-8など

レスポンスからHTMLを取得する

次ページからの手順で、『いちばんやさしいPythonの教本 第2版』の書籍ページからHTMLを取得してみましょう。get()関数で取得したレスポンスオブジ

ェクトから.textでHTMLテキストを取得し、変数html_docに格納します。HTMLをすべて表示すると長いため、先頭150文字だけを表示します。

▶ 『いちばんやさしいPythonの教本 第2版』の書籍ページのHTMLを取得する

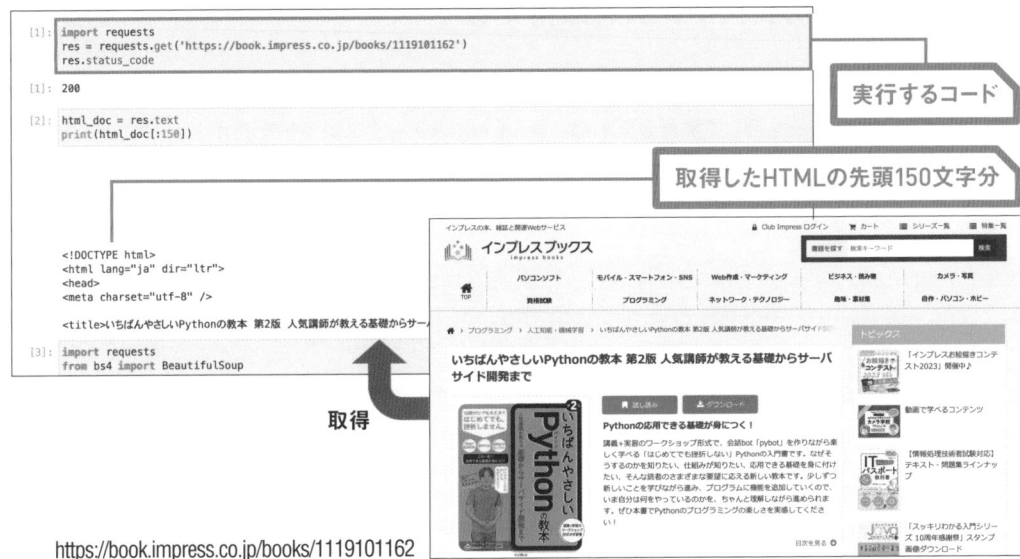

```
[1]: import requests
     res = requests.get('https://book.impress.co.jp/books/1119101162')
     res.status_code
```

```
[1]: 200
```

実行するコード

```
[2]: html_doc = res.text
     print(html_doc[:150])
```

取得したHTMLの先頭150文字分

```
<!DOCTYPE html>
<html lang="ja" dir="ltr">
<head>
<meta charset="utf-8" />

<title>いちばんやさしいPythonの教本 第2版 人気講師が教える基礎からサー
```

```
[3]: import requests
     from bs4 import BeautifulSoup
```

取得

https://book.impress.co.jp/books/1119101162

● 書籍ページのHTMLを取得する

1 Notebookファイルを作成する `chapter3-scraping.ipynb`

ここでは、Requestsを使ってインプレスブックスの『いちばんやさしいPythonの教本 第2版』の書籍ページのHTMLを取得します。

まずはプログラムを作成するためのNotebookファイ

ルを準備しましょう。JupyterLabを起動し、ランチャーの「Notebook」から[Python 3]を選択しNotebookファイルを作成します。作成したNotebookファイルの名前を「chapter3-scraping」に変更します①。

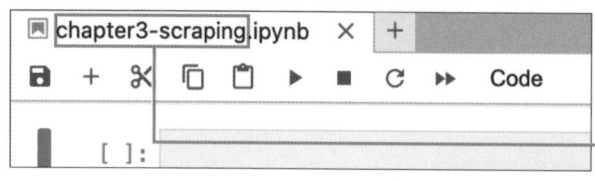

> **1** Notebookファイルを作成してファイル名を変更

以降はChapterごとに1つのNotebookファイルを作成します。

2 書籍ページのレスポンスを取得する

作成したNotebookファイルのセルに以下のコードを入力し、 Shift + Enter キーを押して実行します①。このコードでは、『いちばんやさしいPythonの教本 第2版』の書籍ページのURLを指定してrequestsの

get()関数を実行し、レスポンスを取得しています。そしてステータスコードを表示し、リクエストの成否を確認しています。

```
import requests ························· requestsをインポート
res = requests.get('https://book.impress.co.jp/books/1119101162')
                           ······· 書籍ページのURLを指定して、レスポンスを取得
res.status_code ························· ステータスコードを確認
```

```
[1]: import requests
     res = requests.get('https://book.impress.co.jp/books/1119101162')
     res.status_code

[1]: 200
```

> **1** コードを入力して実行

> ステータスコードの200が表示されたのでリクエストが成功しています。

3 レスポンスからHTMLを確認する

取得したレスポンスオブジェクトの.textからHTMLテキストを取得します。そして、その一部を表示して、書籍ページのHTMLが取得できたかを確認しましょう❶。

HTMLのすべてを表示すると長くなってしまうので、ここでは先頭150文字のみを表示します。タイトル部分から『いちばんやさしいPythonの教本 第2版』のHTMLが取得できたことを確認できました。

```
html_doc_=_res.text ······ レスポンスからHTMLテキストを取得
print(html_doc[:150]) ····· HTMLの先頭150文字を表示
```

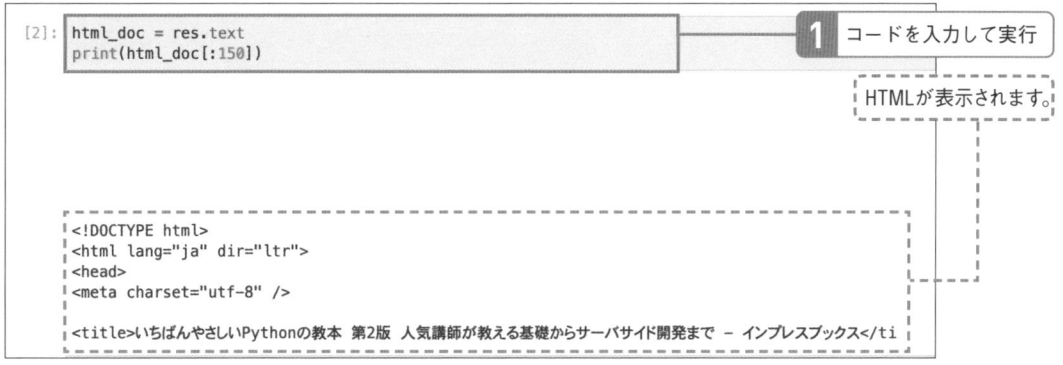

```
[2]: html_doc = res.text
     print(html_doc[:150])
```

1 コードを入力して実行

HTMLが表示されます。

```
<!DOCTYPE html>
<html lang="ja" dir="ltr">
<head>
<meta charset="utf-8" />

<title>いちばんやさしいPythonの教本 第2版 人気講師が教える基礎からサーバサイド開発まで − インプレスブックス</ti
```

[開始位置:終了位置]と書くことで、文字列の一部を取り出すことができます。ここでは終了位置のみを書いて、先頭から終了位置までの文字列を取り出します。

Lesson
21

[スクレイピングの基本]

Webページを
スクレイピングしましょう

このレッスンの
ポイント

Beautiful Soup 4を使い、HTMLをスクレイピングして目的の情報を
取得する方法を解説します。また、スクレイピングするHTMLの調査
に使用するブラウザのデベロッパーツール(開発者ツール) について
も紹介します。

→ Beautiful Soup 4を使う準備

Beautiful Soup 4でスクレイピングを行うには、ま
ずBeautifulSoupオブジェクトを作成する必要があり
ます。第1引数にはスクレイピング対象のHTMLテキ
スト、第2引数にはパーサーを指定します。
BeautifulSoup オブジェクトを作成したら、その

BeautifulSoupオブジェクトのメソッドを使って要素
を検索できます。
パーサーとは構文解析を行うプログラムのことで、
Beautiful Soup 4の内部でHTMLの構文解析に使用
されます。指定できるパーサーは下表の通りです。

▶ BeautifulSoupオブジェクトの作成

```
from_bs4_import_BeautifulSoup················ BeautifulSoupをインポート
soup_=_BeautifulSoup(HTMLテキスト,_パーサー)····· BeautifulSoupオブジェクトを作成
```

▶ BeautifulSoupに指定可能なパーサー

パーサー名	説明
html.parser	標準ライブラリに含まれるパーサー。pipでインストールせずに利用可能
lxml	サードパーティ製の高速なパーサー。pipでインストールが必要
html5lib	サードパーティ製のパーサー。pipでインストールが必要

find() / find_all()メソッドで要素を検索する

BeautifulSoupオブジェクトには要素を検索するためのメソッドがいくつかあります。たとえばfind()メソッドは、引数に指定した条件で検索して、最初に見つかった要素を取得します。検索の条件は、要素名や属性値などさまざまなものを指定できます。

find()メソッドは最初に見つかった要素しか取得できませんが、条件に一致するすべての要素を取得したい場合はfind_all()メソッドを使います。取得した結果はリストのように扱えるため、for文で処理できます。

▶ HTMLから要素を検索するメソッド

```
<html>
    <head>
        <title>いちやさサンプル</title>
    </head>
    <body>
        <h1 class="not_link">スクレイピング用サンプル</h1>
        <ul id="first_ul">
            <li><a href="http://ichiyasa.sample/link1">リンク1</a></li>
            <li><a href="http://ichiyasa.sample/link2">リンク2</a></li>
            <li class="not_link">テキスト1</li>
        </ul>
        <ul id="second_ul">
            <li><a href="http://ichiyasa.sample/link3">リンク3</a></li>
            <li class="not_link">テキスト2</li>
        </ul>
    </body>
</html>
```

class属性で要素を検索

```
soup.find(class_='not_link')
```

最初のa要素を検索

```
soup.find('a')
```

すべてのa要素を検索

```
soup.find_all('a')
```

id属性で要素を検索

```
soup.find(id='second_ul')
```

id属性がsecond_ulのul要素の子孫からclass属性がnot_linkのli要素を検索

```
ul_tag = soup.find('ul', id='second_ul')
ul_tag.find('li', class_='not_link')
```

> 条件に合う最初の要素を検索するときはfind()メソッド、条件に合うすべての要素を検索するときはfind_all()メソッドを使います。

→ デベロッパーツールを使ってHTMLを調べる

実際のWebページのHTMLは、ブラウザ上で右クリックして「ページのソースを表示」を選択すると確認できます。しかし、HTMLから直接目的の要素を探すのは大変です。

そこで便利なのが、ブラウザに付属しているデベロッパーツールです（ブラウザによっては「開発ツール」と呼びます）。デベロッパーツールには、インスペクタと呼ばれるHTMLを調査する機能があります。たとえばGoogle Chromeの場合、調査したい要素を右クリックして［検証］をクリックすると、デベロッパーツールが表示されます。デベロッパーツール内で選択されている箇所が、右クリックした要素です。この例では書籍ページの書籍名を右クリックしましたが、書籍名はh2要素であることがわかります。

▶ デベロッパーツールで調査（Google Chromeの例）

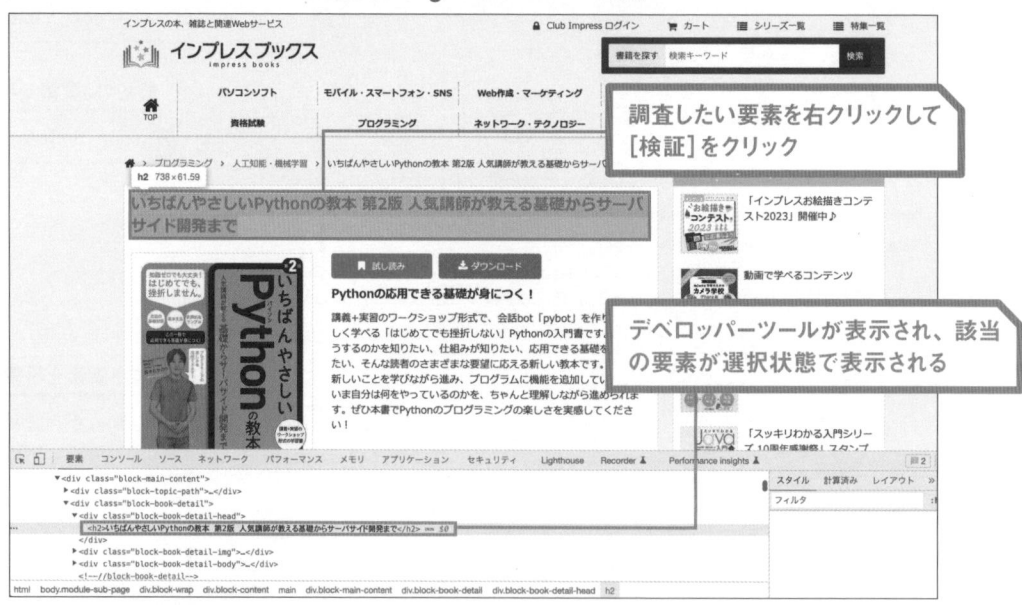

▶ ブラウザ別のデベロッパーツールの使い方

ブラウザ	操作
Google Chrome	右クリックして［検証］をクリック
Firefox	右クリックして［要素を調査］をクリック
Edge	右クリックして［要素の検査］をクリック（表示するには設定が必要）
Safari	右クリックして［要素の詳細を表示］をクリック（表示するには設定が必要）

● 書籍ページから書籍名と値段を取得する

ここでは、前のLessonで取得した『いちばんやさしい ： クレイピングして、「書籍名」と「値段」を取得します。
いPythonの教本 第2版』の書籍ページのHTMLをス

▶ 取得する書籍名と値段

1 HTMLを取得する `chapter3-scraping.ipynb`

まずは前回と同様に、『いちばんやさしいPythonの
教本 第2版』の書籍ページのHTMLを取得します。
そして、そのHTMLをスクレイピングするために、

BeautifulSoupオブジェクトを作成します。次のコー
ドをJupyterLabに入力し、Shift + Enter キーで実
行してください❶。

```
import requests
from bs4 import BeautifulSoup

res = requests.get('https://book.impress.co.jp/books/1119101162')
html_doc = res.text
soup = BeautifulSoup(html_doc, 'html.parser')
                              ······ BeautifulSoupオブジェクトを作成
```

```
[3]: import requests
     from bs4 import BeautifulSoup

     res = requests.get('https://book.impress.co.jp/books/1119101162')
     html_doc = res.text
     soup = BeautifulSoup(html_doc, 'html.parser')
```

1 コードを入力して実行

2 | スクレイピングの範囲を絞る

実際のHTMLは同じ種類の要素が複数使用されていることが多いです。そのため、HTML全体を対象にfind()メソッドで検索しても、取得したい要素を特定できない場合があります。このようなときは、まず目的の要素が含まれるブロックの要素を取得し、そのブロックに対して再度find()メソッドを使えば、目的の要素を指定しやすくなります。

今回は書籍情報を取得したいので、まずデベロッパーツールでWebページのHTMLを調査し、書籍情報が記載されているブロックを取得します。書籍情報ブロックはclass属性がblock-book-detailのdiv要素とわかるので、find()メソッドに要素名とclass属性を指定して取得します❶。

```
div_book_detail_=_soup.find('div',_class_='block-book-detail')
```
······ 書籍情報ブロックを取得

```
[4]: div_book_detail = soup.find('div', class_='block-book-detail')
```
1 コードを入力して実行

書籍情報のブロック

Point find()メソッドに複数の引数を指定する

find()メソッドで要素と属性を同時に条件にしたい場合は、find(要素名, 属性名1=値1, 属性名2=値2)のように第1引数に要素名、第2引数以降に属性を指定します。class属性で検索する場合は、引数名をclass_とす

る必要があります。複数の条件（上のコードではdiv要素であることと、class属性がblock-book-detailであること）を指定した場合、すべての条件に一致する要素を検索します。

3 書籍情報ブロックから書籍名を取得する

このWebページでは、書籍名はh2要素が使用されています。書籍情報ブロックのdiv要素から、find()

メソッドでh2要素を検索すると、書籍名が取得できます❶。

```
book_title_=_div_book_detail.find('h2')  ······ 書籍情報ブロック内からh2要素を取得
book_title.get_text()  ······························· テキストを取得
```

```
[5]: book_title = div_book_detail.find('h2')
     book_title.get_text()
```
1 コードを入力して実行

```
[5]: 'いちばんやさしいPythonの教本 第2版 人気講師が教える基礎からサーバサイド開発まで'
```
タイトルが取得されました。

4 書籍情報ブロックから値段を取得する

このWebページでは、値段はclass属性がmodule-book-priceのp要素です。書籍情報ブロックのdiv要

素から、find()メソッドでこの要素を検索すると、値段が取得できます❶。

```
book_price_=_div_book_detail.find('p',_class_='module-book-price')
                                         ········値段の要素を取得
book_price.get_text()  ············································ テキストを取得
```

```
[6]: book_price = div_book_detail.find('p', class_='module-book-price'
     book_price.get_text()
```
1 コードを入力して実行

```
[6]: '2,420円(本体 2,200円+税10%)'
```
値段が取得されました。

Point　Tagオブジェクト

find()メソッドで取得したオブジェクトは、Tagオブジェクトといいます。Tagオブジェクトのget_text()メソッドを使うと、タグで

囲まれた文字列を取得できます。また、a_tag['href']のように属性名を辞書のようにキーに指定すると属性の値も取得できます。

Lesson

22

[スクレイピングの工夫]

少し難しいスクレイピングに
挑戦しましょう

このレッスンの
ポイント

HTMLの構造によっては、単純にfind()やfind_all()などのメソッドを使っても、目的の情報を取得することが難しいケースがあります。このLessonではスクレイピングが難しい例を紹介すると共に、どう対処するかを説明します。

目的の要素の特定が困難な場合

スクレイピングの範囲を絞り込んでも、目的の要素の指定が難しい場合があります。

たとえば以下のHTMLから「スクレイピング本の価格」を取得するにはどうすればよいでしょうか?

dt要素は複数あり、属性もありません。上から2番目という順番に着目してもよいですが、リストの増減で順番が変わる可能性があります。

▶ 要素を直接指定することが困難な例

```
<dl_id='python-books'>
__<dt>Python入門本</dt><dd>1000円</dd>
__<dt>スクレイピング本</dt><dd>1500円</dd>
__<dt>機械学習本</dt><dd>2000円</dd>
</dl>
```

複数のdt要素からこれを選びたい

dl、dt、dd要素は「定義リスト」といい、タイトル (dt要素) と説明 (dd要素) の組み合わせからなるリストです。

別の方法を検討する

find()メソッドなどで要素を直接指定して取得することが難しい場合は、思考を柔軟にして、別の方法を検討しましょう。この例ではdt要素とdd要素のペアが、ちょうどPythonの辞書データのキーと値のような関係になっていることに注目します。そこで、find_all()メソッドでdt要素とdd要素をまとめて検索

し、dt要素ならキー、dd要素なら値として辞書データを作成します。辞書データにしたことで、目的の値を取得しやすくなりました。

ただ、データの取得方法には決まった正解はなく、ケースに応じて考えなければなりません。ここが、スクレイピングの難しいところでもあります。

▶ **dt要素とdd要素のペアを辞書データに見立てる**

HTML

```
<dl_id='python-books'>
__<dt>Python入門本</dt><dd>1000円</dd>
__<dt>スクレイピング本</dt><dd>1500円</dd>
__<dt>機械学習本</dt><dd>2000円</dd>
</dl>
```

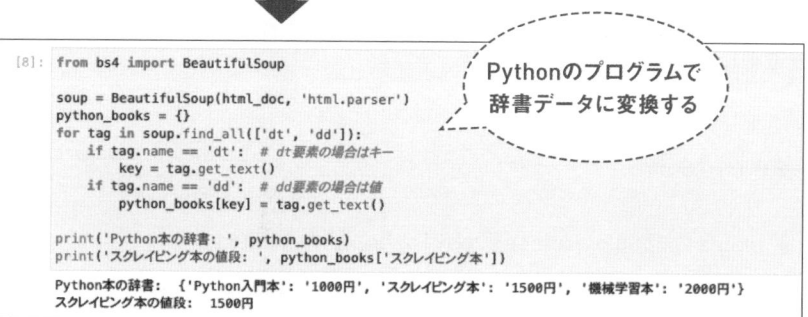

```
[8]:  from bs4 import BeautifulSoup

      soup = BeautifulSoup(html_doc, 'html.parser')
      python_books = {}
      for tag in soup.find_all(['dt', 'dd']):
          if tag.name == 'dt':  # dt要素の場合はキー
              key = tag.get_text()
          if tag.name == 'dd':  # dd要素の場合は値
              python_books[key] = tag.get_text()

      print('Python本の辞書: ', python_books)
      print('スクレイピング本の値段: ', python_books['スクレイピング本'])

      Python本の辞書:  {'Python入門本': '1000円', 'スクレイピング本': '1500円', '機械学習本': '2000円'}
      スクレイピング本の値段:  1500円
```

> Pythonのプログラムで
> 辞書データに変換する

Pythonの辞書データ

```
{
____'Python入門本':_'1000円',
____'スクレイピング本':_'1500円',
____'機械学習本':_'2000円'
}
```

> Pythonの辞書データにしてしまえば、目的の値を取得するのも難しいことではありません。

● 書籍ページから発売日と著者を取得する

ここでは、『いちばんやさしいPythonの教本 第2版』の書籍ページから、「発売日」と「著者」を取得します。

▶ 取得する発売日と著者

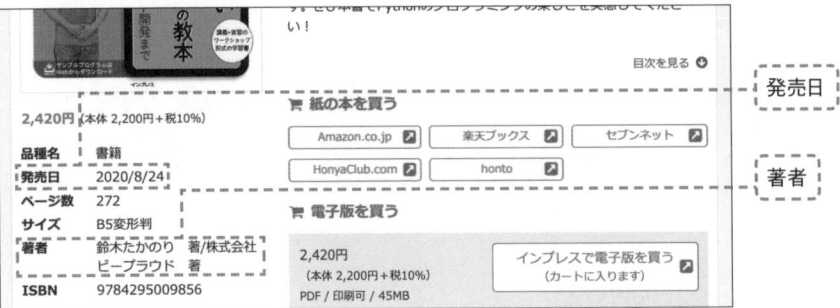

1 　書籍情報のブロックを取得する ` chapter3-scraping.ipynb `

まずは準備として、前のLessonと同様に書籍ページ
から書籍情報のブロックを取得します。入力するコ

ードは前のLessonとまったく同じです❶。

```
import requests
from bs4 import BeautifulSoup

res = requests.get('https://book.impress.co.jp/books/1119101162')
html_doc = res.text
soup = BeautifulSoup(html_doc, 'html.parser')
div_book_detail = soup.find('div', class_='block-book-detail')
```

```
[9]:  import requests
      from bs4 import BeautifulSoup

      res = requests.get('https://book.impress.co.jp/books/1119101162')
      html_doc = res.text
      soup = BeautifulSoup(html_doc, 'html.parser')
      div_book_detail = soup.find('div', class_='block-book-detail')
```

1 コードを入力して実行

2 さらに要素を絞り込む

書籍情報のブロックの中で、発売日と著者の情報はclass属性がmodule-book-dataのdl要素の中にあります。そこで、このdl要素を取得し、さらにスクレイピングの範囲を絞り込みます❶。

```
dl_book_data = div_book_detail.find('dl', class_='module-book-data')
```

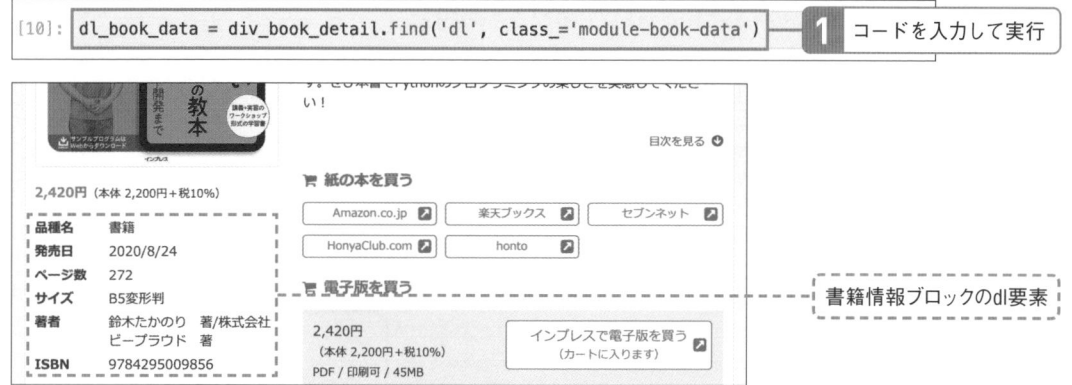

書籍情報ブロックのdl要素

3 dt、dd要素をまとめて取得する

dl要素内のdt要素とdd要素はペアになっており、ちょうど辞書データのキーと値のような関係になっています。そこで、find_all()メソッドでdt要素とdd要素をまとめて検索し、その戻り値からfor文で1要素ずつ取り出していきます（このコードは次ページ「4. 書籍情報を辞書データに変換する」の一部抜粋です）。

```
book_data = {} ··································· 空の辞書を作成
for tag in dl_book_data.find_all(['dt', 'dd']): ······ 取得した要素をfor文で処理
```

Point 異なる種類の要素をまとめて取得する

find_all([要素名1, 要素名2, ...])のように複数の要素名をリストで指定すると、複数の種類の要素を一度に検索することができます。

4 書籍情報を辞書データに変換する

find_all()メソッドでdt要素とdd要素をまとめて検索し、dt要素をキー、dd要素を値として辞書データに変換します❶。dd要素には前後に改行文字が使用されているものがあるので、strip()メソッドを使って改行文字を除去しています。

```
book_data = {}
for tag in dl_book_data.find_all(['dt', 'dd']):
    if tag.name == 'dt':
        key = tag.get_text()                          …… dt要素のテキストをキーにする
    if tag.name == 'dd':
        book_data[key] = tag.get_text().strip()       … dd要素のテキストを値にする
```

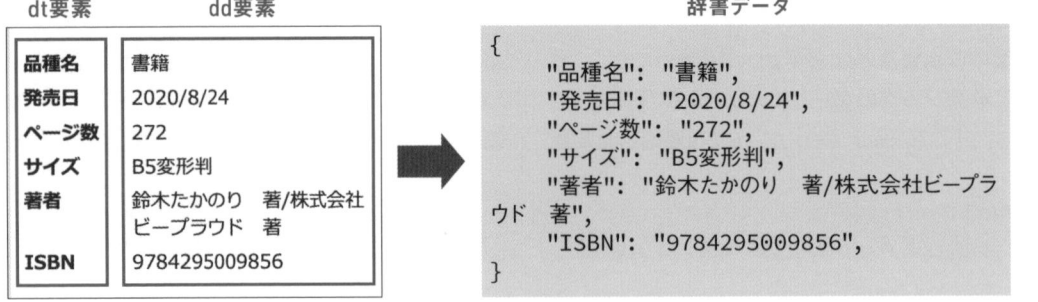

```
[11]: book_data = {}
      for tag in dl_book_data.find_all(['dt', 'dd']):
          if tag.name == 'dt':
              key = tag.get_text()
          if tag.name == 'dd':
              book_data[key] = tag.get_text().strip()
```

1 コードを入力して実行

▶ dt要素とdt要素のペアを辞書データにする

dt要素	dd要素
品種名	書籍
発売日	2020/8/24
ページ数	272
サイズ	B5変形判
著者	鈴木たかのり　著/株式会社ビープラウド　著
ISBN	9784295009856

辞書データ

```
{
    "品種名": "書籍",
    "発売日": "2020/8/24",
    "ページ数": "272",
    "サイズ": "B5変形判",
    "著者": "鈴木たかのり　著/株式会社ビープラウド　著",
    "ISBN": "9784295009856",
}
```

この方法なら、書籍情報に追加や削除があっても、コードを修正する必要はありません。

5 ｜ 辞書データから発売日と著者を取得する

Webページから取得した書籍の情報を辞書データに変換したので、目的の項目名を辞書のキーに指定するだけで値が取得できるようになりました。今回は、「発売日」と「著者」を取得して表示します❶。

```
print('発売日:', _book_data['発売日'])
print('著者:', _book_data['著者'])
```

```
[12]: print('発売日:', book_data['発売日'])
      print('著者:', book_data['著者'])

      発売日: 2020/8/24
      著者: 鈴木たかのり 著/株式会社ビープラウド 著
```

1 コードを入力して実行

発売日と著者が表示されます。

book_dataには「発売日」と「著者」以外の書籍情報も含まれています。
book_dataの値を表示して、辞書データの中身を確認してみましょう。

👍 ワンポイント CSSセレクターによる要素の検索

Webページの色など、スタイル（見た目）の設定にはCSSが使われます。そして、スタイルを適用する要素の指定にはCSSセレクターという表記方法が使われます。本書では要素を検索するのに、要素名や属性名を使ったfind()/find_all()メソッドを紹介しましたが、実はBeautiful Soup 4にはCSSセレクターで要素を検索するメソッドも用意されています。CSSセレクターを使うと要素の子孫関係を表現できるため、find()メソッドより検索がシンプルになる場合があります。本書ではfind()/find_all()メソッドしか使用しませんが、CSSをご存じの方は、本書のコードをselect_one()/select()メソッドを使って書き換えることにも挑戦してみてください。

▶ CSSセレクターで検索するBeautiful Soup 4のメソッド

メソッド名	説明
select_one()	CSSセレクターに一致する最初の要素を取得する
select()	CSSセレクターに一致するすべての要素を取得する

[クローリング]

複数のWebページから
データを集めましょう

**このレッスンの
ポイント**

ここまでは1つのWebページをスクレイピングしてデータを取得する
方法を学びました。このLessonでは、複数のWebページからデータ
を集めるために、クローリングについて解説します。また、集めたデ
ータを保存するファイル形式も紹介します。

→ 複数のWebページからデータを集めるには

多くのデータを集めるには、複数のWebページをス
クレイピングする必要があります。それには、スク
レイピングするWebページのURLリストが必要です。
ではそのリストはどのように入手すればよいのでし
ょうか?
そのURLリストもWebページをスクレイピングして
取得すればよいのです。たとえばニュースサイトで
あれば、ニュース記事の一覧ページがあるでしょう。

そのようなニュース記事の一覧ページをスクレイピ
ングすれば、URLのリストを作成できます。その
URLリストからそれぞれのWebページを取得するこ
とで、複数のニュース記事のWebページをスクレイ
ピングできます。
このように、次々とURLをたどってWebページを取
得する手法をクローリングといいます。またクロー
リングを行うプログラムはクローラーと呼ばれます。

▶ クローリングのイメージ

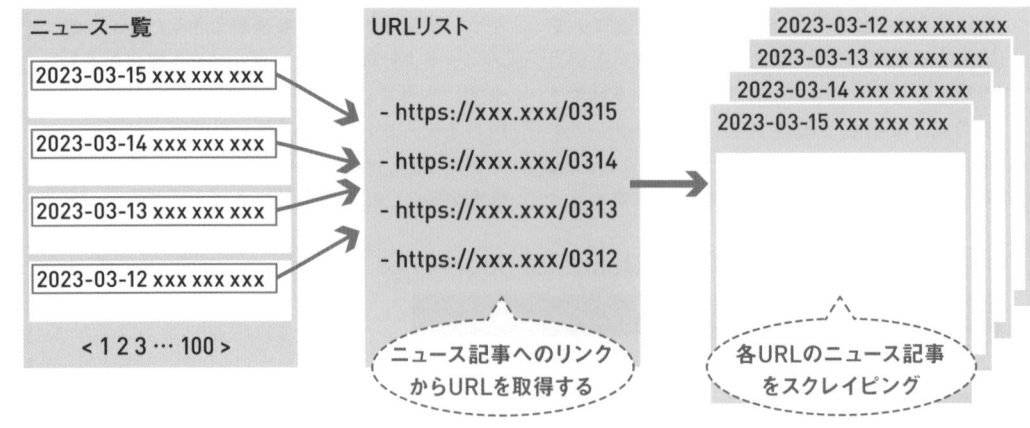

リンク先のURLを取得する

HTMLでリンクを設定するには、a要素が使われます。そしてリンク先のURLはa要素のhref属性に指定されています。そのため、find_all()メソッドでa要素をすべて検索し、取得したa要素のそれぞれのhref属性を参照すれば、URLのリストを作成できます。

▶ a要素とリンク先のURL

```
<a href="https://xxx.xxx/books/123">基礎からのPython</a>
```

リンク先のURL　　　　　　　　　　画面に表示される文字

 # 集めたデータを保存するファイル形式

スクレイピングで集めたデータを機械学習などで使用するためには、ファイルなどに保存すると便利です。ファイルの保存形式にはいろいろありますが、ここではTSVファイルを紹介します。
TSVは「Tab Separated Values」の略で、そのまま「ティーエスブイ」と読みます。ファイルの各行が1つのデータに相当し、データの各項目はタブ文字で区切られています。それぞれ何の項目かわかるように、1行目は項目名を並べたヘッダー行とする場合もあります。
なお、ファイル名は「ファイル名.tsv」とするのが一般的です。

▶ TSVファイル

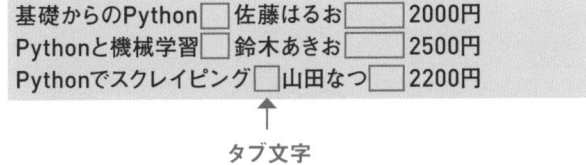

タブ文字

▶ TSVファイル（ヘッダー行あり）

書籍名	著者	値段	ヘッダー行
基礎からのPython	佐藤はるお	2000円	
Pythonと機械学習	鈴木あきお	2500円	
Pythonでスクレイピング	山田なつ	2200円	

情報をファイルに保存しておけば、何度もデータを取得せずに済むので、Webサーバーにかける負担が軽くなります。

◯ 複数の書籍ページをスクレイピングする

ここではインプレスブックスのサイトにある複数の書籍ページをスクレイピングして、各書籍の「書籍名・値段・発売日・著者」を収集します。その

ために、まず書籍一覧ページから各書籍ページのURLを取得します。

▶ インプレスブックスの書籍一覧ページ

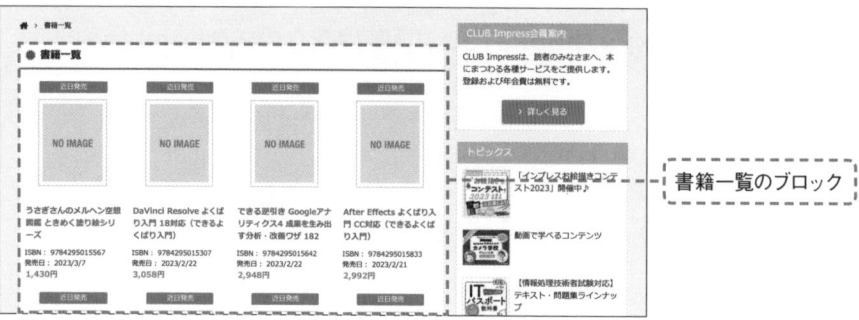

https://book.impress.co.jp/booklist/

1 | 書籍一覧ページからURLリストを取得する準備　`chapter3-scraping.ipynb`

書籍ページのURLリストは、書籍一覧ページをスクレイピングして取得するので、まずその準備をしましょう。書籍ページへのリンクがある書籍一覧のブ

ロックは、class属性が block-book-list-body の div要素なので、そこまでスクレイピング範囲を絞り込みます❶。

```
import requests
from bs4 import BeautifulSoup

res = requests.get('https://book.impress.co.jp/booklist/')
html_doc = res.text
soup = BeautifulSoup(html_doc, 'html.parser')
div_book_list = soup.find('div', class_='block-book-list-body')
```
　　　　　　　　　　　　　　　　　　　　　　　　　　　　　　　　　　　　・・・・・・・・・・・・書籍一覧ブロックを取得

```
[13]:   import requests
        from bs4 import BeautifulSoup

        res = requests.get('https://book.impress.co.jp/booklist/')
        html_doc = res.text
        soup = BeautifulSoup(html_doc, 'html.parser')
        div_book_list = soup.find('div', class_='block-book-list-body')
```
1 コードを入力して実行

2 書籍ページのURLリストを作成する

書籍ページへのリンクにはa要素が使用されています。そのため、書籍一覧のブロックからfind_all()メソッドですべてのa要素を検索し、それらのhref属性を参照することで書籍ページのURLリストが作成できます❶。

ところが、書籍ページへのリンクは、書籍の画像と書籍名の2箇所に設定されています。そのため、URLが重複しないよう、リスト内に同一のURLが存在しないかをチェックしてから、URLをリストに追加します。

```
book_urls␣=␣[] ····················· 書籍ページのURLを入れるリストを用意
a_tags␣=␣div_book_list.find_all('a') ·········· a要素をまとめて取得
for␣a_tag␣in␣a_tags:
␣␣␣␣if␣a_tag['href']␣not␣in␣book_urls: ········ 重複しないように存在チェック
␣␣␣␣␣␣␣␣book_urls.append(a_tag['href'])
```

```
[14]: book_urls = []
      a_tags = div_book_list.find_all('a')
      for a_tag in a_tags:
          if a_tag['href'] not in book_urls:
              book_urls.append(a_tag['href'])
```

1 コードを入力して実行

🔶 書籍一覧

近日発売	近日発売	近日発売	近日発売
NO IMAGE	NO IMAGE	NO IMAGE	NO IMAGE

画像と書籍名にリンクが設定されており、同じURLのa要素があります。

うさぎさんのメルヘン空想図鑑 ときめく塗り絵シリーズ	DaVinci Resolve よくばり入門 18対応（できるよくばり入門）	できる逆引き Googleアナリティクス4 成果を生み出す分析・改善ワザ 182	After Effects よくばり門 CC対応（できるよくばり入門）
ISBN：9784295015567 発売日：2023/3/7 1,430円	ISBN：9784295015307 発売日：2023/2/22 3,058円	ISBN：9784295015642 発売日：2023/2/22 2,948円	ISBN：9784295015833 発売日：2023/2/21 2,992円

3 | 書籍ページをスクレイピングする関数を作成する

URLリストができたので、これらのWebページをスク
レイピングして書籍名・値段・発売日・著者を収集
します。そのために、まずは1つの書籍ページをス
クレイピングして、書籍名・値段・発売日・著者を
取得する関数を作成します。これまでのLessonで作
成したコードを組み合わせます。

```python
def get_book_info(book_url):
    # 書籍ページをスクレイピングする準備
    res = requests.get(book_url)
    html_doc = res.text
    soup = BeautifulSoup(html_doc, 'html.parser')

    # 書籍情報のブロックで絞り込む
    div_book_detail = soup.find('div', class_='block-book-detail')

    # 書籍名
    book_title = div_book_detail.find('h2')
    # 値段
    book_price = div_book_detail.find('p', class_='module-book-price')

    # 発売日・著者
    book_data = {}
    dl_book_data = div_book_detail.find('dl', class_='module-book-data')
    for tag in dl_book_data.find_all(['dt', 'dd']):
        if tag.name == 'dt':
            key = tag.get_text()
        if tag.name == 'dd':
            book_data[key] = tag.get_text().strip()

    return [
        book_title.get_text(),  # 書籍名
        book_price.get_text(),  # 値段
        book_data['発売日'],  # 発売日
        book_data['著者'],  # 著者
    ]
```

> このコードをセルに入力して
> 実行してください。少し長いで
> すが、前のLessonでやったこ
> とをまとめたものです。

4 作成した関数の動作を確認する

作成したget_book_info()関数が動作するかどうか、『いちばんやさしいPythonの教本 第2版』の書籍ペ

ージを使って確認してみましょう❶。「書籍名・値段・発売日・著者」が格納されたリストを取得できました。

```
get_book_info('https://book.impress.co.jp/books/1119101162')
```

```
[16]: get_book_info('https://book.impress.co.jp/books/1119101162')                    1 コードを入力して実行
[16]: ['いちばんやさしいPythonの教本 第2版 人気講師が教える基礎からサーバサイド開発まで',
      '2,420円(本体 2,200円+税10%)',                                                      指定したURLの書籍のデータ
      '2020/8/24',                                                                       が表示されます。
      '鈴木たかのり\u3000著/株式会社ビープラウド\u3000著']
```

5 URLリストの書籍ページをスクレイピングして書籍情報を収集する

作成したget_book_info()関数を使ってURLリストの書籍ページをスクレイピングし、書籍情報を収集します。収集した書籍情報はリストに格納します。なお、複数のWebページをスクレイピングするときは、短時間で大量のリクエストを送るとサーバーに負荷をかけてしまうので、数秒程度間隔を空けましょう。

ここでは1秒空けています。また、このコードの実行にはしばらく時間がかかるため、進捗状況がわかるようにスクレイピング中のURLを表示します❶。これで、書籍一覧ページの各書籍情報を取得することができました。

```
import time

book_info_list = []                                       収集した書籍情報のリスト
for book_url in book_urls:
    print(f'スクレイピング中: {book_url}')                  スクレイピング中のURLを表示
    book_info_list.append(get_book_info(book_url))
    time.sleep(1)                                          1秒空ける
print('完了')
```

Point プログラムの実行を一時停止する

time.sleep()は、Pythonプログラムの実行を指定した秒数だけ一時停止する関数です。

使用するには、timeモジュールをインポートする必要があります。

```
[17]: import time

      book_info_list = []
      for book_url in book_urls:
          print(f'スクレイピング中: {book_url}')
          book_info_list.append(get_book_info(book_url))
          time.sleep(1)
      print('完了')
```

1 コードを入力して実行

```
スクレイピング中: https://book.impress.co.jp/books/1121101130
スクレイピング中: https://book.impress.co.jp/books/1121101013
スクレイピング中: https://book.impress.co.jp/books/1122101014
スクレイピング中: https://book.impress.co.jp/books/1121101014
スクレイピング中: https://book.impress.co.jp/books/1122101084
スクレイピング中: https://book.impress.co.jp/books/1122101104
スクレイピング中: https://book.impress.co.jp/books/1122101118
スクレイピング中: https://book.impress.co.jp/books/1121101127
スクレイピング中: https://book.impress.co.jp/books/1122101112
スクレイピング中: https://book.impress.co.jp/books/1122101106
スクレイピング中: https://book.impress.co.jp/books/1122101068
スクレイピング中: https://book.impress.co.jp/books/1122101066
スクレイピング中: https://book.impress.co.jp/books/1121101134
スクレイピング中: https://book.impress.co.jp/books/1122101096
スクレイピング中: https://book.impress.co.jp/books/1122101105
スクレイピング中: https://book.impress.co.jp/books/1122101041
スクレイピング中: https://book.impress.co.jp/books/1122101013
スクレイピング中: https://book.impress.co.jp/books/1122102066
スクレイピング中: https://book.impress.co.jp/books/1121101100
スクレイピング中: https://book.impress.co.jp/books/1122101091
スクレイピング中: https://book.impress.co.jp/books/1122101061
スクレイピング中: https://book.impress.co.jp/books/1122101110
スクレイピング中: https://book.impress.co.jp/books/1122101111
```

指定したURLの書籍のデータ
が表示されます。

1件スクレイピングするごとに1秒待機するので、
ページ数が多い場合はそれなりに時間がかかり
ます。

● 収集した書籍情報を保存する

1 | TSVファイルに保存する [chapter3-scraping.ipynb]

集めた書籍情報をTSVファイルに保存します。ファイル名は「book_data.tsv」とし、open()関数を使って書き込みモードでファイルを開きます。そして、各書籍情報を文字列のjoin()メソッドを使ってタブ文字（\t）で結合し、write()メソッドでファイルに書き込みます。なお、1行が1データになるよう、改行

文字（\n）も追加しています①。
「book_data.tsv」は、Notebookファイルと同じフォルダーに出力されます。作成されたファイルをJupyterLabで開き、収集した書籍情報が保存できたことを確認します。

```python
with open('book_data.tsv', 'w', encoding='utf-8') as f:
    for book_info in book_info_list:
        f.write('\t'.join(book_info) + '\n')
```

```python
[18]: with open('book_data.tsv', 'w', encoding='utf-8') as f:
          for book_info in book_info_list:
              f.write('\t'.join(book_info) + '\n')
```

1 コードを入力して実行

TSVファイルに書き出されます。

📄 chapter3-scraping.ipynb ✕	⊞ book_data.tsv	✕ +

Delimiter: tab ∨

	うさぎさんのメルヘ…	1,430円 (本体 1,30…	2023/3/7	cotolie 著
1	DaVinci Resolve よ…	3,058円 (本体 2,78…	2023/2/22	金泉太一 著
2	できる逆引き Google…	2,948円 (本体 2,68…	2023/2/22	木田 和廣 著/できる…
3	After Effects よくば…	2,992円 (本体 2,72…	2023/2/21	中野魁人 著
4	マンガと図解でよく…	1,430円 (本体 1,30…	2023/1/24	酒井 富士子 著
5	iPhone芸人かじがや…	1,628円 (本体 1,48…	2023/1/23	かじがや卓哉 著
6	できるJw_cad 8	3,080円 (本体 2,80…	2023/1/12	ObraClub 著/でき…
7	Web3.0の教科書	2,530円 (本体 2,30…	2023/1/11	のぶめい 著
8	かんたん合格ITパス…	1,298円 (本体 1,18…	2022/12/22	間久保 恭子 著
9	2023年版 合格しよ…	2,530円 (本体 2,30…	2022/12/22	宅建ダイナマイト合…
10	知識ゼロですが、つ…	1,320円 (本体 1,20…	2022/12/21	横山光昭 著/ペロン…
11	社会人10年目のビジ…	1,650円 (本体 1,50…	2022/12/21	石田かのこ 著
12	はやくちよこれいと	1,540円 (本体 1,40…	2022/12/21	吉田明世 著/カタス…

インプレスブックスの書籍一覧ページは定期的に更新されます。そのため、スクレイピングの実行タイミングによって取得する書籍情報は変わります。

●TSVファイルから書籍を検索する

1 書籍情報を検索する関数を作成する　`chapter3-scraping.ipynb`

書籍情報を集めたTSVファイルから、書籍を検索する関数を作成しましょう。この関数は引数に検索キーワードを受け取り、書籍名にキーワードが含まれる書籍情報を返します。まず、検索結果を格納するリスト型の変数resultsを用意します❶。そしてTSVファイルの各行をタブ文字で分割し❷、先頭

の要素（書籍名）にキーワードが含まれている場合、その行を変数resultsに追加します❸。すべての行を読み込んだあと、results変数の要素数が0より大きければ、resultsの各要素を連結して戻り値とします❹。要素数が0の場合は、キーワードにマッチする書籍がなかったというメッセージを返します❺。

```
def_book_search(keyword):
____results_=_[]                                          1  検索結果を格納するリストを用意
____with_open('book_data.tsv',_encoding='utf-8')as_f:__#_TSVファイルを開く
_____for_line_in_f:__#_各行を読み込む
_____cols_=_line.split('\t')                       2  タブ文字で分割する
_____if_keyword_in_cols[0]:                        3  書籍名にキーワードが含まれていたら追加
_____results.append(line)
____if_len(results)_>_0:                                  4  1件以上検索ヒットした場合、
_____response_=_''.join(results)                          連結して戻り値にする
____else:                                                 5  検索ヒットしたものがなかった場合
_____response_=_f'「{}」ガ含マレル書籍ガ見ツカリマセンデシタ'
____return_response
```

Point　TSVファイルを処理する

TSVファイルは各行のデータがタブ文字で区切られた構造をしています。タブ文字は\tで表されるので、split()メソッドを利用して\tで分割すれば、各項目が分割されたリストになります。

2 | 関数を実行する

book_search()関数を実行してみましょう。引数に検索したいキーワードの文字列を指定し、戻り値をprint()関数で表示します。キーワードを含む書籍があった場合は、その名前がすべて表示されます。見つからない場合は、「「○○」ガ含マレル書籍ガ見ツカリマセンデシタ」と表示されます。

```
[20]: response = book_search('世界一やさしい')                              ┄┄┄┄ ヒットする書籍があった場合
      print(response)

      世界一やさしいLINE 2023 最新版            528円(本体 480円+税10%)    2022/12/12    リブロワークス 編
      世界一やさしい エクセル ワード 2021        748円(本体 680円+税10%)    2022/11/29    トップスタジオ 編
      世界一やさしいiPhone 14 Plus/Pro/Pro Max   638円(本体 580円+税10%)    2022/11/29    TEKIKAKU 著
```

```
[21]: response = book_search('世界一むずかしい')                            ┄┄┄┄ ヒットする書籍がなかった場合
      print(response)

      「世界一むずかしい」ガ含マレル書籍ガ見ツカリマセンデシタ ┄┄┄┄
```

book_search()関数は次のLessonで改造してpybotに組み込みます。

Lesson
24

[書籍検索コマンドの作成]

スクレイピングしたデータを
検索するコマンドを作りましょう

**このレッスンの
ポイント**

書籍サイトをスクレイピングして収集した書籍情報のTSVファイルと、そのTSVファイルから書籍を検索する関数を作成しました。この関数を元に「書籍」コマンドを作成し、pybotから書籍情報のTSVファイルを検索できるようにしましょう。

➜ 書籍を検索するpybotコマンドの作成

前のLessonで作成したbook_search()関数をpybotに組み込んで、書籍を検索する「書籍」コマンドを作成しましょう。このコマンドの実行イメージは下図の通りです。キーワードで書籍情報のTSVファイルを検索し、検索結果を画面に表示します。

なお、このコマンドはWebサイトから直接データを取得するのではなく、TSVファイルから検索します。そのため、最新データが得られるわけではありません。

▶ 書籍検索コマンドの仕様

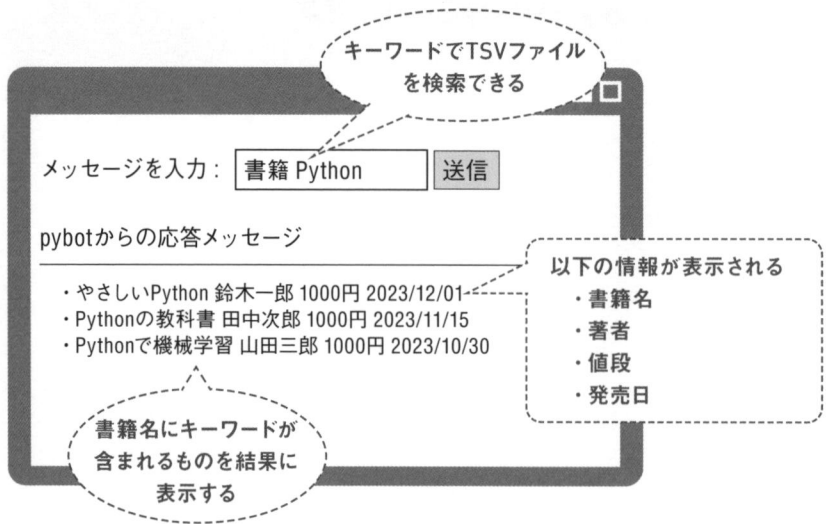

●「書籍」コマンドを作成する

1 TSVファイルをpybotwebフォルダーへコピーする

まずコマンドを作成する準備として、前のLessonで
作成した「book_data.tsv」を[pybotweb]フォルダー

にコピーします①。書籍検索コマンドは、このTSV
ファイルを読み込んで検索します。

1 「book_data.tsv」を [pybotweb]
フォルダーにコピーしておく

2 ファイルを作成する `pybot_book.py`

続いてJupyterLabを起動して[pybotweb]フォルダ
ーを開き（P.74参照）、「pybot_book.py」を新規作成
します①。このファイルの中に、書籍情報を集め

たTSVファイルから書籍を検索するbook_
command()関数を作成します。

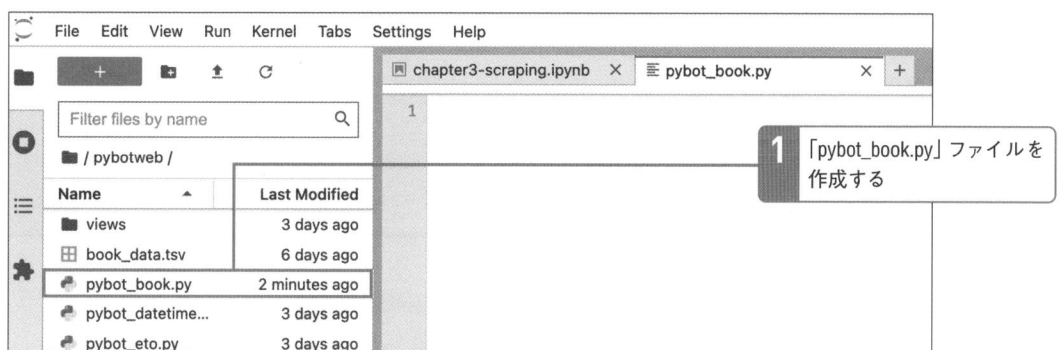

1 「pybot_book.py」ファイルを
作成する

3 book_command()関数を作成する `pybot_book.py`

まずは引数です。pybotではコマンド名とキーワードをまとめてcommand引数として受け取ります。そのため、関数内でcommand引数からキーワードを取得しています。

検索結果を格納するリスト型の変数resultsを用意し❶、TSVファイルを開いて1行ずつ読み込みながら処理していきます❷。TSVファイルの各行をタブ文字で分割し、先頭の要素（書籍名）にキーワードが含まれている場合、その行を変数resultsに追加

します❸。

すべての行を読み込んだあと、results変数の要素数が0より大きければ、resultsの各要素を連結して戻り値とします❹。HTMLでは改行するときに\<br\>が使われるため、各行を\<br\>で連結しています。また見た目を調整するために、先頭にも\<br\>を追加しています。要素数が0の場合は、キーワードにマッチする書籍がなかったというメッセージを返します❺。

```
001  def book_command(command):
002      cmd, keyword = command.split(maxsplit=1)
003      results = []
004      with open('book_data.tsv', encoding='utf-8') as f:
005          for line in f:
006              cols = line.split('\t')
007              if keyword in cols[0]:
008                  results.append(line)
009      if len(results) > 0:
010          response = '<br>'.join(results)
011          response = '<br>' + response
012      else:
013          response = f'「{keyword}」ガ含マレル書籍ガ見ツカリマセンデシタ'
014      return response
```

1 キーワードが含まれる行を格納するリストを作成

2 TSVファイルを開いて各行を読み込む

3 書籍名にキーワードが含まれていたらリストに追加

4 1件以上検索ヒットした場合HTMLの\<br\>を入れて連結

5 見つからないというメッセージを返す

> JupyterLabに入力したbook_search()関数をコピー&ペーストして修正してみましょう。

4 pybotに組み込む `pybot.py`

「pybot.py」を修正して、作成した書籍検索コマンド
をpybotで利用できるようにしましょう。「書籍」とい
うコマンド名が入力されたら、book_command()関
数を呼び出すようにします❶❷。

```
001  from_pybot_eto_import_eto_command
002  from_pybot_random_import_choice_command,_dice_command
003  from_pybot_datetime_import_today_command,_now_command,_weekday_
     command
004  from_pybot_sum_import_sum_command
005  from_pybot_book_import_book_command
     ……省略……
041  def_pybot(command,_image=None):
     ……省略……
065  _____if_'合計'_in_command:
066  _____response_=_sum_command(command)
067  _____if_'書籍'_in_command:
068  _____response_=_book_command(command)
069
070  _____if_not_response:
071  _____response_=_'何ヲ言ッテルカ、ワカラナイ'
072  _____return_response
     ……省略……
```

1 書籍コマンド（book_command）をインポート

2 書籍コマンドを追加

5 pybot Webアプリケーションから書籍検索コマンドを実行する

PowerShell上で「python pybotweb.py」を実行して pybotサーバーを起動します（Lesson 16参照）。ブラウザで「http://localhost:8080/hello」にアクセスして、

pybot Webアプリケーションの画面を表示し、「書籍 <キーワード>」と入力して送信しましょう❶。書籍検索コマンドが実行され、検索結果が表示されます。

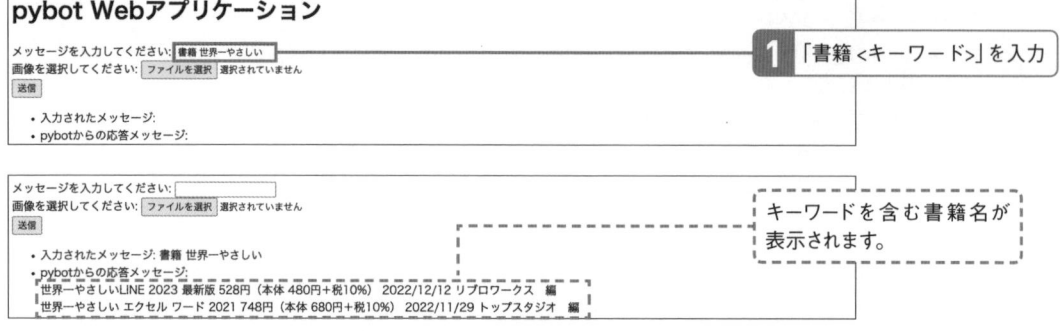

ワンポイント フレームワーク「Scrapy」の紹介

インプレスブックス以外のWebサイトを対象にする場合でも、リンクをたどってWebページを取得し、必要な情報を抽出する、という基本的な流れは同じです。そのため、対象とするWebサイト固有の箇所以外は、似たような処理を記述することが多くなります。そこで便利なのがスクレ

イピング・クローリングのフレームワークである「Scrapy」です。Scrapy独自のルールを覚えなければなりませんが、本格的にスクレイピングをする場合はこのようなフレームワークを使ったほうが効率が良く開発できます。

▶ Scrapyの公式サイト

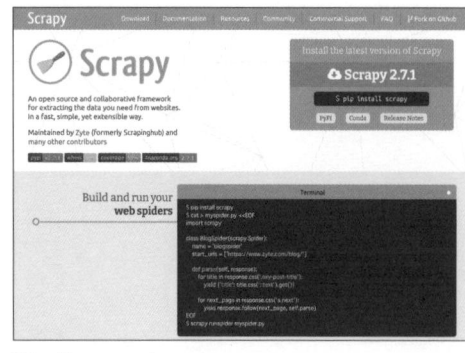

https://scrapy.org/

▶ Scrapyの代表的な機能

- Webページ内のリンクをたどって他のWebページを取得
- クローリング間隔の調整
- CSSセレクターやXPathによるHTMLの要素指定と抽出
- 各種フォーマット（json, csvなど）によるファイル出力
- 一度取得したWebページのキャッシュ機能
- robots.txtで禁止されているページのクロール防止

Lesson 25 [スクレイピングの注意点]
スクレイピングを行うときの注意点を理解しましょう

このレッスンのポイント

スクレイピングを行うとWebサイトから効率良くデータを集めることができますが、サーバー管理者や他のユーザーに迷惑をかけてはいけません。そのようなことにならないために、スクレイピング時に気をつけるべきポイントをいくつか紹介します。

→ 利用規約を守る

企業や団体が運営するWebサイトには、たいてい「利用規約」があるので、必ず確認しましょう。Webサイトによってはクローリングやスクレイピングを禁止している場合があります。このようなサイトは、当然スクレイピングを行ってはいけません。しかし、スクレイピングが禁止されているサイトであっても、APIなどの代替手段が用意されていることもあるので、各サイトのルールに従いましょう。

→ アクセス間隔を空ける

サーバーの処理能力には限界があり、スクレイピングにより短時間に大量のアクセスが発生すると、その限界を超えてしまう恐れがあります。そうなると、Webサイトが重くなったりアクセスできなくなったりして、他のユーザーはもちろんサーバー管理者にも大変な迷惑がかかります。そのため、スクレイピング時はある程度間隔を空けてアクセスし、サーバーに過度な負荷をかけないよう気をつけましょう。アクセス間隔については、次ページで説明するrobots.txtにCrawl-delayがあれば、それに従いましょう。Crawl-delayがない場合、明確なルールはありませんが、慣例として数秒空けることが望ましいとされています。

スクレイピングはWebサイトに迷惑がかからないように節度を持って行いましょう。

Chapter 3 スクレイピングでデータを収集しよう

robots.txtの指示に従う

「robots.txt」とは、Webサイトがクローラーに対して指示するためのファイルのことで、Webサイトのトップディレクトリに置かれています。たとえばインプレスブックスの場合、「https://book.impress.co.jp/robots.txt」です。robots.txtは、ディレクティブと呼ばれるものでクロールを禁止するパスやクロール間隔を提示できます。

ただし、robots.txtには強制力はありません。あくまで紳士協定ですが、スクレイピングを行う際はrobots.txtの指示に従いましょう。

▶ インプレスブックスのrobots.txt（抜粋）

```
User-Agent: _*  ··············  すべてのクローラーが対象
Disallow: _/*closed*  ········  パスに「closed」を含むページはクロール禁止
```

▶ robots.txtのディレクティブ例

ディレクティブ	説明
User-Agent	対象となるクローラー
Disallow	クロールを禁止するパス
Crawl-delay	クロール間隔

 ## 連絡先を明示する

もし、サーバー管理者がクローラーのアクセス過多などで困っている場合、クローラーの作成者に連絡を取れると問題解決がしやすくなります。

連絡先を明示する手段には、HTTPリクエストのUser-Agentヘッダーが使われます。User-Agentヘッダーはアクセスログに記録されることが多いため、ここに連絡先のURLやメールアドレスを記述すれば、何かトラブルが起きた場合でも、サーバー管理者はクローラーの作成者に問い合わせることができます。参考までに、以下はGoogleの検索エンジンのクローラーであるGooglebotのUser-Agentヘッダーです。

▶ GooglebotのUser-Agentヘッダー

```
Mozilla/5.0_(compatible;_Googlebot/2.1;_+http://www.google.com/bot.html)
```

※なお、Requests で User-Agent ヘッダーをカスタマイズする方法については、https://docs.python-requests.org/en/latest/user/quickstart/#custom-headers を参照してください。

Chapter

4

日本語の
文章を
生成しよう

このChapterでは、日本語の
文章を自動生成するプログラ
ムを作成します。複数の文章
から自動生成用の辞書データ
を作成します。プログラムの
作成を通して、日本語のテキ
スト解析に必要な概念や技術
を学びます。

テキスト処理について知りましょう

**このレッスンの
ポイント**

文章を機械学習で処理するためには、テキストを解析できる形式に変換する前処理が必要です。ここでは日本語のテキスト処理で行われる「わかち書き」という前処理の必要性と、「わかち書き」でどのような処理を行うかを説明します。

➡ 日本語はそのままでは処理できない

テキストをプログラムで処理するためには、多くの場合は単語ごとに分割する必要があります。英語などの言語は単語の間にスペースが入っているため、容易に単語に分割できます。しかし、日本語は単語間をスペースで区切らないため、単純に単語に分割することが難しくなります。そのため、日本語を単語に分割する「わかち書き」と呼ばれる処理が必要となります。

▶ わかち書きの処理イメージ

東京都でおいしいビールを飲もう。

↓ わかち書き

| 東京 | 都 | で | おいしい | ビール | を | 飲も | う | 。 |

‹‑‑ 単語に分割

わかち書きをすることで、文章を単語単位に分割できます。この技術は検索エンジンなどでも使用されています。

➜ わかち書きには辞書が必要

日本語を単語に分割するわかち書きを行うためには
どうすればよいのでしょうか？
たとえば「東京都」という言葉は「東京+都」で構成
されていますが、「小京都」は「小＋京都」で構成され

ています。ただし、東京都を間違えて「東＋京都」
とわかち書きすると間違いです。そのため、日本語
をわかち書きするには、どういう言葉があるのかを
示す辞書データが必要になります。

▶ わかち書きの処理イメージ

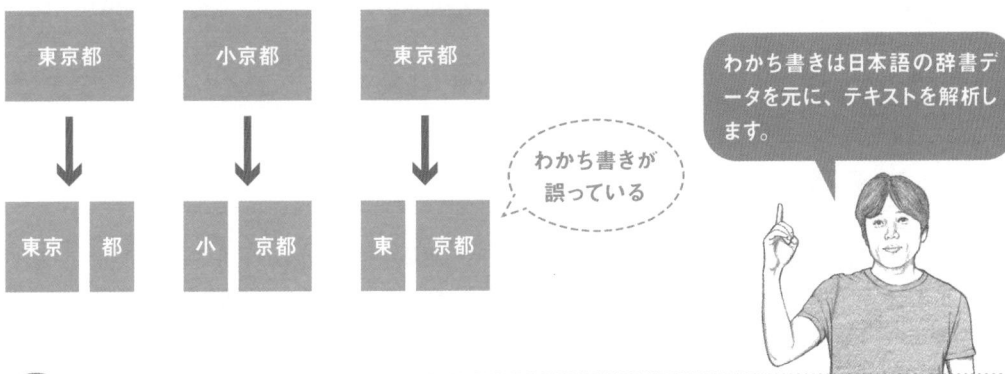

わかち書きは日本語の辞書デー
タを元に、テキストを解析し
ます。

➜ 品詞と基本形も大事

テキスト解析には品詞に関する処理も重要です。
たとえば文章の特徴を知るために名詞や動詞だけ
を抜き出して出現回数を数えることはよくあります。
動詞には活用と基本形（原形）があります。動詞の
出現回数を数える場合は、活用（飲んだ／飲もう／
飲まない）で別の単語としないために、基本形（飲

む）を取得するといった処理を行います。
例として「東京都でおいしいビールを飲もう。」とい
う文章の各単語の品詞と、動詞の基本形は以下の
ようになります。この文章には3つの名詞と1つの動
詞（基本形は飲む）があることがわかります。

▶ 単語の品詞と動詞の基本形

単語	品詞	動詞の基本形
東京	名詞	
都	名詞	
で	助詞	
おいしい	形容詞	
ビール	名詞	

単語	品詞	動詞の基本形
を	助詞	
飲も	動詞	飲む
う	助動詞	
。	記号	

［形態素解析ライブラリJanome］

日本語を形態素解析してみましょう

**このレッスンの
ポイント**

日本語のテキストをプログラムで処理するためには、形態素解析という
手法が多く用いられます。ここでは、日本語をわかち書きするために、
形態素解析を行うライブラリのJanomeをインストールして使用してみ
ましょう。

→ 形態素解析とは

日本語をわかち書きしたり、品詞や基本形を取得
するためには形態素解析という処理を行います。形
態素解析は品詞や基本形などの情報を持った辞書
データを元に、テキストを解析した結果を返します。

形態素解析に対応したツールを使用することにより、
日本語のテキストをわかち書きしたり、品詞や基本
形などの情報が取得できます。

▶ 形態素解析の処理イメージ

東京都でおいしいビールを飲もう。

↓ 形態素解析

名詞	名詞	助詞	形容詞	名詞	助詞	動詞	助動詞	記号
東京	都	で	おいしい	ビール	を	飲も	う	。

日本語のテキスト処理では形態素解析は
よく利用される技術です。いろいろな文章
を形態素解析して結果を見てみましょう。

Janomeとは

このChapterでは形態素解析ツールとしてJanome（ジャノメ）を使用します。JanomeはPythonで作成された形態素解析ライブラリで、pipコマンドでインストールできます。

簡単にインストールして使用できるので、形態素解析を試すのに適したライブラリです。その半面、Pythonのみで書かれているため、C言語などで書かれている他の形態素解析ライブラリに比べると処理速度は少し落ちます。大量のテキストを処理する場合は他の形態素解析ライブラリの利用を検討してみてください。

▶ Janomeをインストールする

```
pip install janome
```

▶ JanomeのWebページ

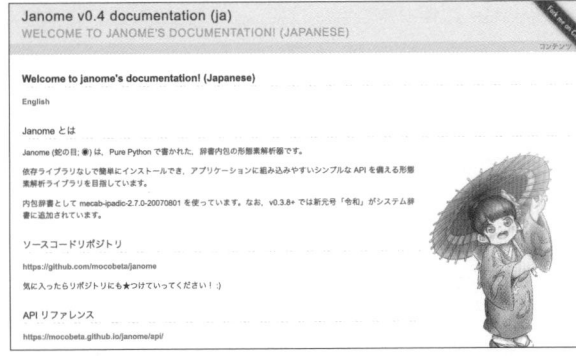

https://mocobeta.github.io/janome/

 # Janomeの基本的な使い方

Janomeでの基本的な形態素解析の方法について説明します。形態素解析を行うためには、まずトークナイザー（Tokenizer: 単語分割処理をするオブジェクト）を作成します。トークナイザーに文字列を渡すことによって、形態素解析された結果を取得できます。

▶ Janomeで形態素解析を実行する

```
from janome.tokenizer import Tokenizer


t = Tokenizer() ····························· トークナイザーを生成
text = '東京都でおいしいビールを飲もう。'
tokens = t.tokenize(text) ················ 形態素解析を実行
for token in tokens:
    print(token) ························ 結果を単語ごとに出力
```

● Janomeで日本語を形態素解析する

1 Janomeをインストールする

仮想環境でpipコマンドを使用してJanomeをインストールします。以下のコマンドをPowerShellで実行し、Janomeをインストールします❶。コマンドを実行するとJanomeの最新版(執筆時点では0.4.2)がインストールされます。Janomeはサイズが大きく、インストール時に辞書を作成するため、ダウンロードとインストールに時間がかかります。

pip␣install␣janome

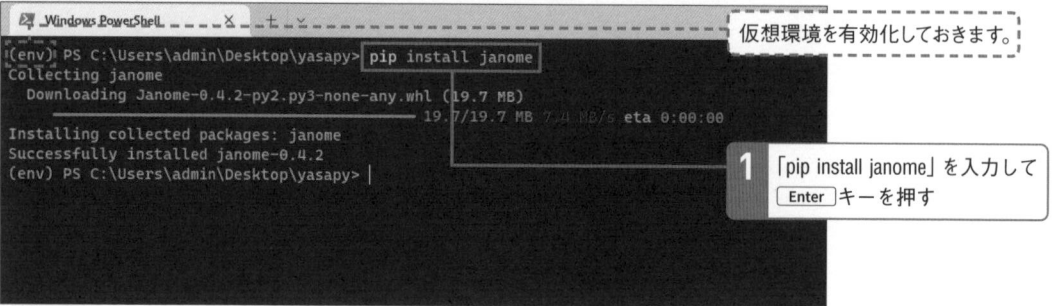

仮想環境を有効化しておきます。

1 「pip install janome」を入力して Enter キーを押す

2 Notebookファイルを作成する chapter4-japanese.ipynb

Janomeを使用する前に、このChapterで使用するNotebookファイルを作成します。PowerShellでjupyter labコマンドを実行するとブラウザでJupyterLabが開きます。ランチャーの「Notebook」から [Python 3] を選択して新規Notebookファイルを作成します。作成したNotebookファイルの名前を「chapter4-japanese」に変更します❶。

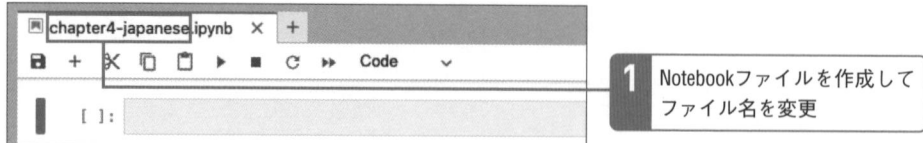

1 Notebookファイルを作成して ファイル名を変更

3 Janomeをimportしてトークナイザーを生成する

1つ目のセルでまずはトークナイザーを生成します。
import文でJanomeのTokenizerをインポートします❶。

次にTokenizer()を実行してインスタンスを生成します❷。

```
from janome.tokenizer import Tokenizer ──────── 1 Tokenizerをインポート

t = Tokenizer() ────────────────────────────── 2 インスタンスを生成
t
```

```
[1]:  from janome.tokenizer import Tokenizer

      t = Tokenizer()
      t

[1]:  <janome.tokenizer.Tokenizer at 0x103fdb040>
```

以降は出力がない場合は、画面を省略します。JupyterLabのセルに入力し、Shift + Enter キーを押して実行してください。

4 文字列を形態素解析する

トークナイザーを使用して形態素解析を行います。
tokenize()メソッドに文字列を渡すと形態素解析を
行い、その結果をトークン（単語と品詞などの情報）

の一覧として返します❶。len()関数でトークンの数を確認します❷。結果として「9」が出力されます。

```
text = '東京都でおいしいビールを飲もう。'
tokens = t.tokenize(text) ────────────────── 1 形態素解析を実行
token_list = list(tokens)
len(token_list) ──────────────────────────── 2 トークンの数を確認
```

```
[2]:  text = '東京都でおいしいビールを飲もう。'
      tokens = t.tokenize(text)
      token_list = list(tokens)
      len(token_list)

[2]:  9  ────────────────── トークンの数が出力されます。
```

5 形態素解析した結果を出力する

for文を使って形態素解析した結果を順番に出力して確認します❶。

出力結果を見ると単語ごとに「飲も　動詞,自立,*,*,五段・マ行,未然ウ接続,飲む,ノモ,ノモ」というような文字列が出力されています。

一番左が元の単語で、右側に形態素解析された結果が出力されています。最初の「動詞」が品詞を表し、右から3番目の「飲む」は基本形を表しています。

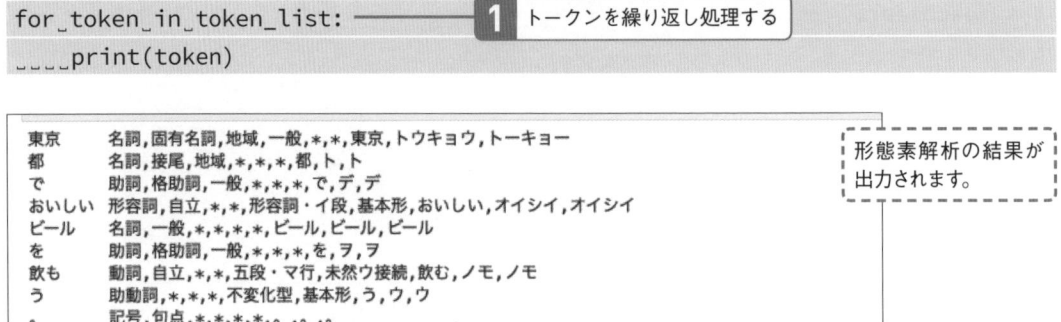

```
for_token_in_token_list:
____print(token)
```

❶ トークンを繰り返し処理する

```
東京        名詞,固有名詞,地域,一般,*,*,東京,トウキョウ,トーキョー
都          名詞,接尾,地域,*,*,*,都,ト,ト
で          助詞,格助詞,一般,*,*,*,で,デ,デ
おいしい    形容詞,自立,*,*,形容詞・イ段,基本形,おいしい,オイシイ,オイシイ
ビール      名詞,一般,*,*,*,*,ビール,ビール,ビール
を          助詞,格助詞,一般,*,*,*,を,ヲ,ヲ
飲も        動詞,自立,*,*,五段・マ行,未然ウ接続,飲む,ノモ,ノモ
う          助動詞,*,*,*,不変化型,基本形,う,ウ,ウ
。          記号,句点,*,*,*,*,。,。,。
```

形態素解析の結果が出力されます。

6 わかち書きする

Janomeで品詞や活用の情報を参照せず、単語のわかち書きだけを行いたい場合は、tokenize()メソッドの引数にwakati=Trueを指定します❶。実行結果は単語を返すジェネレータとなるため、すべての単語を確認するためにリストに変換します❷。品詞や基本形などの情報は出力されません。

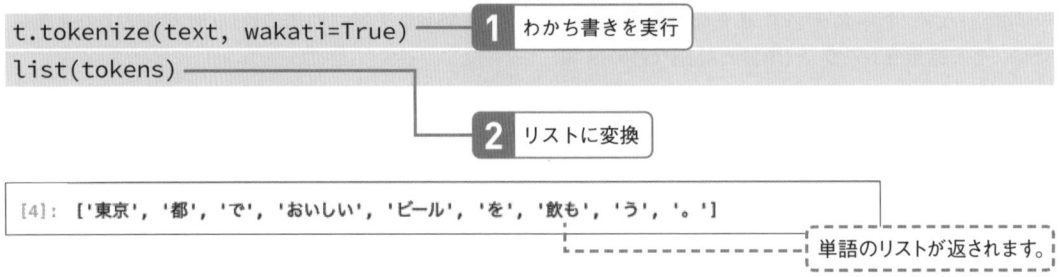

```
t.tokenize(text, wakati=True)
list(tokens)
```

❶ わかち書きを実行

❷ リストに変換

```
[4]:  ['東京', '都', 'で', 'おいしい', 'ビール', 'を', '飲も', 'う', '。']
```

単語のリストが返されます。

Chapter 4　日本語の文章を生成をしよう

Lesson 28 [Bag of WordsとTF-IDF]
自然言語処理で使用されるモデルやアルゴリズムを知りましょう

このレッスンの
ポイント

自然言語処理でよく使用されるモデルとアルゴリズムに、Bag of WordsとTF-IDFがあります。この2つの技術はChapter 4で完成させるプログラムでは使用しませんが、覚えておいて損はありません。TF-IDFは文章が肯定的／否定的かの判定などでも使われています。

→ Bag of Wordsとは

Bag of Words（BoW）はテキストデータを機械学習などで計算できる形式に変換する方法です。文章を単語に分割し、どの単語が何回出現したかを数えます。単語の出現する順番は考慮せず、図のように「袋の中にどの単語が何個入っているか」を見るだけなので、Bag of Wordsと呼ばれています。

Bag of Wordsは文章の特徴を数値化するために使用します。文章を数値化することにより、複数の文章が似ているかどうかを数値で表せるようになります。

▶ Bag of Wordsのイメージ

Bag of Wordsは単純なモデルですが、次に説明するTF-IDFなどのベースにもなっています。

→ TF-IDFを求めて単語の重要度を評価する

TF-IDFは文章に含まれる単語の重要度を評価する手法です。TF-IDFは複数の文章を調べ、多くの文章に含まれている単語と、一部の文章にしか含まれていない単語を区別します。

たとえば、ビールとコーヒーについて説明している文章を分類し、片方のグループには多く存在し、別のグループにはあまり出てこない特徴的な単語（アルコール、泡など）を抽出します。特徴的な単語の情報があれば、新しい文章がビールとコーヒーのどちらについてのものかを分類できるようになります。

▶ TFとIDFの意味

TF (Term Frequency)	IDF (Inverse Document Frequency)
1つの文章の中で1つの単語が出現した割合	複数の文章の中で、ある単語を含む文章がどれぐらいあるか（出てこないほど値が大きくなる）

1つの単語が
3回出現

ある単語を含む
文章は2つ

→ TF-IDFの計算方法

TFは1つの文章中で各単語が出現する割合です。「おいしいビールを飲む」の場合は、各単語が1回ずつ出現するため、各単語のTFは1/4=0.25となります。

IDFは複数の文章でその単語が出現する数から求めます。その単語が特徴的な（他の文章に出てこない）ほうが割合が高くなります。

たとえば「おいしいビールを飲む」と「コーヒーを飲む」という2つの文章があった場合、「コーヒー」という単語は1回しか出現しないため、log(2/1)＝約0.693となります。「飲む」は2回出現するためlog(2/2)＝0となります。

TF-IDFはTFとIDFを掛けたもので、ある文章に多く含まれて、他の文章に含まれていない単語の値が高くなります。

▶ IDFを求める数式

$$\log \frac{\text{全文章の数}}{\text{単語が出現した文章の数}}$$

logは対数を求めるための関数です。対数を説明するとかなり長くなってしまうので、高校数学の参考書などで確認してください。

● Bag of Wordsのデータを作ってみよう

1 複数の文章を単語に分割する chapter4-japanese.ipynb

まずは Bag of Wordsのデータを作成します。最初に複数の文章を形態素解析して、単語ごとに分割します。Tokenizerをインポートしてインスタンスを生成します①。対象のデータとして3つの短い文章を定義し②、トークナイザーで各文章をわかち書きし、リストに格納します③。

```
from janome.tokenizer import Tokenizer

t = Tokenizer()
sentences = [
    'おいしいビールを飲む', 'コーヒーを飲む', 'おいしいクラフトビールを買う'
]

words_list = []
for sentence in sentences:
    words_list.append(list(t.tokenize(sentence, wakati=True)))
words_list
```

1 Tokenizerのインスタンスを生成
2 対象となる文章のリスト
3 文章をわかち書き

```
[5]: [['おいしい', 'ビール', 'を', '飲む'],
      ['コーヒー', 'を', '飲む'],
      ['おいしい', 'クラフト', 'ビール', 'を', '買う']]
```

単語のリストをまとめたリストが表示されます。

2 一意な単語のリストを作成する

次に、一意な（重複のない）単語のリストを作成します。2重のforループで、各文章から各単語を取り出します①。取り出した単語がunique_wordsに存在しなければ追加します②。

```
unique_words = []
for words in words_list:
    for word in words:
        if word not in unique_words:
            unique_words.append(word)
unique_words
```

1 各単語を取り出す
2 存在しなければ追加

NEXT PAGE ➡

```
[6]: ['おいしい', 'ビール', 'を', '飲む', 'コーヒー', 'クラフト', '買う']
```

一意な単語のリストが
表示されます。

3 Bag of Wordsのデータを作成する

各文章の単語のリスト（words_list）と一意な単語の
リスト（unique_words）からBag of Wordsのデータを
作成します。1つの文章のBag of Wordsを格納する

リストbag_of_wordsを定義します❶。各文章に、
それぞれの一意な単語が何回出現するかを words.
count()で数え、bag_of_wordsに追加します❷。

```
bow_list␣=␣[]
for␣words␣in␣words_list:
␣␣␣␣bag_of_words␣=␣[]
␣␣␣␣for␣unique_word␣in␣unique_words:
␣␣␣␣␣␣␣␣num␣=␣words.count(unique_word)
␣␣␣␣␣␣␣␣bag_of_words.append(num)
␣␣␣␣bow_list.append(bag_of_words)
bow_list
```

1 1つの文章のBag of Wordsを格納する

2 一意な単語の出現回数を数える

```
[7]: [[1, 1, 1, 1, 0, 0, 0], [0, 0, 1, 1, 1, 0, 0], [1, 1, 1, 0, 0, 1, 1]]
```

Bag of Wordsのリスト
が表示されます。

Point Bag of Wordsの結果が表すもの

作成したBag of Wordsのリストは数値が並ん
でいるだけですが、1行目に一意な単語が、
2行目以降に数値が並んでいる表をイメージ
するとわかりやすいです。0番目の文章「お
いしいビールを飲む」には前半4つの単語が1

回ずつ出現し、それ以外の単語は出現しな
いため0が入っています。他の文章も同様です。
このように、文章を数値の配列にすること
によって、さまざまな機械学習アルゴリズム
で使用できるようになります。

	おいしい	ビール	を	飲む	コーヒー	クラフト	買う
0番の文章	1	1	1	1	0	0	0
1番の文章	0	0	1	1	1	0	0
2番の文章	1	1	1	0	0	1	1

Chapter 4

日本語の文章を生成をしよう

4 | IDFを計算する

Bag of Wordsのデータができたので、TF-IDFを計算してみましょう。まず、IDF（ある単語が出現する文章が、文章全体でどれくらいあるか）を計算します。log()関数を使用するためにmathモジュールからインポートします❶。

単語ごとにIDFを計算するので、一意な単語の数だけ繰り返します❷。各文章にその単語が含まれているかを調べ、含まれていれば1を追加します❸。そしてlog()関数で「全文章の数 ÷ 単語が出現した文章数」を計算して、各単語のIDFを計算します。ここでは0で割る計算を避けるために、両方の数値に1を加えています❹。

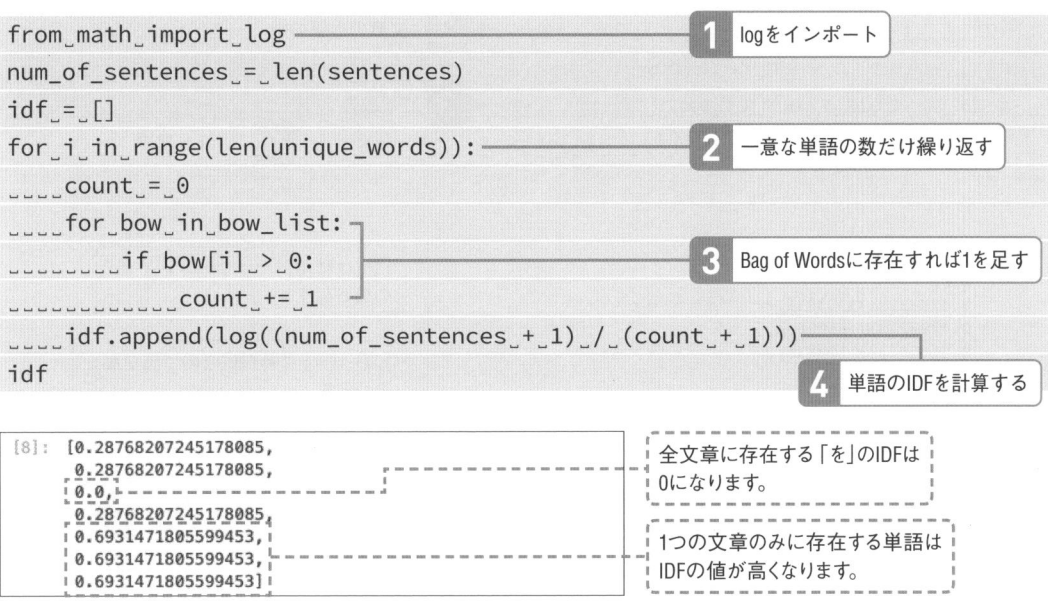

```
from_math_import_log ──────────────────  ❶ logをインポート
num_of_sentences_=_len(sentences)
idf_=_[]
for_i_in_range(len(unique_words)): ──────  ❷ 一意な単語の数だけ繰り返す
____count_=_0
____for_bow_in_bow_list:
_____if_bow[i]_>_0: ──────────────────  ❸ Bag of Wordsに存在すれば1を足す
_____count_+=_1
____idf.append(log((num_of_sentences_+_1)_/_(count_+_1))) ──
idf                                        ❹ 単語のIDFを計算する
```

```
[8]: [0.28768207245178085,
      0.28768207245178085,
      0.0,
      0.28768207245178085,
      0.6931471805599453,
      0.6931471805599453,
      0.6931471805599453]
```

全文章に存在する「を」のIDFは0になります。

1つの文章のみに存在する単語はIDFの値が高くなります。

Point 単語とIDF、TF-IDFの対応

単語	IDF	TF-IDF
おいしい	[8]: [0.28768207245178085,	[9]: [0.0,
ビール	0.28768207245178085,	0.0,
を	0.0,	0.3333333333333333,
飲む	0.28768207245178085,	0.42922735748392693,
コーヒー	0.6931471805599453,	0.5643823935199818,
クラフト	0.6931471805599453,	0.0,
買う	0.6931471805599453]	0.0]

TF-IDFは次ページで求めています。

5 TF-IDFを計算する

次にTF-IDFを計算します。ここでは「コーヒーを飲む」の文章のTF-IDFを計算します❶。sum()関数でこの文章の単語の数（3個）を取得します❷。TFは「1つの文章の中で1つの単語が出現した割合」なので計算は簡単です。Bag of Wordsの各値を、文章の単語の数で割って、TFの値を取得します❸。TFとIDFを掛け算して、TF-IDFの値を取得します❹。

```
bow_=_bow_list[1]                            1  「コーヒーを飲む」のBag of Words
num_of_words_=_sum(bow)
tfidf_=_[]                                    2  1文章の単語の数
for_i,_value_in_enumerate(bow):
____tf_=_value_/_num_of_words                3  TFを取得
____tfidf.append(tf_*_(idf[i]_+_1))          4  TF-IDFを取得
tfidf
```

```
[9]:  [0.0,
       0.0,
       0.3333333333333333,
       0.42922735748392693,
       0.5643823935199818,
       0.0,
       0.0]
```

「を」は特徴的ではないのでTF-IDFの値が低くなります。

「コーヒー」は特徴的なので値が高くなります。

👍 ワンポイント scikit-learnでBag of WordsとTF-IDFを計算する

このLessonではBag of WordsとTF-IDFの仕組みを理解するために実際にプログラムを書いて動作を確認しました。実はChapter 1で紹介した機械学習ライブラリscikit-learnを使用すると、これらを簡単に処理できます。

Bag of Wordsの作成には、sklearn.feature_extraction.textモジュールのCountVectorizerを使用すると便利です。TF-IDFの計算には同じモジュールのTfidfTransformerが利用できます。これらのクラ

スの使用方法については本書では触れません。scikit-learnのドキュメントなどを参照してください。

なお、scikit-learnが提供するTF-IDFの計算式には改良が加えられているため、上記のプログラムと異なる数値となります。

しかし、文章を特徴づける単語の値を高くするという点では、本質的には同じものです。

Lesson 29 ［マルコフ連鎖］
マルコフ連鎖について知りましょう

**このレッスンの
ポイント**

形態素解析を応用したプログラムの例として、「マルコフ連鎖」といういうアルゴリズムを使って文章を自動生成します。まずはプログラムを作成する前に、マルコフ連鎖がどういうものかを知りましょう。

→ マルコフ連鎖とは

マルコフ連鎖とは未来の状態を現在の状態のみで決定して、過去の状態は考慮しない連続した状態のつながり（連鎖）のことをいいます。マルコフ連鎖は物理学でも使用されています。
マルコフ連鎖の例として次のような天気予報のモデ

ルについて考えてみます（確率の数値はダミーです）。各天気（晴れ、曇り、雨）を状態とすると、この天気予報は以下のような状態遷移図（ある状態から次の状態に遷移する確率をまとめた図）となります。

▶ 天気予報のモデル

- 昨日より前の天気は翌日の天気に影響しない
- 今日が晴れの場合→翌日晴れの確率0.6、曇りの確率0.3、雨の確率0.1
- 今日が曇りの場合→翌日晴れの確率0.3、曇りの確率0.5、雨の確率0.2
- 今日が雨の場合→翌日晴れの確率0.2、曇りの確率0.3、雨の確率0.5

▶ 天気予報の状態遷移図

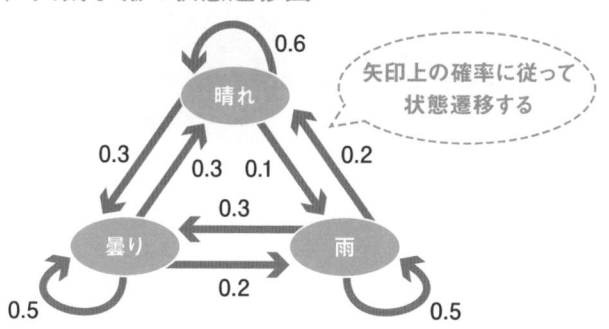

矢印上の確率に従って状態遷移する

マルコフ連鎖での状態遷移では、2日より前の天気には関係なく、次の天気が確率に従ってランダムに決定します。

マルコフ連鎖による文章生成

このマルコフ連鎖を使用して、文章の各単語を状態として、次に遷移する単語のリストを作成することによって、文章を作成します。以下は単語の状態遷移図の例です。この状態遷移図のBEGINからENDをたどると「ビールを飲もう」「おいしいビールは生」などの文章が生成できそうです。

マルコフ連鎖での文章生成は実用的な役には立ちませんが、Botプログラムで文章を生成する用途や、ダミーの文章を生成する用途などで使われます。

▶ 単語の状態遷移図

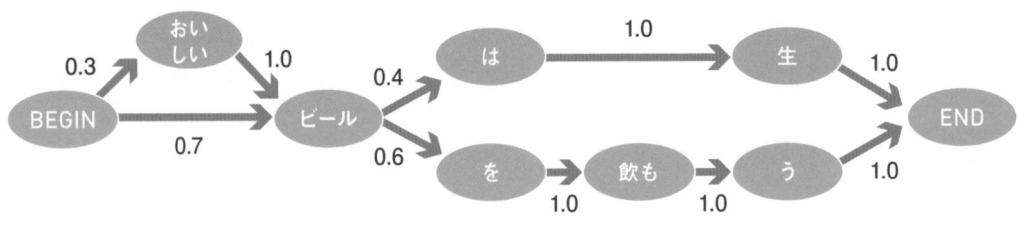

文章生成プログラムの構成

実際にマルコフ連鎖で文章を生成するプログラムを作成する前に、プログラムの全体構成を説明します。まずは入力データとなる日本語の文章（小説のテキストなど）を準備します。次に入力データを形態素解析し、マルコフ連鎖に使用する状態遷移図の元となるデータを作成します。このデータをここでは便宜上マルコフ連鎖用辞書データと呼びます。

最後に、マルコフ連鎖用辞書データを元にマルコフ連鎖で文章を生成するプログラムを作成します。

▶ 文章生成プログラムの構成イメージ

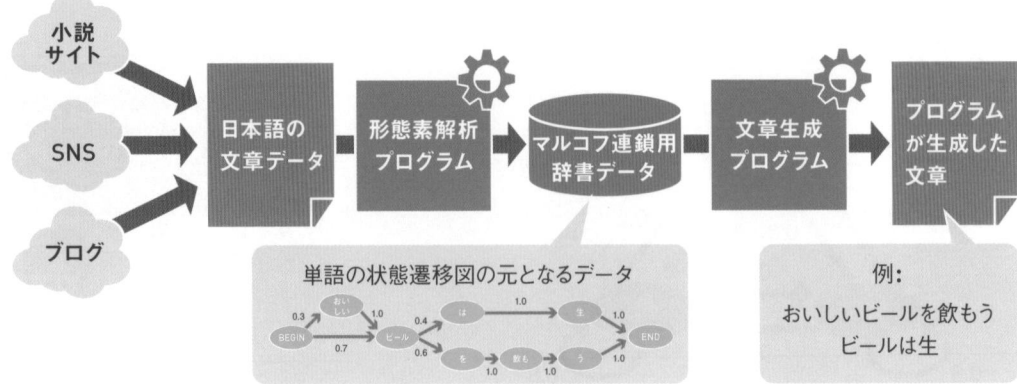

日本語のデータを用意しましょう

> マルコフ連鎖で文章生成をするためには元となるテキストデータが必要となります。日本語のテキストデータを用意する方法について知りましょう。ここでは青空文庫やSNSからの入手方法を解説します。

このレッスンの
ポイント

→ 日本語テキストを用意する

マルコフ連鎖で文章生成をするためには、マルコフ連鎖用辞書データを生成するための元となる文章データが必要となります。元となる文章がたくさんあればあるほど、変化に富んだ文章が生成される可能性が高くなります。

また、同じ人が書いた文章を元データとすると、文章にその人の個性が出て面白い結果が期待できます。ここでは小説を元データとする場合と、自分の書いた文章を元データとする場合について説明します。青空文庫は「誰にでもアクセスできる自由な電子本を、図書館のようにインターネット上に集めようとする活動」として、著作権が切れた小説などが公開されています。任意の作品を選んでテキストデータをダウンロードし、文章生成の元データとしての利用が可能です。

▶ 青空文庫

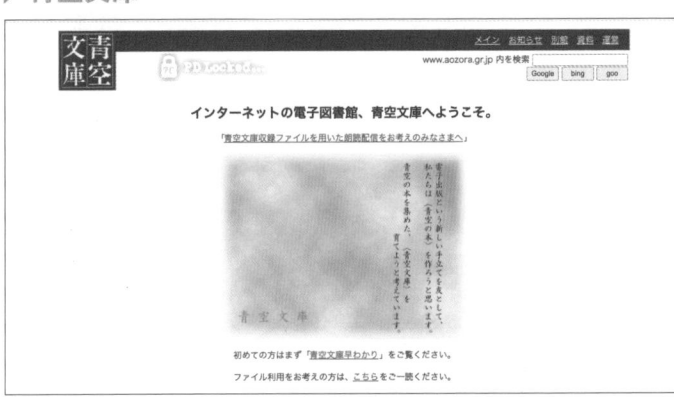

https://www.aozora.gr.jp/

このレッスンからマルコフ連鎖で文章生成のためのプログラムを作成していきます。

→ 自分のSNSの情報をダウンロード

TwitterやFacebookなどのSNSを利用している人は、過去のメッセージをダウンロードして利用することが可能です。自分が書いた文章が元データとなるため、こちらも面白い結果が期待できそうです。

▶ ツイート履歴のダウンロード方法のヘルプ

https://help.twitter.com/ja/managing-your-account/how-to-download-your-twitter-archive

→ ブログやメールなども元データにできる

ブログを書いている人は、自身のブログのテキストを使う方法もあると思います。自分が過去に送ったメールの内容を元データとして使用するのも面白いかもしれません。

本書では出力結果を同じにするために、小説のテキストデータを使用して解説を進めます。一通りの動作を確認してから、他のテキストデータを使用した文章生成に挑戦することをおすすめします。

> ニュース記事を集めたり、電子書籍の内容を1冊まるごと使用したりなど、元となる日本語の文章データはさまざまな場所から集められそうです。

● 青空文庫からテキストをダウンロードしよう

1 サイトにアクセスして、作家や作品名で探す

ブラウザを開いて青空文庫（https://www.aozora.
gr.jp/）のURLにアクセスします。作家別、作品別に
頭文字で分類されているので、任意のリンクをクリ
ックして対象となる小説を探します❶。ここでは「太
宰治」の『人間失格』を選択します。

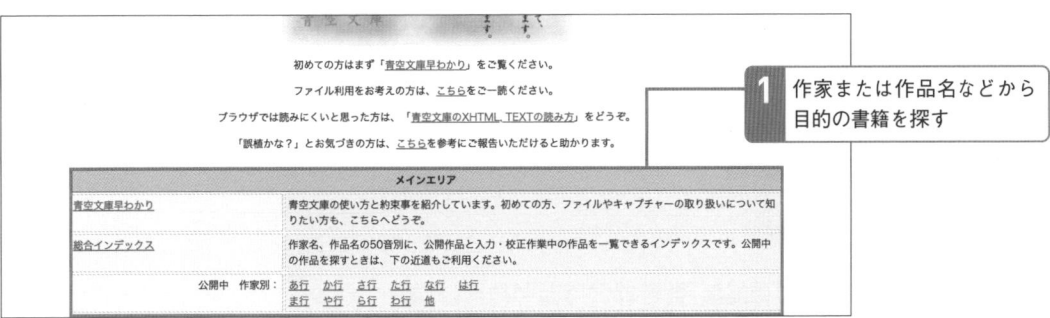

初めての方はまず「青空文庫早わかり」をご覧ください。

ファイル利用をお考えの方は、こちらをご一読ください。

ブラウザでは読みにくいと思った方は、「青空文庫のXHTML, TEXTの読み方」をどうぞ。

「誤植かな？」とお気づきの方は、こちらを参考にご報告いただけると助かります。

メインエリア	
青空文庫早わかり	青空文庫の使い方と約束事を紹介しています。初めての方、ファイルやキャプチャーの取り扱いについて知りたい方も、こちらへどうぞ。
総合インデックス	作家名、作品名の50音別に、公開作品と入力・校正作業中の作品を一覧できるインデックスです。公開中の作品を探すときは、下の近道もご利用ください。
公開中 作家別：	あ行　か行　さ行　た行　な行　は行 ま行　や行　ら行　わ行　他

1 作家または作品名などから目的の書籍を探す

2 ファイルをダウンロードする

任意の小説のページを開くと、画面下部に「ファイ
ルのダウンロード」という項目があります。この中の
「テキストファイル（ルビあり）」の横にあるファイル
名のリンクをクリックしてダウンロードします（作品
ごとにファイル名は異なります）❶。

底本データ

底本：	人間失格
出版社：	新潮文庫、新潮社
初版発行日：	1952（昭和27）年10月30日、1985（昭和60）年1月30日100刷改版
入力に使用：	1985（昭和60）年1月30日100刷改版
校正に使用：	1998（平成10）年3月5日136刷

工作員データ

入力：	細渕真弓
校正：	八巻美恵

1 301_ruby_5915.zipをクリック

ファイルがダウンロードされます。

ファイルのダウンロード

ファイル種別	圧縮	ファイル名（リンク）	文字集合/符号化方式	サイズ	初登録日	最終更新日
テキストファイル(ルビあり)	zip	301_ruby_5915.zip	JIS X 0208/ShiftJIS	68596	1999-01-01	2011-01-09
エキスパンドブックファイル	なし	301.ebk	JIS X 0208/ShiftJIS	288496	1999-01-01	1999-08-20
XHTMLファイル	なし	301_14912.html	JIS X 0208/ShiftJIS	179475	2004-02-23	2011-01-09

● ファイルのダウンロード方法・解凍方法

関連サイトデータ

3 | ZIPファイルを展開して中身を確認

ダウンロードしたファイルを展開すると、テキストファイルが1つ生成されます。この場合は「ningen_shikkaku.txt」というファイルが生成されますが、他の作品をダウンロードした場合は異なるファイル名となります。

テキストエディタなどでファイルを開いて、小説の内容が書かれていることを確認してください❶。なお、文字コードはShift_JISとなっているので、テキストエディタによっては文字コードの指定が必要となります。

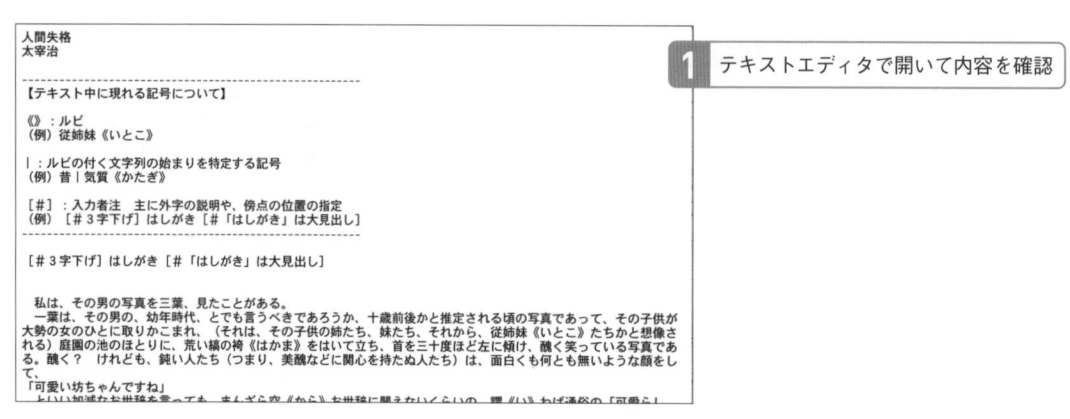

1 テキストエディタで開いて内容を確認

```
人間失格
太宰治

--------------------------------------------------
【テキスト中に現れる記号について】

《》：ルビ
（例）従姉妹《いとこ》

｜：ルビの付く文字列の始まりを特定する記号
（例）昔｜気質《かたぎ》

［＃］：入力者注　主に外字の説明や、傍点の位置の指定
（例）［＃３字下げ］はしがき［＃「はしがき」は大見出し］

［＃３字下げ］はしがき［＃「はしがき」は大見出し］

　私は、その男の写真を三葉、見たことがある。
　一葉は、その男の、幼年時代、とでも言うべきであろうか、十歳前後かと推定される頃の写真であって、その子供が大勢の女のひとに取りかこまれ、（それは、その子供の姉たち、妹たち、それから、従姉妹《いとこ》たちかと想像される）庭園の池のほとりに、荒い縞の袴《はかま》をはいて立ち、首を三十度ほど左に傾け、醜く笑っている写真である。醜く？　けれども、鈍い人たち（つまり、美醜などに関心を持たぬ人たち）は、面白くも何とも無いような顔をして、
「可愛い坊ちゃんですね」
```

⬤ Twitterからツイート履歴をダウンロードする

1 | 設定画面へ移動する

ここではTwitterから全ツイート履歴をダウンロードする手順について説明します。Twitterにログインした状態で左のメニューから［もっと見る］をクリックし❶、表示されたメニューから［設定とサポート］-［設定とプライバシー］を選択します❷。

1 ［もっと見る］をクリック

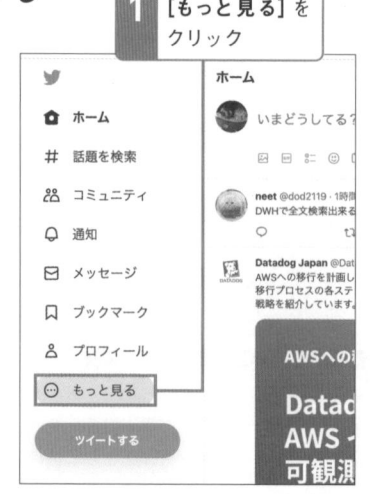

2 ［設定とサポート］-［設定とプライバシー］をクリック

2 | 全ツイート履歴をリクエストする

設定画面が開くので、［アカウント］の中の［データ
のアーカイブをダウンロード］をクリックすると❶、
本人確認のためにパスワードの再入力が求められま
す。再入力後に表示される画面で［アーカイブをリ

クエスト］ボタンをクリックします❷。すぐにダウン
ロードは開始されず、ダウンロードの準備ができる
とメールで連絡が来ます。

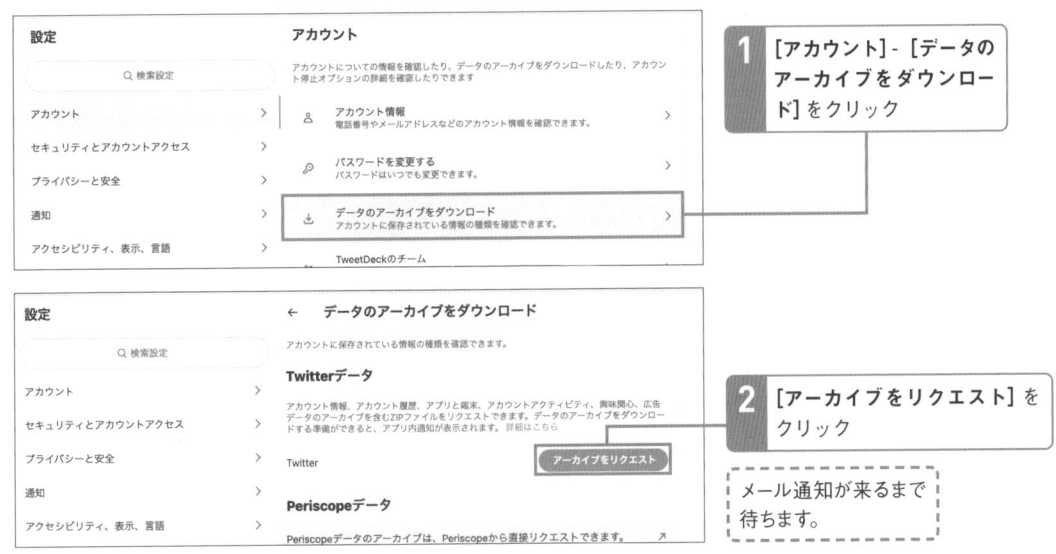

1 ［アカウント］-［データの
アーカイブをダウンロー
ド］をクリック

2 ［アーカイブをリクエスト］を
クリック

メール通知が来るまで
待ちます。

3 | ツイート履歴をダウンロード

全ツイート履歴のダウンロードの準備ができると、
以下のようなメールが届きます。［ダウンロード］を
クリックすると❶、ダウンロードページが表示され

ます。［アーカイブをダウンロード］ボタンをクリック
して、全ツイート履歴の入ったZIPファイルをダウン
ロードしてください❷。

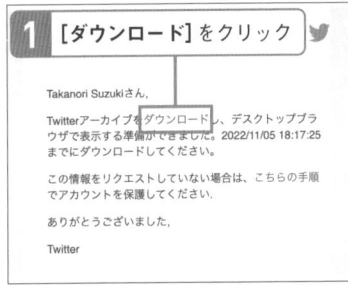

1 ［ダウンロード］をクリック

Takanori Suzukiさん,

Twitterアーカイブをダウンロードし、デスクトップブラ
ウザで表示する準備ができました。2022/11/05 18:17:25
までにダウンロードしてください。

この情報をリクエストしていない場合は、こちらの手順
でアカウントを保護してください.

ありがとうございました,

Twitter

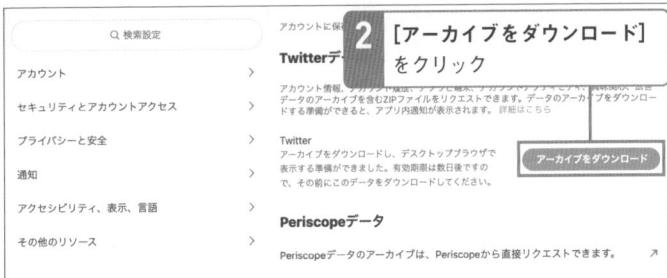

2 ［アーカイブをダウンロード］
をクリック

4 | ZIPファイルを展開して中身を確認

ダウンロードしたZIPファイルを展開すると、フォルダーの下にいろいろなファイルが含まれています。このうち「data」フォルダーの下の「tweets.js」というファイルに全ツイートが含まれています。

以下のコードではJSON形式のデータをPythonのデータに変換し❶❷、全ツイート数と直近5件のツイート文と送信日時を取得しています❸。

Chapter 4 日本語の文章を生成をしよう

```
import json ───────────────────────────  1  jsonモジュールをインポート

with open('tweets.js', encoding='utf-8') as f:
    text = f.read()
    _, json_text = text.split(" = ", 1)
    tweets = json.loads(json_text) ────────  2  JSONをPythonのオブジェクトに変換

print(f"全ツイート数: {len(tweets)}")          3  直近5件のツイートの情報を出力
for tweet in tweets[:5]: ──────────────
    print(f'{tweet["tweet"]["full_text"]} / {tweet["tweet"]["created_
at"]}')
```

```
全ツイート数: 39842
I joined Python ボルダリング部 #173! https://t.co/7oHAl6csIk #kabepy / Tue Nov 22 11:28:59 +0000 2022
Python ボルダリング部 #173 has been published! https://t.co/TkOWKrpFYW #kabepy / Tue Nov 22 11:28:51
RT @kobatomo3H: @kobatomo3H @takanory @puhitaku @yamayama_k5 @_khrd_ @tam_x @ftnext あなたのツイートを
だけると幸いです。 https://t.co/LHyEarSuaV / Tue Nov 22 00:37:30 +0000 2022
晩ご飯は羽田空港にある「新宿アカシア」でロールキャベツシチューとカレーのセット。ロールキャベツシチューの味が懐かしい (@
都) https://t.co/sGQrUiObe0 https://t.co/refpMZRhnR / Sun Nov 20 10:17:29 +0000 2022
到着〜 (@ 東京国際空港（羽田空港）- @haneda_official in 大田区, 東京都) https://t.co/ELhsloUqNi https://t.
20 09:57:00 +0000 2022
```

👍 ワンポイント Facebookから投稿をダウンロードする

Facebookの場合もTwitterと同様に設定画面から過去の投稿などをダウンロードできます。

詳細な手順は下記のヘルプを参照してください。

▶ **Facebookから自分の情報のコピーをダウンロードする**
- **https://www.facebook.com/help/212802592074644**

Lesson 31

[マルコフ連鎖用の辞書データ作成]

マルコフ連鎖用の辞書データを作成しましょう

**このレッスンの
ポイント**

テキストからマルコフ連鎖用の辞書データを作成するプログラムを作成します。この辞書データを使用して、文章を自動生成します。まずは辞書データの形式を理解して、実際にプログラムを作成します。

マルコフ連鎖の状態遷移図をデータで表す

実際に辞書データを作成する前に、状態遷移図をどのようにデータで表すかについて説明します。Lesson 29に天気予報の状態遷移図が出てきました

が、この各天気から次の天気に遷移する確率（重み）をデータとしてまとめるとweather_dataのように表現できます。

▶ 天気予報の状態遷移をデータとしてまとめる

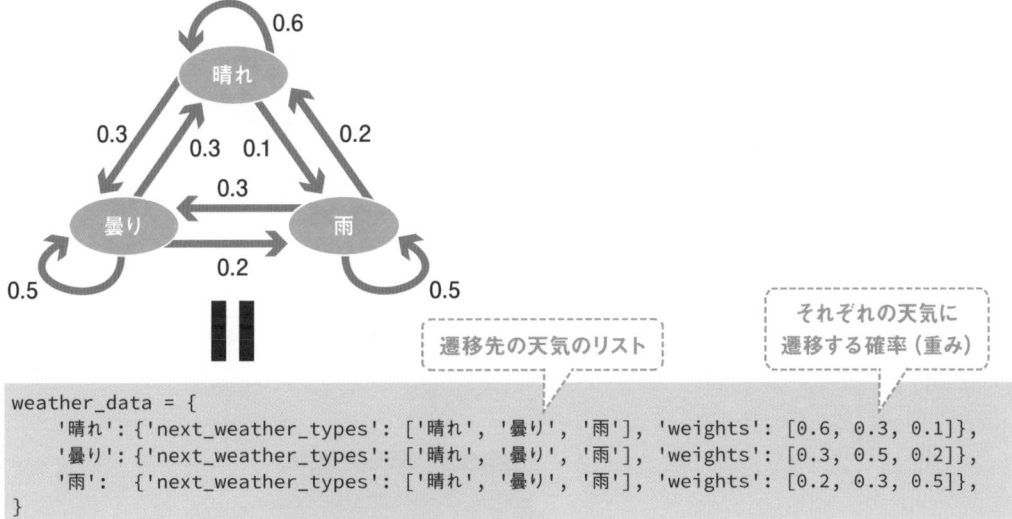

遷移先の天気のリスト

それぞれの天気に
遷移する確率（重み）

```
weather_data = {
    '晴れ': {'next_weather_types': ['晴れ', '曇り', '雨'], 'weights': [0.6, 0.3, 0.1]},
    '曇り': {'next_weather_types': ['晴れ', '曇り', '雨'], 'weights': [0.3, 0.5, 0.2]},
    '雨':  {'next_weather_types': ['晴れ', '曇り', '雨'], 'weights': [0.2, 0.3, 0.5]},
}
```

→ 状態を表すデータから天気のリストを生成する

重みありでランダムに要素を取り出すには、random.choices()関数のweights引数に重みを指定します。たとえば晴れの次の天気を重みありで取得する場合は、60%の確率で晴れが選ばれます。天気の状態を表すデータから、マルコフ連鎖によっ

て生成した天気予報のリストを作成します。初期状態の天気（この場合は「晴れ」）を指定し、次の天気をランダムに取得します。そして、現在の天気からさらに次の天気をランダムに取得し、と繰り返し処理を行うことでリストを生成します。

▶ random.choices()で重みを指定する

```
random.choices(next_weather_types, weights=weights)
```
　　　　　　　選択するリスト　　　　　　　重みのリストを指定

▶ 天気のマルコフ連鎖を生成するコード例

```
import_random

current_weather_=_'晴れ'
markov_weather_list_=_[current_weather] ……天気のリストを格納する領域
for_i_in_range(10):
____next_weather_types_=_weather_data[current_weather]['next_weather_
types'] ……………………………………次の状態（天気)と重みのリストを取得
____weights_=_weather_data[current_weather]['weights']………
____current_weather_=_random.choices(next_weather_types,_weights=weights)
[0] ……………………………………………次の状態（天気)をランダムに取得
____markov_weather_list.append(current_weather) ……取得した天気を追加
markov_weather_list
```

▶ 生成された天気のマルコフ連鎖の例

```
[14]: ['晴れ', '晴れ', '晴れ', '曇り', '雨', '曇り', '曇り', '曇り', '曇り', '晴れ', '晴れ']
```

実行するたびに結果が変わります。

文章の自動生成に使用する辞書データの形式

マルコフ連鎖による文章の自動生成に使用するデータ形式も、先ほどの天気と同様に単語から次の単語に遷移する割合を格納すればよさそうです。ただし、文章としてそれらしいものを生成するためには、少し形式を変えるのが一般的です。

1つ目は開始と終了をマークするということです。天気と異なり文章には始まりと終わりがあるため、開始（BEGIN）と終了（END）も状態として辞書データに格納します。

もう1つは直前の2つの単語から次の単語を取得するということです。文章には「てにをは」の助詞などがあり、直前の1単語だけで次の単語を決めると、意味のある文章になりにくいためです。下の例のように辞書のキーに単語が2つ入ったタプルを使うと実現できます。このようなデータを次の手順パートで作成していきます。

▶ 状態遷移図を辞書データに変換する

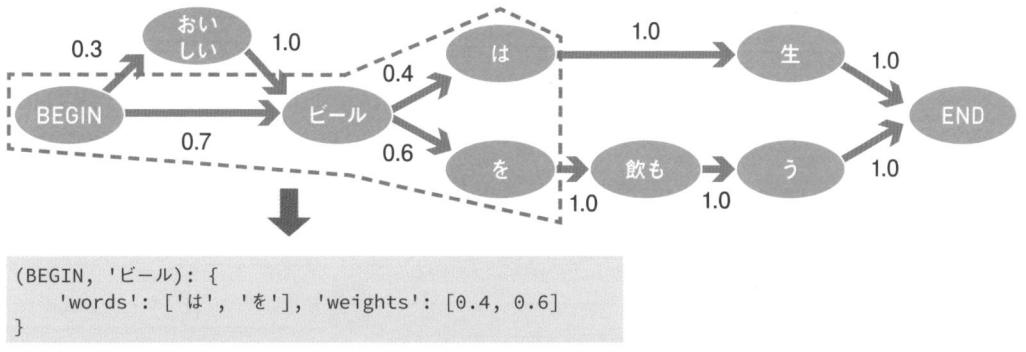

```
(BEGIN, 'ビール'): {
    'words': ['は', 'を'], 'weights': [0.4, 0.6]
}
```

▶ マルコフ連鎖での文章生成用の辞書データ例

```
{
  (BEGIN, 'おいしい): {·················· 辞書のキーとして2単語のタプルを使用する
    'words': ['ビール'], 'weights': [1.0],
  },
  (BEGIN, 'ビール'): {'words': ['は', 'を'], 'weights': [0.4, 0.6]},
  ('おいしい', 'ビール'): {'words': ['は', 'を'], 'weights': [0.4, 0.6]},
  ('ビール', 'は'): {'words': ['生'], 'weights': [1.0]},
  ……中略……
  ('は', '生'): {'words': [END], 'weights': [1.0]},
}
```

Chapter 4 日本語の文章を生成をしよう

⭕ テキストからマルコフ連鎖の辞書データを作成する

1 | 1つの文を3単語ずつの組にする　`chapter4-japanese.ipynb`

マルコフ連鎖での文章の自動生成では、直前の2つの単語から次の単語を予測するのが一般的なため、1つの文を3単語ずつの組（直前の2単語＋次の単語）にします。

JanomeのTokenizerを使用して、文を単語単位にわかち書きします①。単語のリスト（words）の前後に文の開始と終了を表す文字列を追加します②。forループで先頭から順番に3つの単語をセットで取り出して、three_words_listに追加します③。結果は以下のように3つの単語ごとのリストとなります。

```
from_janome.tokenizer_import_Tokenizer

BEGIN_=_'__BEGIN__'········· 文の開始マーク
END_=_'__END__'············· 文の終了マーク

sentence_=_'おいしいビールを飲もう'
                                         1  文を単語にわかち書き
t_=_Tokenizer()
words_=_list(t.tokenize(sentence, wakati=True))
words_=_[BEGIN]_+_words_+_[END]          2  前後に開始、終了マークを追加

three_words_list_=_[]
for_i_in_range(len(words)_-_2):
____three_words_list.append(words[i:i+3])  3  3つの単語を取り出し
three_words_list
```

```
[15]:  [['__BEGIN__', 'おいしい', 'ビール'],
        ['おいしい', 'ビール', 'を'],
        ['ビール', 'を', '飲も'],
        ['を', '飲も', 'う'],
        ['飲も', 'う', '__END__']]
```

3つの単語のリストが作られます。

1つずつずらしながら3つの単語を取り出します。

2 複数の文章から単語の組の出現回数を数える

マルコフ連鎖では重み付けが重要となるので、複数の文章で同様の処理を行い、単語の組の出現回数を数えて重みに使用します。

まずは1つの文章を3単語の組にして返す処理をget_three_words_list関数にまとめます❶。次にsentencesに定義した複数の文章をこの関数で繰り返し処理して、単語のリストを取得します❷。最後に、collectionsモジュールのCounterクラスを使用して、出現回数を数えます❸。結果は('__BEGIN__', 'おいしい', 'ビール')など同じ組み合わせが2回出現しているものがあることがわかります。

```
from collections import Counter

def get_three_words_list(sentence):          1 関数にする
    """文章を3単語の組にして返す"""
    t = Tokenizer()
    words = list(t.tokenize(sentence, wakati=True))
    words = [BEGIN] + words + [END]
    three_words_list = []
    for i in range(len(words) - 2):
        three_words_list.append(tuple(words[i:i+3]))
    return three_words_list

sentences = ['おいしいビールを飲もう', 'ビールを飲もう', 'おいしいビールは生']
three_words_list = []
for sentence in sentences:                   2 複数の文を順番に処理
    three_words_list += get_three_words_list(sentence)
three_words_count = Counter(three_words_list)    3 出現回数を数える
three_words_count
```

```
[16]: Counter({('__BEGIN__', 'おいしい', 'ビール'): 2,
              ('おいしい', 'ビール', 'を'): 1,
              ('ビール', 'を', '飲も'): 2,
              ('を', '飲も', 'う'): 2,
              ('飲も', 'う', '__END__'): 2,
              ('__BEGIN__', 'ビール', 'を'): 1,
              ('おいしい', 'ビール', 'は'): 1,
              ('ビール', 'は', '生'): 1,
              ('は', '生', '__END__'): 1})
```

3単語の組の出現回数が表示されます。

日本語の文章を生成をしよう

Point 3単語の組の出現回数

3単語の組の出現回数を求める部分は少し複雑なので、整理して考えてみましょう。まず元の文章を単語ごとに分割し、少しずつずらすように3単語の組のリストを作成します。それをCounterクラスを利用して数えると、同じ組がまとめられます。

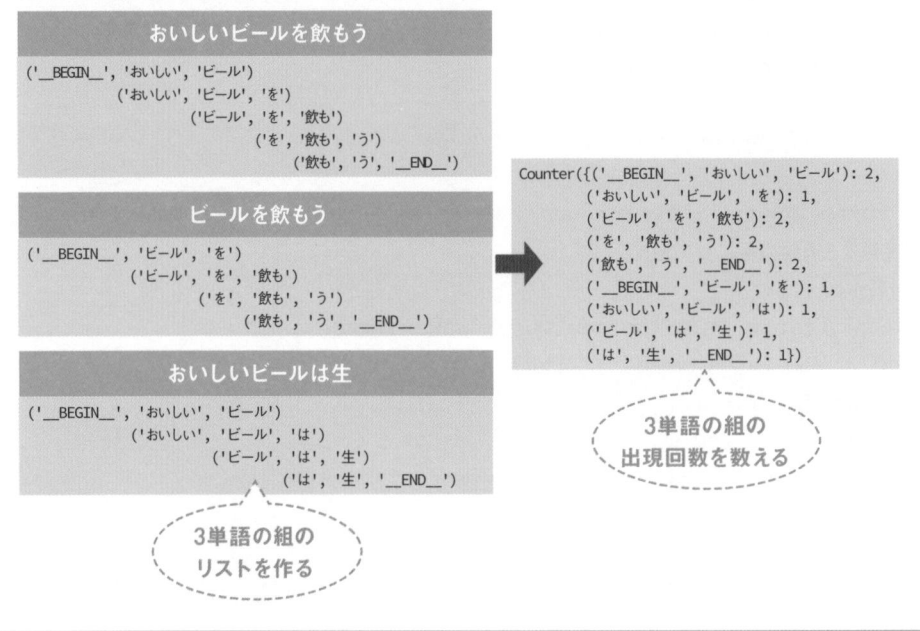

おいしいビールを飲もう

```
('__BEGIN__', 'おいしい', 'ビール')
        ('おいしい', 'ビール', 'を')
                ('ビール', 'を', '飲も')
                        ('を', '飲も', 'う')
                                ('飲も', 'う', '__END__')
```

ビールを飲もう

```
('__BEGIN__', 'ビール', 'を')
        ('ビール', 'を', '飲も')
                ('を', '飲も', 'う')
                        ('飲も', 'う', '__END__')
```

おいしいビールは生

```
('__BEGIN__', 'おいしい', 'ビール')
        ('おいしい', 'ビール', 'は')
                ('ビール', 'は', '生')
                        ('は', '生', '__END__')
```

```
Counter({('__BEGIN__', 'おいしい', 'ビール'): 2,
         ('おいしい', 'ビール', 'を'): 1,
         ('ビール', 'を', '飲も'): 2,
         ('を', '飲も', 'う'): 2,
         ('飲も', 'う', '__END__'): 2,
         ('__BEGIN__', 'ビール', 'を'): 1,
         ('おいしい', 'ビール', 'は'): 1,
         ('ビール', 'は', '生'): 1,
         ('は', '生', '__END__'): 1})
```

3単語の組の
出現回数を数える

3単語の組の
リストを作る

3 マルコフ連鎖用辞書データを作成する

3単語ごとの出現回数のデータ（three_words_count）から、マルコフ連鎖用辞書データを作成します。マルコフ連鎖用辞書データは、キーとして前半2つの単語、値には次の単語とその重み（出現回数）を持ちます。

この機能も再利用するために関数にしておきます。引数 three_words_count からキー（3つの単語）と値（出現回数）を順番に取り出して処理します。3つの単語を前半2つの単語と、次の単語に分割します❶。前半2つの単語が markov_dict 辞書のキーに存在しない場合は、空のデータを生成して値に設定します❷。そして辞書の値に次の単語と回数を追加します❸。

```
def generate_markov_dict(three_words_count):
    """マルコフ連鎖での文章生成用の辞書データを生成する"""
    markov_dict = {}
    for three_words, count in three_words_count.items():
        two_words = three_words[:2]
        next_word = three_words[2]
        if two_words not in markov_dict:
            markov_dict[two_words] = {'words': [], 'weights': []}
        markov_dict[two_words]['words'].append(next_word)
        markov_dict[two_words]['weights'].append(count)
    return markov_dict

markov_dict = generate_markov_dict(three_words_count)
markov_dict
```

1 「前半2つの単語」と「次の単語」に分割

2 辞書に存在しない場合は空データを生成

3 次の単語と回数を追加

```
[17]: {('__BEGIN__', 'おいしい'): {'words': ['ビール'], 'weights': [2]},
       ('おいしい', 'ビール'): {'words': ['を', 'は'], 'weights': [1, 1]},
       ('ビール', 'を'): {'words': ['飲も'], 'weights': [2]},
       ('を', '飲も'): {'words': ['う'], 'weights': [2]},
       ('飲も', 'う'): {'words': ['__END__'], 'weights': [2]},
       ('__BEGIN__', 'ビール'): {'words': ['を'], 'weights': [1]},
       ('ビール', 'は'): {'words': ['生'], 'weights': [1]},
       ('は', '生'): {'words': ['__END__'], 'weights': [1]}}
```

「おいしい」「ビール」の次の単語に
「を」と「は」があります。

Point 2単語をキーに、1単語を値にする

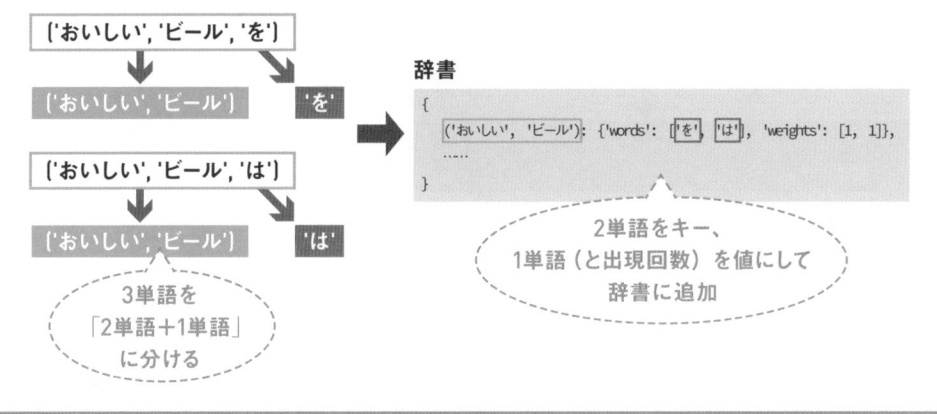

Lesson ┊ [文章の自動生成]
32 マルコフ連鎖で文章を
自動生成しましょう

**このレッスンの
ポイント**

1つ前のLessonで作成したマルコフ連鎖用の辞書データを使用して、文章を自動生成します。次に出現する確率が高い単語を並べているだけなので、生成した文章自体にはあまり意味がありません。生成の仕組みと成果物を確認してください。

➡ 文章を自動生成するアルゴリズム

まずはこれから作成する文章の自動生成プログラムのアルゴリズムを説明します。基本的にはLesson 31の天気のリスト生成と同じですが、文章生成では開始と終了があることと、直前2つの単語から次の単語を取得するところが異なります。

▶ 文章の自動生成アルゴリズム

1. 開始マーク（BEGIN）の次の単語を重みありでランダムに取り出す（最初の単語）　　　'__BEGIN__', 'ビール'

2. 開始マークと最初の単語のペアを元に、次の単語を重みありでランダムに取り出す　　　'__BEGIN__', 'ビール', 'を'

3. 次の単語が終了マーク（END）の場合は、文章を生成して処理を終了

4. 最後の2つの単語をペアにして、次の単語をランダムに取り出す　　　'__BEGIN__', 'ビール', 'を', '飲も'

5. 3.に戻る

defaultdict：デフォルト値が指定できる辞書

手順パートで使用するdefaultdictについて解説します。defaultdictはcollectionsモジュールで提供されている辞書を拡張したクラスです。defaultdictを使うと、キーが存在しない場合の初期値を指定できます。

たとえば、簡単な文字の出現回数を数えるプログラムを考えてみます。defaultdictは辞書と異なりキーの存在チェックをする必要がないため、よりシンプルにプログラムが書けます。

▶ 通常の辞書の場合

```
sentence_=_'あえいうえおあお'
d_=_{}
for_char_in_sentence:      …… 文字ごとに分割
____if_char_in_d:
_____d[char]_+=_1
____else:           ………………… 辞書に存在しない場合は初期値を指定
_____d[char]_=_1
d
```

[18]: {'あ': 2, 'え': 2, 'い': 1, 'う': 1, 'お': 2}

▶ defaultdictを使用した場合

```
from_collections_import_defaultdict

sentence_=_'あえいうえおあお'
dd_=_defaultdict(int)  …………………… intを指定すると、初期値に0が入る
for_char_in_sentence:
____dd[char]_+=_1  ………………… 辞書に登録していないキーでも加算が可能
dd
```

[19]: defaultdict(int, {'あ': 2, 'え': 2, 'い': 1, 'う': 1, 'お': 2})

> defaultdictの引数にはint以外にもlistやdictの他、任意の関数を指定できます。listやdictを指定するとデフォルト値として空のリスト、辞書が使用されます。

● 辞書データから文章を自動生成する

1 最初の単語の出現回数を数える chapter4-japanese.ipynb

文章の自動生成の前に、最初の単語をランダムに選択するためのデータを作成します。Lesson 31で作成した3つの単語ごとの出現回数をまとめたデータ（three_words_count）を使用します。

単語ごとの出現回数を数えるための辞書を作成します。defaultdictの引数にintを指定するとデフォル

ト値が0になります❶。3つの単語と出現回数を辞書のitems()メソッドで取り出します。そのうち最初の単語が、開始マーク（BEGIN）のものを対象とします❷。次の単語（実質は文章の最初の単語）を取り出して、出現回数を加算して重みに使用します❸。

```
from_collections_import_defaultdict


def_get_first_word_and_count(three_words_count):
____"""最初の単語を選択するための辞書データを作成する"""
____first_word_count_=_defaultdict(int) ——————— 1 値がint型のdefaultdictを作成


____for_three_words,_count_in_three_words_count.items():
_____if_three_words[0]_==_BEGIN: ——————— 2 BEGINで始まるもののみを取り出す
_____next_word_=_three_words[1]
_____first_word_count[next_word]_+=_count ——————— 3 出現回数を加算


____return_first_word_count


get_first_word_and_count(three_words_count)
```

```
[20]: defaultdict(int, {'おいしい': 2, 'ビール': 1})
```
- - - → 最初の単語と出現回数の辞書が作成されます。

2 ┆ 辞書データを単語と出現回数のリストにする

単語と出現回数の情報をrandom.choices()に渡しや
すくするために、データ形式を変換します。単語と
出現回数を元にした重みのリストに変換するために、

空のリストを作成します❶。辞書 first_word_count
からデータを取り出し、リストに追加します❷。

```
def get_first_words_weights(three_words_count):
    """最初の単語と重みのリストを作成する"""
    first_word_count = get_first_word_and_count(three_words_count)
    words = []
    weights = []
    for word, count in first_word_count.items():
        words.append(word)
        weights.append(count)

    return words, weights

first_words, first_weights = get_first_words_weights(three_words_count)
first_words, first_weights
```

1 単語と重み（出現回数）を格納するリスト

2 単語と重みをリストに追加

```
[21]: (['おいしい', 'ビール'], [2, 1])
```

最初の単語のリストと出現回数の
リストに変換されます。

3 ┆ 文章の生成関数を作成する

文章を生成するgenerate_text関数を作成します。
random.choices()関数で重みの引数（weights）を指
定し、最初の単語を取得します❶。戻り値はリスト
なので、0番目の要素をfirst_wordに格納します。
文章生成用の単語を格納するリストgenerate_
wordsを作成し、開始マーク（BEGIN）と最初の単語
を格納します❷。単語のリストから最後の2つの単

語を取得し❸、次の単語と重みのリストを取得しま
す❹。
これらの情報からランダムに次の単語を取得します
❺。次の単語が終了マーク（END）の場合はwhileル
ープを抜けます❻。そうでない場合は、リストに単
語を追加します。最後に単語のリストを連結して文
章を作成して返します❼。

```
import random
```

```
def generate_text(first_words, first_weights, markov_dict):
    """入力された辞書データを元に文章を生成する"""
    first_word = random.choices(first_words, weights=first_weights)[0]
    generate_words = [BEGIN, first_word]
    while True:
        pair = tuple(generate_words[-2:])
        words = markov_dict[pair]['words']
        weights = markov_dict[pair]['weights']
        next_word = random.choices(words, weights=weights)[0]
        if next_word == END:
            break
        generate_words.append(next_word)

    return ''.join(generate_words[1:])
```

1 最初の単語を取得

2 文章生成用の単語を格納するリスト

3 最後の2つの単語を取得

4 次の単語と重みのリストを取得

5 次の単語を取得

6 文章が終了した場合はループを抜ける

7 単語のリストからBEGINを抜いて文章を作成

4 | 文章を生成する

generate_text関数を使用して文章を作成します。次のコードは5つの文章をマルコフ連鎖で生成しています。実行するたびに異なる文章が生成されることがわかります。

```
for _ in range(5):
    text = generate_text(first_words, first_weights, markov_dict)
    print(text)
```

おいしいビールを飲もう
おいしいビールを飲もう
ビールを飲もう
おいしいビールは生
おいしいビールを飲もう

実行するたびに異なる文章が生成されます。

複数の文章を入力データとして、マルコフ連鎖で文章が自動生成できるようになりました。入力データを増やすと、さまざまな文章が生成されるようになります。次のLessonでは大量の文章を入力データにしましょう。

33

[大量の文章データの生成]

文章データを取得して
前処理をしましょう

**このレッスンの
ポイント**

マルコフ連鎖で文章を自動生成するための準備が整ったので、大量の文章データを用意します。文章データの中には用途によっては不要なデータも存在します。不要なデータは前処理で取り除きます。

文章データをダウンロードする

本書では例として青空文庫から任意の小説のテキストをダウンロードして使用します。ファイルはZIPファイルで提供されているため、ブラウザで青空文庫のサイトにアクセスしてZIPファイルをダウンロードし、PC上でファイルを展開することも可能です。

しかし、ここではPythonのプログラムでダウンロード、ZIPファイルの展開と文章データの取得までを行います。サードパーティ製パッケージのRequestsと標準ライブラリのio、zipfileを使用します。RequestsについてはLesson 19を参照してください。

▶ **青空文庫から文章データを取得するプログラム**

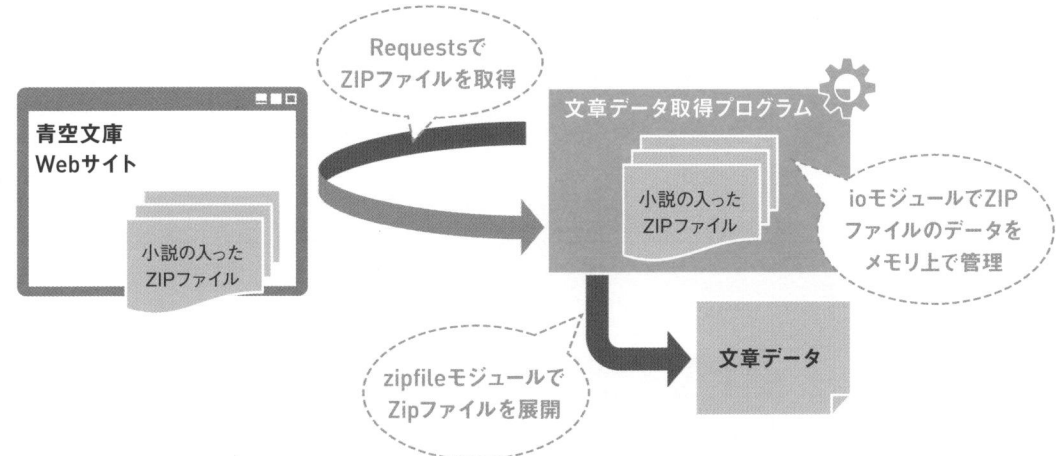

➜ 文章から不要なデータを削除する

文章の自動生成に適切な辞書データを作成するために、不要な文字列を削除する必要があります。どのような文字列を不要と扱うかは元となる文章の形式によりさまざまです。このあとに使用する青空

文庫のテキストには以下のルールがあるので、該当する箇所を削除します。また、行頭の全角空白、読点（、）は不要なので削除し、句点（。）を文章の区切りとしてリストにします。

▶ 青空文庫の記述ルール

- 《》はルビなので削除する　（例）従姉妹《いとこ》→従姉妹
- ｜はルビの付く文字列を特定する記号なので削除する　（例）昔｜気質《かたぎ》→昔気質
- ［＃］は入力者注なので削除する　（例）［＃３字下げ］はしがき→はしがき

▶ 『人間失格』の冒頭から抜粋した文章

　　第二葉の写真の顔は、これはまた、びっくりするくらいひどく変貌《へんぼう》していた。学生の姿である。高等学校時代の写真か、大学時代の写真か、はっきりしないけれども、とにかく、おそろしく美貌の学生である。しかし、これもまた、不思議にも、生きている人間の感じはしなかった。

前処理後

['第二葉の写真の顔はこれはまたびっくりするくらいひどく変貌していた',

␣'学生の姿である',

␣'高等学校時代の写真か大学時代の写真かはっきりしないけれどもとにかくおそろしく美貌の学生である',

␣'しかしこれもまた不思議にも生きている人間の感じはしなかった']

元となるテキストによって前処理の方法は異なります。テキストの中身をよく観察して、適切な前処理を行いましょう。文章の前処理ではPythonの文字列操作や正規表現が活躍します。

⬤ 青空文庫からダウンロードした文章を前処理する

1 ┃ 青空文庫からデータをダウンロードする　`chapter4-japanese.ipynb`

青空文庫のWebサイトにアクセスするために requestsをインポートします❶。requestsはあらかじ めインストールが必要です。インストール手順は Lesson 19を参照してください。 get()関数でZIPファイルのURLにアクセスします❷。

ここでは『人間失格』のファイルを取得しています。 他のファイルのURLは青空文庫のWebサイトで確認 してください。 ZIPファイルの中身を取得してcontent変数に格納し ます❸。

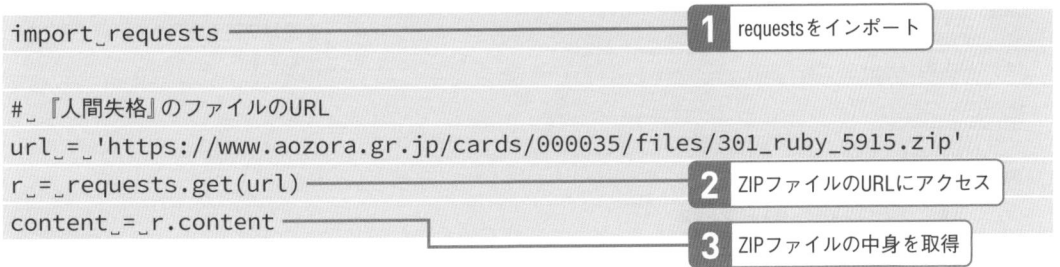

```
import requests                                          ┌─1 requestsをインポート

#_『人間失格』のファイルのURL
url_=_'https://www.aozora.gr.jp/cards/000035/files/301_ruby_5915.zip'
r_=_requests.get(url)                                    ┌─2 ZIPファイルのURLにアクセス
content_=_r.content                                      ┌─3 ZIPファイルの中身を取得
```

2 ┃ ZIPファイルの中身を確認する

バイナリデータとZIPファイルを扱うためにモジュー ルをインポートします❶。io.BytesIOを使用してバイ ナリデータをZIPファイルとして扱えるように変換し

ます❷。zipfile.ZipFileでZIPファイルを開き❸、アー カイブに含まれるファイルの一覧を取得します❹。

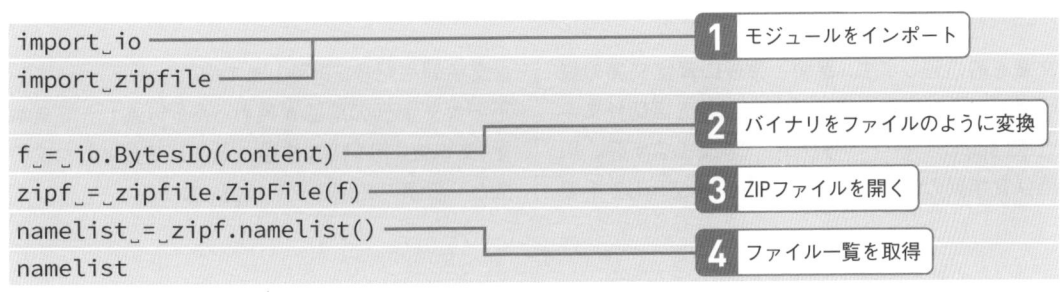

```
import io                                                ┌─1 モジュールをインポート
import zipfile

f_=_io.BytesIO(content)                                  ┌─2 バイナリをファイルのように変換
zipf_=_zipfile.ZipFile(f)                                ┌─3 ZIPファイルを開く
namelist_=_zipf.namelist()                               ┌─4 ファイル一覧を取得
namelist
```

```
[25]: ['ningen_shikkaku.txt']       ----┤ ファイルは1つだけ含まれています。
```

3 小説の文章データを取り出す

ZIPファイルから文章データを取り出します。read()メソッドでZIPファイルから指定したファイルの文章データを取得します❶。文章データはShift_JIS形式となっているため、プログラムで扱いやすくするためにデコードします❷。変換した文章データの先頭500文字を確認します❸。

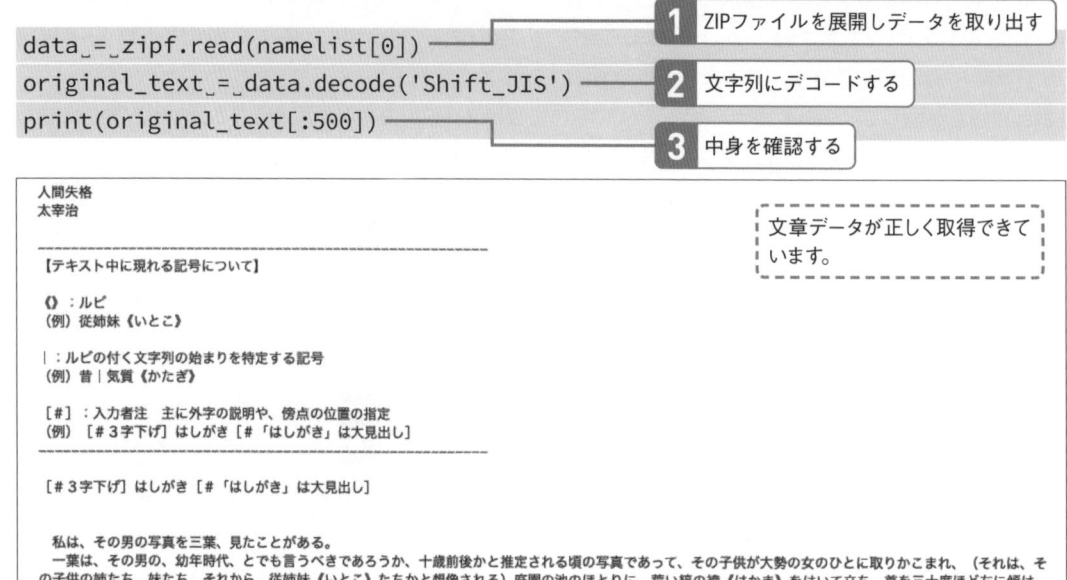

```
data_=_zipf.read(namelist[0])
original_text_=_data.decode('Shift_JIS')
print(original_text[:500])
```

1	ZIPファイルを展開しデータを取り出す
2	文字列にデコードする
3	中身を確認する

人間失格
太宰治

――――――――――――――――――――――――――――――――――
【テキスト中に現れる記号について】

《》：ルビ
（例）従姉妹《いとこ》

｜：ルビの付く文字列の始まりを特定する記号
（例）昔｜気質《かたぎ》

［＃］：入力者注　主に外字の説明や、傍点の位置の指定
（例）［＃３字下げ］はしがき［＃「はしがき」は大見出し］
――――――――――――――――――――――――――――――――――

［＃３字下げ］はしがき［＃「はしがき」は大見出し］

　私は、その男の写真を三葉、見たことがある。
　一葉は、その男の、幼年時代、とでも言うべきであろうか、十歳前後かと推定される頃の写真であって、その子供が大勢の女のひとに取りかこまれ、（それは、その子供の姉たち、妹たち、それから、従姉妹《いとこ》たちかと想像される）庭園の池のほとりに、荒い縞の袴《はかま》をはいて立ち、首を三十度ほど左に傾け、醜く笑っている写真である。醜く？　けれども、鈍い人たち（

> 文章データが正しく取得できています。

4 文章を前処理する

文章を前処理します。冒頭と最後に青空文庫の説明文があるため、本文の最初と最後を区切り文字としてsplit()メソッドを呼び出して削除します❶。以降は文字列の置換や正規表現（re）を使用して不要な文字列や記号を削除します❷。
不要な文字列の削除が終わったら句点（。）で文章を1文単位に分割します❸。最後に生成された文の数と、冒頭の10個の文を確認します。

```
import_re


first_sentence_=_'私は、その男の写真を三葉、見たことがある。'
last_sentence_=_'神様みたいないい子でした'
_,_text_=_original_text.split(first_sentence)
text,___=_text.split(last_sentence)
text_=_first_sentence_+_text_+_last_sentence


text_=_text.replace('|',_'').replace(' ',_'')
text_=_re.sub(' 《\w+》',_'',_text)
text_=_re.sub(' [#\w+]',_'',_text)
text_=_text.replace('\r',_'').replace('\n',_'')
text_=_re.sub('[、「」 ?]',_'',_text)
text_=_re.sub(' (\[^)]+)',_'',_text)
text_=_re.sub(' \[[^\]]+\]',_'',_text)


sentences_=_text.split('。')
print('文の数:',_len(sentences))
sentences[:10]
```

1 青空文庫の説明文を削除

2 不要な文字列を削除

3 「。」で文章を分割

```
文の数: 1177
[27]: ['私はその男の写真を三葉見たことがある',
 '一葉はその男の幼年時代とでも言うべきであろうか十歳前後かと推定される頃の写真であってその子供が大勢の女のひとに取りかこまれ庭園の池のほとりに荒い縞
の袴をはいて立ち首を三十度ほど左に傾け頻く笑っている写真である',
 '醜くけれども鈍い人たちは面白くも何とも無いような顔をして可愛い坊ちゃんですねといい加減なお世辞を言ってもまんざら空お世辞に聞えないくらいの謂わば通
俗の可愛らしさみたいな影もその子供の笑顔に無いわけではないのだがしかしいささかでも美醜に就いての訓練を経て来たひとならひとめ見てすぐなんていやな子供
だと顔る不快そうに呟き毛虫でも払いのける時のような手つきでその写真をほうり投げるかも知れない',
 'まったくその子供の笑顔はよく見れば見るほど何とも知れずイヤな薄気味悪いものが感ぜられて来る',
 'どだいそれは笑顔でない',
 'この子は少しも笑ってはいないのだ',
 'その証拠にはこの子は両方のこぶしを固く握って立っている',
 '人間はこぶしを固く握りながら笑えるものでは無いのである',
 '猿だ',
 '猿の笑顔だ']
```

作成した文の数が表示されます。

冒頭10個の文を確認します。

ダウンロードした小説のテキストデータから、大量の文章データが作成できました。このデータを使用してマルコフ連鎖用辞書データを作成します。

157

Lesson

34

[大量の文章データの処理]

大量の文章データから文章生成用の辞書データを生成しましょう

**このレッスンの
ポイント**

大量の文章データが用意できたので、マルコフ連鎖用辞書データを作成します。大量の文章をプログラムで処理するのは時間がかかるため、tqdmを使用して進捗バーで処理状況を確認する方法についても解説します。

➜ 大量データの処理中に進捗バーを表示する

日本語に限らず、大量のデータを処理するときにはプログラムの実行に時間がかかる場合があります。JupyterLab上でそのような処理を実行すると、処理が進んでいるのか止まっているのかがわかりません。サードパーティ製パッケージのtqdm（https://tqdm.

github.io/）を使用すると進捗バーが表示されるので、処理が進んでいるのか、いつ頃完了予定かを把握できて便利です。for文などで繰り返しの対象となるリストや辞書をtqdm()関数に渡すと進捗バーが表示されます。

▶ tqdmの使い方

```
import time
from tqdm import tqdm
for i in tqdm(range(50)):          tqdm()関数の引数にrange()関数を指定する
    time.sleep(0.5)                0.5秒スリープ
```

```
[*]:  import time
      from tqdm import tqdm
      for i in tqdm(range(50)):  # tqdm()で囲む
          time.sleep(0.5)  # 0.5秒スリープ

      36%|                    | 18/50 [00:09<00:16,  1.98it/s]
```

セルの下に進捗バーが表示される

```
Windows PowerShell            ×   + ∨

(env) PS C:\Users\admin\Desktop\yasapy> python
Python 3.10.8 (tags/v3.10.8:aaaf517, Oct 11 2022, 16:50:30) [MSC v.1933 64 bit (AMD64)] on win32
Type "help", "copyright", "credits" or "license" for more information.
>>> import time
>>> from tqdm import tqdm
>>> for i in tqdm(range(50)):
...     time.sleep(0.5)

40%|                    | 20/50 [00:10<00:15,  1.96it/s]
```

PowerShellの対話モードでも動作する

Chapter 4
日本語の文章を生成をしよう

158

⬤ 大量の文章データからマルコフ連鎖用辞書データを自動生成する

1 tqdmをインストールする

進捗バーを表示するためにtqdmをpipコマンドでインストールします❶。

```
pip install tqdm
```

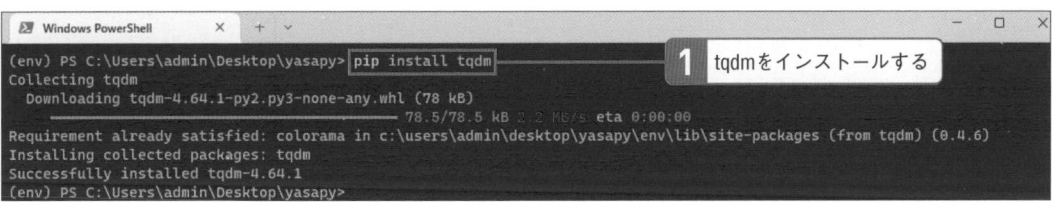

1 tqdmをインストールする

2 3つの単語のリストを作成する `chapter4-japanese.ipynb`

Lesson 31で作成したget_three_words_list()関数を使用して、1つ前のLessonで作成した文章のリスト（sentences）を3単語ずつの組にします。この処理は時間がかかるため、tqdmを使用して処理状況を

進捗バーで表示します❶。処理が終わったら3単語ずつの組の出現回数を数え、何種類あるかを確認します❷。

```
from tqdm import tqdm

three_words_list = []
for sentence in tqdm(sentences):
    three_words_list += get_three_words_list(sentence)
three_words_count = Counter(three_words_list)
len(three_words_count)
```

1 tqdmで進捗バーを表示する

2 3単語の組の種類を確認

```
[*]:    from tqdm import tqdm

        three_words_list = []
        for sentence in tqdm(sentences):   # ❶ tqdmで進捗バーを表示する
            three_words_list += get_three_words_list(sentence)
        three_words_count = Counter(three_words_list)
        len(three_words_count)   # ❷ 3単語の組の種類を確認

        36%|█████        | 426/1177 [00:09<00:16, 44.93it/s]

[29]:   30035
```

進捗バーが表示されます。

処理が完了すると、生成された3単語の組の数が表示されます。

3 マルコフ連鎖用辞書データを作成する

次に3単語ごとの出現回数のデータからマルコフ連鎖用辞書データを作成します。Lesson 31で作成したgenerate_markov_dict()関数を使用します❶。次にLesson 32で作成したget_first_words_weights()関数で最初の単語とその出現回数を取得します❷。それぞれ、件数を確認しています。

1 マルコフ連鎖用辞書データを作成

```
markov_dict_=_generate_markov_dict(three_words_count)
print(len(markov_dict))
first_words,_first_weights_=_get_first_words_weights(three_words_count)
print(len(first_words))
```

2 最初の単語と出現数を取得

```
19742
498
```
それぞれの件数を確認します。

4 文章を自動生成する

文章生成用のデータが揃ったので、Lesson 32で作成した generate_text() 関数を使用して文章を自動生成します。乱数を使用しているため、実行するたびに異なった結果が得られます。

```
for___in_range(5):
____sentence_=_generate_text(first_words,_first_weights,_markov_dict)
____print(sentence)
```

```
まるで地獄だ
自分は子供相手のあまり名前を知らぬ女だったと言っては来ませんでした
検事の顔の半面にべったり赤痣でも抗議めいた事を言ってそれを信じてまた裏がえしにしていたのでした
自分もひょっとしたらいまに二人一緒に電車で横浜に向かいました
自分はまっこうから眉間を割られそうな気配を必死のおしることそれからゆっくり箱の中に在っては笑わせ或る大カフエにだってもっと何か甘いものを見た顔を見ると枕元にヒラメが来るのですここの家をたずねてもいいくらいの伏備をれいの受け身の奉仕それはただ苦痛を覚えるばかりで一向に元気が出たりはいったりしていたのを奇怪とも感じております
```
文章が自動生成されます。

『人間失格』に似た文章が生成されたでしょうか？　元となる文章データを変えると異なる結果が得られるので、ぜひ試してみてください。

Lesson 35

[文章生成コマンドの作成]

文章を自動生成する
botコマンドを作成しましょう

このレッスンの
ポイント

マルコフ連鎖で文章を自動生成するためのデータと関数が作成できました。このデータと関数をpybotに組み込んで、文章を生成して返すコマンドを作成しましょう。また、別プログラムで作成したデータをファイルで受け渡す方法を学びましょう。

→ オブジェクトをファイルに安全に保存する（直列化）

機械学習ではJupyterLabなどで作成したデータを他のプログラムで使用したいことがよくあります。この章では1つ前のLessonで文章データを元に作成した、文章生成用の各種データ（first_words、first_weights、markov_dict）がそれに当たります。オブジェクトをファイルなどに安全に保存するため

に変換することを、プログラミングでは直列化（serialization）といいます。次の図ではプログラムAが持っているオブジェクトを直列化し、別のプログラムBで再構成して同じ内容のオブジェクトを再現しています。

▶ オブジェクトの直列化

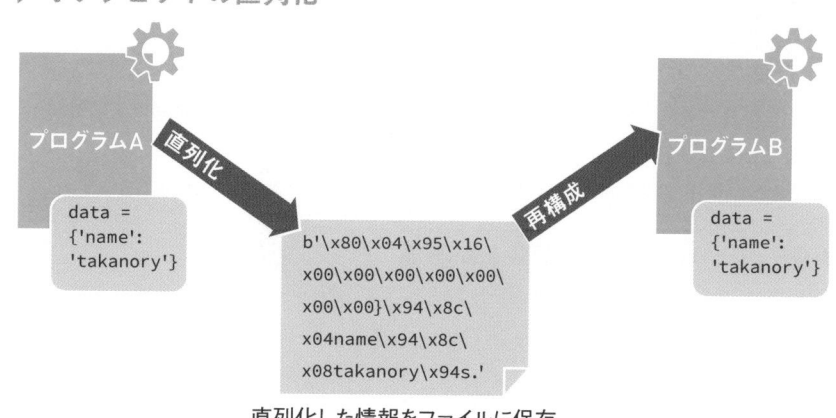

直列化した情報をファイルに保存

pickle：Pythonオブジェクトの直列化モジュール

Pythonではオブジェクトを直列化するために、一般的にpickleモジュールを使用します。pickleモジュールを使用した直列化のことをPythonではpickle化と呼びます。pickle化するとPythonのbytesオブジェク

ト（b'XXXXX'で表現される）になります。

以下は辞書オブジェクトをpickle化（dumps()関数）して、元に戻す（loads()関数）例です。pickleはもっと複雑なオブジェクトについても正しく動作します。

▶ オブジェクトをpickle化する

```
import_pickle ······················pickleモジュールをimport
data_=_{'name':_'takanory'}
pickled_=_pickle.dumps(data) ·····辞書オブジェクトをPickle化
pickled
```

[32]: b'\x80\x04\x95\x16\x00\x00\x00\x00\x00\x00\x00}\x94\x8c\x04name\x94\x8c\x08takanory\x94s.'

▶ pickle化されたbytesオブジェクトから元に戻す

```
data2_=_pickle.loads(pickled) ····bytesオブジェクトを元に戻す
data2
```

```
[33]: {'name': 'takanory'}
```

 ## JSONでの直列化には問題がある

このようなプログラム間のデータのやりとりにはjsonモジュールもよく使われます。では、pickleの代わりにJSON形式を使ってもいいのでしょうか？JSONの場合、表現できないデータ型を直列化する

ときに問題が発生します。以下の例ではタプルがリストに変換されてしまい、datetimeは変換時にエラーが発生します。pickleであればPythonオブジェクトをそのままファイルなどに保存できます。

▶ JSONでは対応していないオブジェクトがある

```
import_json
jsoned_=_json.dumps((1,_2,_3)) ···タプルをJSONにする
json.loads(jsoned) ··················リスト[1,_2,_3]に変換されるためデータ型が変わる
```

```
from_datetime_import_datetime
jsoned_=_json.dumps(datetime.now()) ····エラーが発生する
```

● 文章生成（マルコフ）コマンドを作成する

1 データをファイルに保存する `chapter4-japanese.ipynb`

pickle モジュールを使用して、文章生成に使用する各種データをファイルに保存します。JupyterLab上で以下のコードを実行します。

保存用のファイルをバイナリの書き込みモード（wb）で開きます❶。保存するデータは1つのオブジェク

トである必要があるため、タプルにまとめます❷。dump() 関数でデータをpickle化し、ファイルに書き込みます❸（ファイルに直接書き込む場合はdump()関数を使用します）。

```
import_pickle

with_open('markov-dict.pickle',_'wb')_as_f:
____data_=_(first_words,_first_weights,_markov_dict)
____pickle.dump(data,_f)
```

1 ファイルをバイナリ書き込みモードで開く
2 3つのデータをタプルにまとめる
3 dataをpickle化して書き込む

2 pickle化したファイルを移動する

pickle化したデータが格納されたファイルmarkov-dict.pickleが作成されたので、このファイル

を [pybotweb] フォルダーに移動します。pybotについてはLesson 16を確認してください。

3 文章生成コマンドを作成する `pybot_markov.py`

Lesson 32で作成したgenerate_text()関数を使用して、文章生成コマンドを作成します。pybotwebのフォルダーに新規ファイルとして「pybot_markov.py」を追加し、以下のmarkov_command()関数を作成します。元の関数から変更した点としては、文章生成に使用する各種データの受け渡し方です。データを格納したファイルをバイナリモードで開き❶、そのファイルからpickleモジュールを使用して各種データを再構成します❷（ファイルから直接読み込む場合はloads()関数ではなくload()関数を使用します）。

```python
001 import random
002 import pickle
003
004 BEGIN = '__BEGIN__'  # 文の開始マーク
005 END = '__END__'  # 文の終了マーク
006
007 def generate_text(first_words, first_weights, markov_dict):
008     """入力された辞書データを元に文章を生成する"""
009     first_word = random.choices(first_words, weights=first_weights)[0]
010     generate_words = [BEGIN, first_word]
011     while True:
012         pair = tuple(generate_words[-2:])
013         words = markov_dict[pair]['words']
014         weights = markov_dict[pair]['weights']
015         next_word = random.choices(words, weights=weights)[0]
016         if next_word == END:
017             break
018         generate_words.append(next_word)
019
020     return ''.join(generate_words[1:])
021
022 def markov_command():
023     """マルコフ連鎖用の各種データを読み込み、文章を生成する"""
024     with open('markov-dict.pickle', 'rb') as f:
025         first_words, first_weights, markov_dict = pickle.load(f)
026
027     return generate_text(first_words, first_weights, markov_dict)
```

1 ファイルをバイナリ読み込みモードで開く

2 ファイルからデータを再構成

4 | pybotに組み込む `pybot.py`

「pybot.py」を修正して、作成したマルコフコマンドをpybotで利用できるようにします。「マルコフ」とい

うコマンド名が入力されたら、markov_command()関数を呼び出すようにします❶。

```
……省略……
006 from_pybot_markov_import_markov_command
    ……省略……
042 def_pybot(command,_image=None):
    ……省略……
068 _____if_'書籍'_in_command:
069 _____response_=_book_command(command)
070 _____if_'マルコフ'_in_command:
071 _____response_=_markov_command()
072
073 _____if_not_response:
074 _____response_=_'何ヲ言ッテルカ、ワカラナイ'
075 _____return_response
    ……省略……
```

1 コマンドを追加

👍 ワンポイント Janome以外の形態素解析ライブラリ

形態素解析用のライブラリはJanome以外にもさまざまなものが開発されています。
Janomeはすべて Pythonで書かれているため導入が簡単な反面、大量のテキストを処理するときにパフォーマンス的に劣る部分があります。その場合は以下のライブラリも選択肢に入れてみてください。

MeCab(メカブ) : https://taku910.github.io/mecab/
SudachiPy(スダチパイ) : https://github.com/WorksApplications/sudachi.rs/tree/develop/python

5 | pybot Webアプリケーションからマルコフコマンドを実行する

PowerShell上で「python pybotweb.py」を実行して pybotサーバーを起動します。ブラウザで「http://localhost:8080/hello」にアクセスして、pybot Webア

プリケーションの画面を開き、「マルコフ」と入力して送信しましょう❶。マルコフコマンドが実行され、自動生成された文章が表示されます。

pybot Webアプリケーション

メッセージを入力してください: マルコフ

画像を選択してください: ファイルを選択 選択されていません

送信

- 入力されたメッセージ:
- pybotからの応答メッセージ:

> **1** 「マルコフ」と入力

pybot Webアプリケーション

メッセージを入力してください:

画像を選択してください: ファイルを選択 選択されていません

送信

- 入力されたメッセージ: マルコフ
- pybotからの応答メッセージ: 惚れられる事のようになります

> 実行するたびに生成される文章は変化します。

pybot Webアプリケーション

メッセージを入力してください:

画像を選択してください: ファイルを選択 選択されていません

送信

- 入力されたメッセージ: マルコフ
- pybotからの応答メッセージ: 実によく笑うのです

pybot Webアプリケーション

メッセージを入力してください:

画像を選択してください: ファイルを選択 選択されていません

送信

- 入力されたメッセージ: マルコフ
- pybotからの応答メッセージ: その年の暮自分は人間というものが見当つかないのを黙って寝ていた

> 文章の自動生成コマンドができました。サンプルの『人間失格』以外にも自分のツイートや他の小説などを利用して、自分だけの文章生成コマンドを作成してみましょう。

Chapter

5

手書きの文字を
認識しよう

このChapterでは手書き文字
認識を通して、画像の前処理や、
機械学習で内容の予測を行う
方法を学んでいきます。

36

[手書き文字認識]

手書き文字認識について
知りましょう

**このレッスンの
ポイント**

このLessonでは、**手書き文字認識の全体の流れを俯瞰します。**手書き文字認識における「**データ収集**」「**前処理**」「**学習**」「**予測**」それぞれの目的と作業の概要を理解しましょう。次のLesson以降で各ステップの目的を見失ったらこのLessonに立ち戻ってください。

➡ 手書き文字認識とは

手書き文字認識では、人間が手書きした文字が1文字だけ書かれた画像をコンピューターに渡し、書かれている文字を予測させます。コンピューターに文字を予測させるまでの流れは、下図のように大きく4つのステップに分かれます。それぞれのステップで何を行うのか見ていきましょう。

▶ **手書き文字認識の流れ**

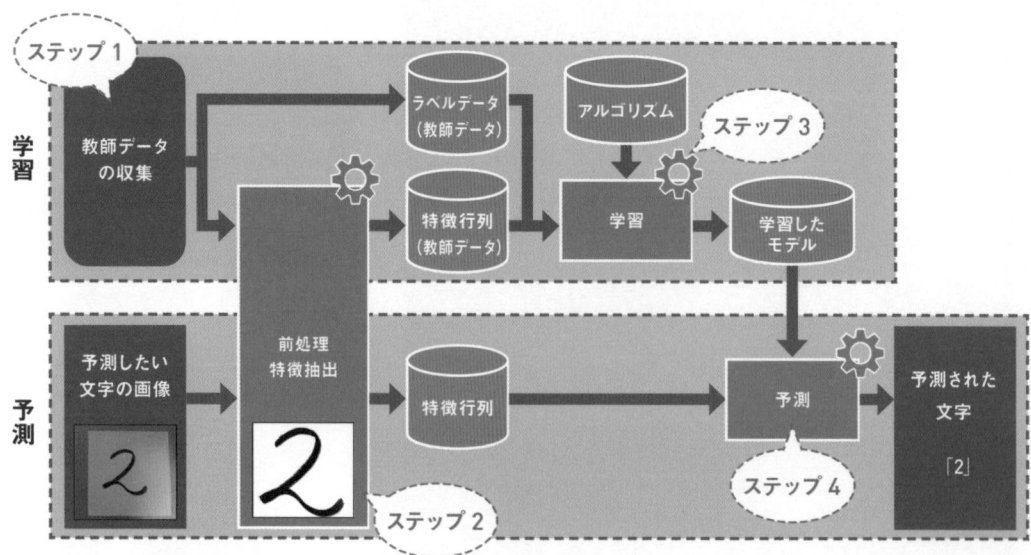

教師データを収集する

Chapter 1で学んだ通り、教師あり学習には、学習に使う正解データが必要です。この正解データは「教師データ」と呼ばれます。本書ではすでに用意されているデータを用いるので、教師データの収集は省略しますが、手書き文字データの収集がどのように行われるのか、一般的な流れを説明しましょう。たとえば、コンピューターに数字（アラビア数字）を予測させたいとします。画像の数字をコンピューターに予測させるには、コンピューターに学習させる教師データとして、数字が手書きされた画像を用意する必要があります。そこで、協力してくれる人を

集めて、0から9までの文字をそれぞれ数個ずつ書いてもらいます。こうして集めた文字を1文字ずつ画像としてコンピューターに取り込み、取り込んだ画像に何が書かれているかを、まずは人間が識別して印を付けていきます。

このように、画像に書かれた手書き文字を人間が識別する作業を「ラベル付け」と呼び、識別された「4」や「2」などの値を「ラベル」と呼びます。本書で利用する教師データも、このように数十人の協力者に文字を書いてもらうことで集められたものです。

▶ 教師データを集める

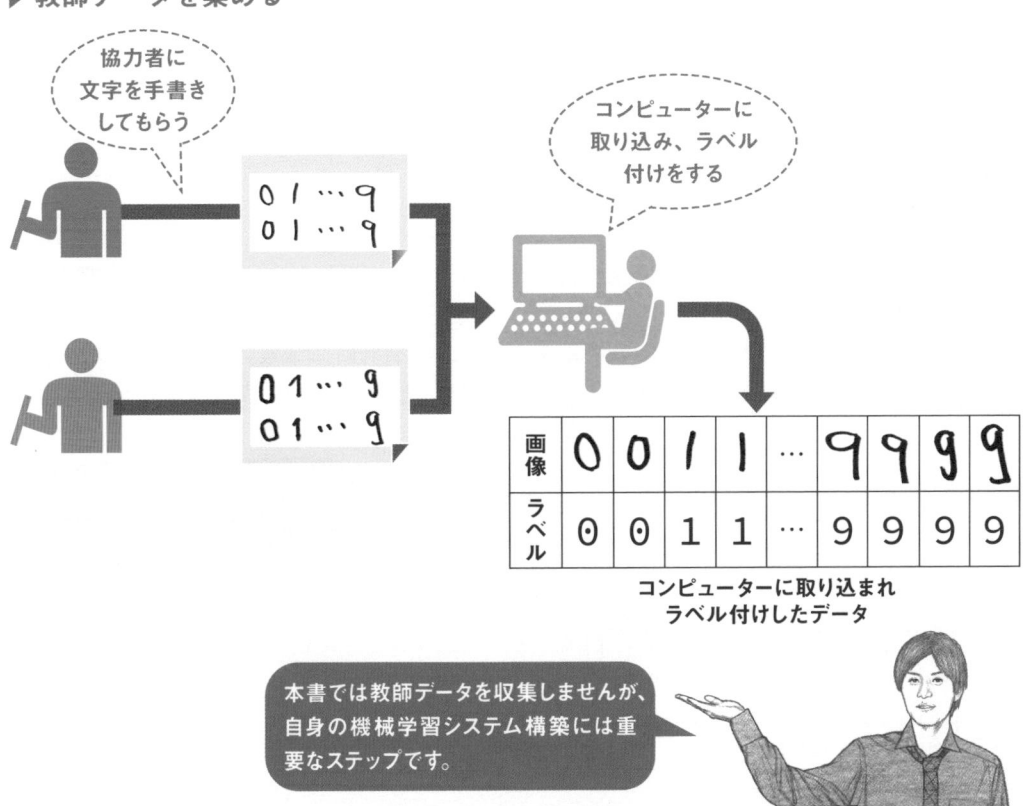

コンピューターに取り込まれ
ラベル付けしたデータ

本書では教師データを収集しませんが、自身の機械学習システム構築には重要なステップです。

前処理で不要な情報を取り除く

前処理では、文字を識別するのに不要な情報を画像から取り除きます。手書き文字の画像には、文字の識別に不要な情報が含まれています。たとえば、文字色や背景色が異なる、影が映り込んでいる、文字の角度や大きさが異なるなどです。赤い文字で大きく書かれた「1」と青い文字で小さく書かれた「1」が、同じく「1」であるように、文字の書かれ方や画像内での文字の映り方は、文字そのものの特徴ではありません。そのため、前処理で色を白黒に統一したり、文字の大きさを揃えたりして、このような不要な情報を取り除きます。

▶ 書かれ方の異なる「1」を前処理する

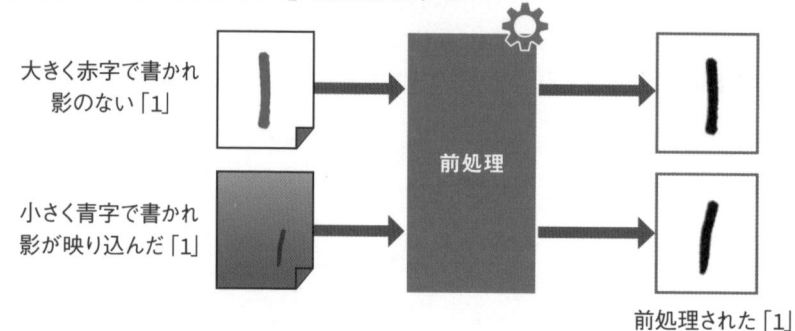

大きく赤字で書かれ
影のない「1」

小さく青字で書かれ
影が映り込んだ「1」

前処理

前処理された「1」

特徴抽出とは？

特徴抽出では、機械学習で画像から文字を予測するために必要な情報のみを取り出します。このように、機械学習で予測するために抽出された情報は、「特徴量」や「特徴ベクトル」と呼ばれます。
また、複数の特徴ベクトルを並べたものを「特徴行列」と呼び、特徴ベクトルに含まれる個々の数値を「特徴」と呼びます。
「ベクトル」「行列」は高校数学で習う「ベクトル」「行列」のことですが、身構える必要はありません。

▶ 特徴、特徴ベクトル、特徴行列

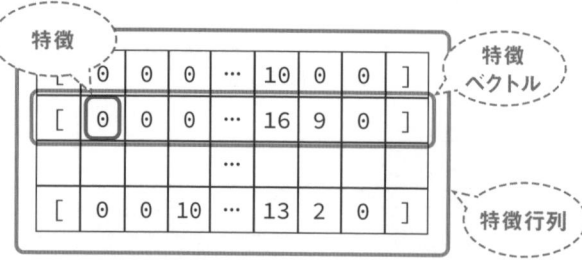

特徴

特徴
ベクトル

特徴行列

本書の範囲では、「ベクトル」は単に「いくつかの数値の並び」、「行列」は「ベクトルを並べたもの」と考えてください。

前処理された手書き文字認識を特徴ベクトル化する

前処理された手書き文字の画像を特徴ベクトル化する方法はいくつかあります。たとえば、画像の中の線や形を検出して特徴ベクトル化する、画像の各ピクセルの濃さを表した数値の列を作る（下図を参照）などです。本書では理解しやすい後者の方法を用いて、特徴ベクトルを抽出します。

▶ 手書き文字の「5」からの特徴抽出の一例

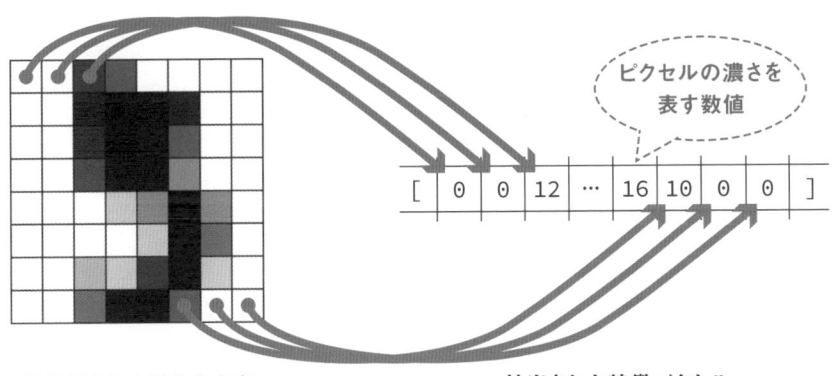

ピクセルの濃さを表す数値

[0 0 12 … 16 10 0 0]

前処理された手書き文字　　　　抽出された特徴ベクトル

手書き文字認識は「分類」を行う教師あり学習

手書き文字認識は教師あり学習です。Chapter 1で学んだように、教師あり学習ではラベルと教師データから抽出した特徴とアルゴリズムを使って学習を行います。また、Chapter 1で、教師あり学習には「分類」と「回帰」の2種類があると学んだことを思い出してください。手書き文字認識は、「分類」を行う教師あり学習といえます。なぜなら手書き文字認識は、コンピューターに渡した手書き文字が、コンピューターが学習済みのいくつかの文字のうち、どの文字に「分類」されるかを予測する問題であるためです。したがってアルゴリズムには、分類を行うアルゴリズムを利用します。このChapterでは、「ロジスティック回帰」と「ランダムフォレスト」というアルゴリズムを利用します。

学習が終わったら、新しい手書き文字を用意して予測させます。

37

[機械学習ライブラリのインストール]
必要なライブラリを
インストールしましょう

**このレッスンの
ポイント**

ライブラリを用いると前処理や学習、予測を手軽に行うことができます。
ここでは前処理のためにPillow(ピロウ)とNumPy(ナムパイ)、学習と
予測のためにscikit-learn(サイキットラーン)というライブラリをイン
ストールします。

➡ 必要なライブラリ

このChapterでは、前処理と学習、予測の段階で、
3つのサードパーティ製のライブラリを用います。1
つは手書き文字の学習と予測に用いるscikit-learnで、
もう1つは前処理で画像の整形に用いるPillow、最

後の1つは前処理でデータの整形に用いるNumPy
です。加えて画像を表示するためにMatplotlibを使
用します。

▶ 使用するライブラリの概要

scikit-learn	Python製の機械学習ライブラリ。scikit-learnには、本書で利用する教師あり学習のアルゴリズムをはじめ、教師なし学習のアルゴリズムや、モデル評価のためのツールが用意されている。英語だが、公式サイトには各アルゴリズムの解説やチュートリアル、実装例が掲載されている
Pillow	Pythonで画像を加工するためのライブラリ。Pillowを用いると、切り抜きなど画像の加工ができる。このChapterではPillowを用いて、自分が手書きした文字の画像を整形する
NumPy	機械学習などで科学計算を行うためのライブラリ。numpyを使うと科学計算を簡単に高速に行えるため、本書で利用するscikit-learnをはじめ、機械学習を扱うライブラリで広く利用されている
Matplotlib	グラフを書き出すためのライブラリ。JupyterLab上で使うと、JupyterLab上にグラフを表示できる。また、JupyterLabに画像も表示できるため、このChapterでは手書き文字の表示にもmatplotlibを用いる

● 手書き文字認識に必要なライブラリをインストールする

1 scikit-learnとPillow、NumPy、Matplotlibをインストールする

仮想環境でpipコマンドを用いて scikit-learnとPillow、NumPy、matplotlibをインストールします。次のコマンドを実行するとscikit-learnとPillow、NumPy、

Matplotlibがインストールされます ①。執筆時点での 最新版は、scikit-learn 1.1.3、NumPy 1.23.5、Pillow 9.3.0、Matplotlib 3.6.2です。

```
pip install scikit-learn pillow numpy matplotlib
```

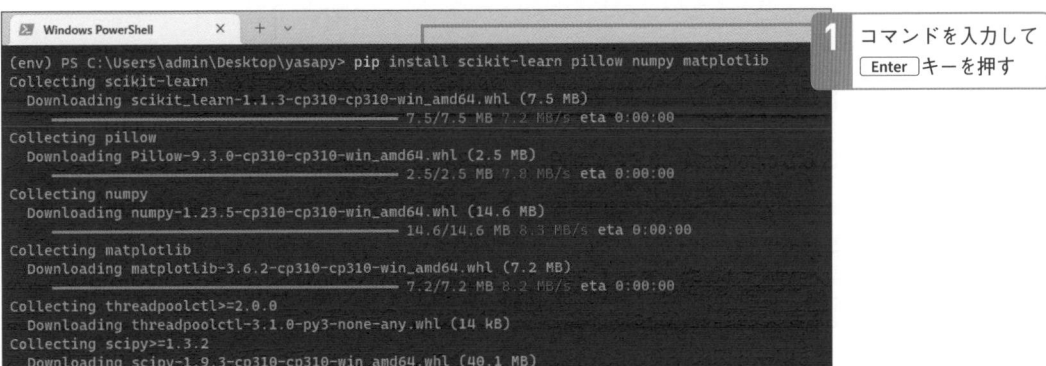

1 コマンドを入力して Enter キーを押す

2 Notebookファイルを作成する chapter5-moji.ipynb

次にこのChapterで使用するNotebookファイルを作成します。JupyterLabを起動したら、ランチャーの「Notebook」から [Python 3] を選択して新規Noteboookファイルを

作成します。作成したNotebookファイルのタイトルを「chapter5-moji」に変更します。 ①。

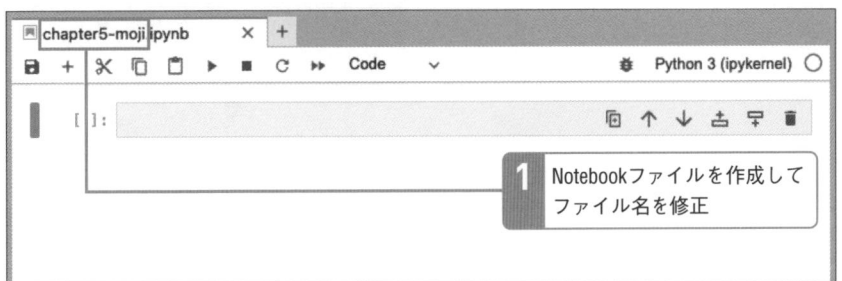

1 Notebookファイルを作成して ファイル名を修正

scikit-learnのデータセットを使ってみましょう

このレッスンの
ポイント

> このLessonでは、scikit-learnの手書き文字データセットの扱い方を学びます。このLessonで紹介する手書き文字データセットは、次のChapter以降で手書き文字認識に利用します。データセットの構造を理解しておきましょう。

➔ scikit-learnのデータセットを利用する

scikit-learnには、手書き文字のデータセットをはじめ、さまざまなデータセットが含まれており、機械学習を学ぶのに利用できます。たとえば、「Iris（アイリス）データセット」と呼ばれるアヤメのデータセットや、ワインの種類を分類するためのデータセットなどが含まれています。これらscikit-learnに含まれるデータセットは、sklearn.datasetsモジュール内の関数を使って読み込むことができます。

本書ではscikit-learnに含まれる手書き文字のデータセットを利用します。元々このデータセットは、カリフォルニア大学アーバイン校（UCI）で作成、配布されていたものです。0から9までの手書きされた数字が合計で約1,800件含まれています。それぞれの数字は8ピクセル四方のグレースケールの画像データです。本書では、このデータセットを「UCIの手書き数字データセット」と呼びます。

▶ UCIの手書き数字データセットの概要

含まれる文字	0から9までの10種類の数字
合計データ数	1,797 件
画像のサイズ	8ピクセル四方
色	17色のグレースケール

> scikit-learnは、分類だけでなく、回帰に使うデータセットも含んでいます。たとえば、ボストンの住宅価格のデータセットなどがあり、回帰を学ぶのに活用できます。

UCIの手書き数字データセットのデータ構造

UCIの手書き数字データセットは2種類のデータから構成されます。1つ目のデータは特徴行列、2つ目のデータはラベルデータです。Lesson 36で学んだ通り、特徴行列は特徴ベクトルを並べたもので、1つの特徴ベクトルは1件のデータの特徴を表しています。

下図のように、UCIの手書き数字データセットの特徴ベクトルは、画像の各点の濃さを0から16で表し、一列に並べたものです。この画像は8ピクセル四方なので、1つの特徴ベクトルには、64（8×8）個の特徴が含まれます。データセットは1,797件の特徴ベクトルから成り、特徴ベクトルは64個の特徴から成るので、特徴行列は1,797行64列の数値の並びと考えられます。

一方のラベルデータは、各画像に何という数字が書かれているかを表す、画像データ個数分の整数のデータです。特徴行列とラベルデータには対応関係があり、たとえば、ラベルデータの1番目には、特徴行列の1行目の画像データに書かれた数字が入っています。

▶ UCIの手書き数字データセットの特徴ベクトル

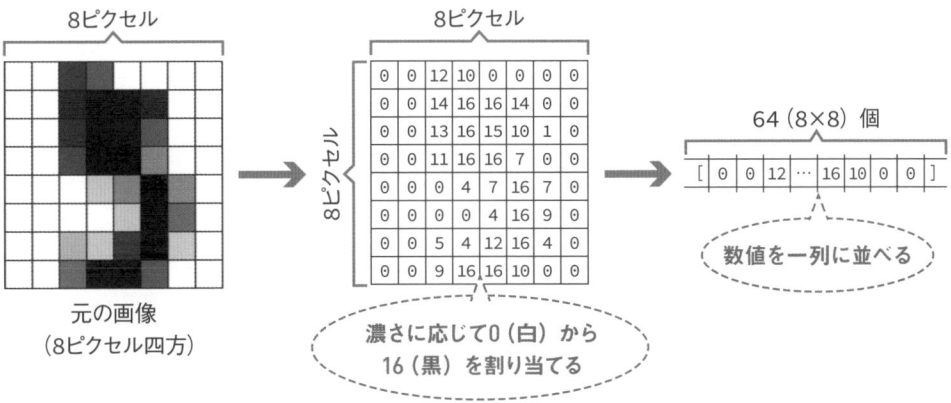

▶ UCIの手書き数字データセットのデータ構造

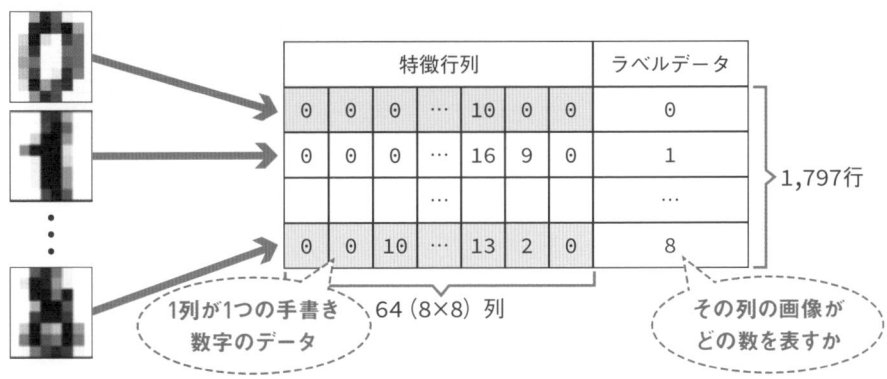

Chapter 5

手書きの文字を認識しよう

NumPyのndarray

UCIの手書き数字データセットの特徴行列とラベルデータは、NumPyのndarrayと呼ばれるデータ型になっています。ndarrayは、Pythonのリストと同じく複数のデータを並べたデータです。リストと異なるのは、リストのようにただ一列にデータを並べるだけでなく、縦（列）方向と横（行）方向にデータを並べられる点です。リストのように一列にデータを並べたndarrayを「1次元のndarray」と呼び、行と列を持つndarrayを「2次元のndarray」と呼びます。

たとえば、特徴行列は行と列を持ちますから2次元のndarrayで、特徴ベクトルはただの数字の並びですから1次元のndarrayとなります。ndarrayのデータの並べ方はshapeと呼ばれ、ndarrayのshapeを確認するには.shape属性を参照します。.shapeを参照すると何行何列のデータであるかがわかるため、データの.shapeを確認するとデータが何件含まれているかを確認できます。慣習的に、2次元のndarrayの入った変数は、Xなどの大文字の変数で表します。

▶ ndarrayのshapeを確認する

ndarray

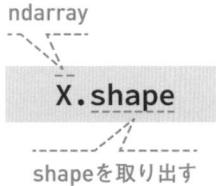

shapeを取り出す

▶ さまざまなshapeのNumPy ndarrayの例

shapeの値	例	次元
(3,)	array([89, 57, 94])	1
(1, 3)	array([[82, 59, 93]])	2
(3, 1)	array([[64], [33], [69]])	2
(3, 3)	array([[29, 18, 21], [17, 98, 26], [39, 71, 3]])	2

(3,) と (1, 3) の見た目はそっくりですが、別物です。(3,) に行と列と区別がない一方、(1, 3) には行と列の区別があります。紛らわしいので注意して扱いましょう。

Chapter 5 手書きの文字を認識しよう

● UCIの手書き数字データセットを表示してみよう

1 UCIの手書き数字データセットを読み込む `chapter5-moji.ipynb`

scikit-learnのload_digits()関数を呼び出して、UCIの手書き数字データセットを読み込んでみましょう。load_digits()にreturn_X_y=True引数を指定すると、特徴行列とラベルデータのみが返されます。

return_X_yなしで呼び出すと、データセットの説明など学習に不要な情報が返ります。
戻り値の特徴行列とラベルデータは、それぞれXとyに代入します❶。

```
from_sklearn_import_datasets
```

```
X,_y_=_datasets.load_digits(return_X_y=True) ──── ❶ 特徴行列とラベルデータを代入
```

Point Import Errorが表示された場合は

Windowsで「ImportError: DLL load failed: 指定されたモジュールが見つかりません。」というエラーが出た場合は、「Microsoft Visual C++ 再頒布可能パッケージ」をインストールしてください。Visual C++ 再頒布可能パッケ

ージは、https://learn.microsoft.com/ja-JP/cpp/windows/latest-supported-vc-redist で「vc_redist.x64.exe」という名前で配布されています。

2 特徴行列を表示する

変数Xに特徴行列が代入されています。JupyterLabでXとだけ入れて実行すると❶、中身が表示されます。

```
X ──── ❶ 特徴行列を入れたXを表示
```

```
[3]: array([[ 0.,  0.,  5., ...,  0.,  0.,  0.],
            [ 0.,  0.,  0., ..., 10.,  0.,  0.],
            [ 0.,  0.,  0., ..., 16.,  9.,  0.],
            ...,
            [ 0.,  0.,  1., ...,  6.,  0.,  0.],
            [ 0.,  0.,  2., ..., 12.,  0.,  0.],
            [ 0.,  0., 10., ..., 12.,  1.,  0.]])
```

> 慣習的に、行列は大文字の英字、ベクトルは小文字の英字の変数名を付けます。また、特徴行列には X 、ラベルデータには y という変数名がよく付けられます。

> この数字の並びが手書き文字から抽出された特徴ベクトルです。この数字の並びから機械学習のアルゴリズムは文字を学習します。

3 特徴行列のshapeを確かめる

特徴行列Xには1,797件の画像データが含まれ、それぞれの画像データには64ピクセル（8ピクセル×8ピクセル）分のデータが含まれています。したがって、Xのshapeは(1797, 64)になります。実際にX.shapeを表示して確かめてみましょう❶。

```
X.shape
```
1 特徴行列を入れたXのshapeを表示

```
[4]: (1797, 64)
```
特徴ベクトルの数と、1つの特徴ベクトル内の特徴の数が表示されます。

4 ラベルデータを見てみる

次に変数yに代入したラベルデータを見てみましょう❶。

```
y
```
1 ラベルを入れたyを表示

```
[5]: array([0, 1, 2, ..., 8, 9, 8])
```

5 ラベルデータのshapeを確かめる

ラベルデータyの要素数を表示してみましょう。yには画像データの個数分だけデータが入っていますから、yのshapeは(1797,)になります。.shape属性を参照してyの要素数を確かめましょう❶。

```
y.shape
```
1 ラベルを入れたyのshapeを表示

```
[6]: (1797,)
```
ラベルの数と特徴ベクトルの数が等しいことがわかります。

Point X、y、shapeが表すもの

ここで表示した数値は、特徴行列とラベルデータの各部に対応しています。

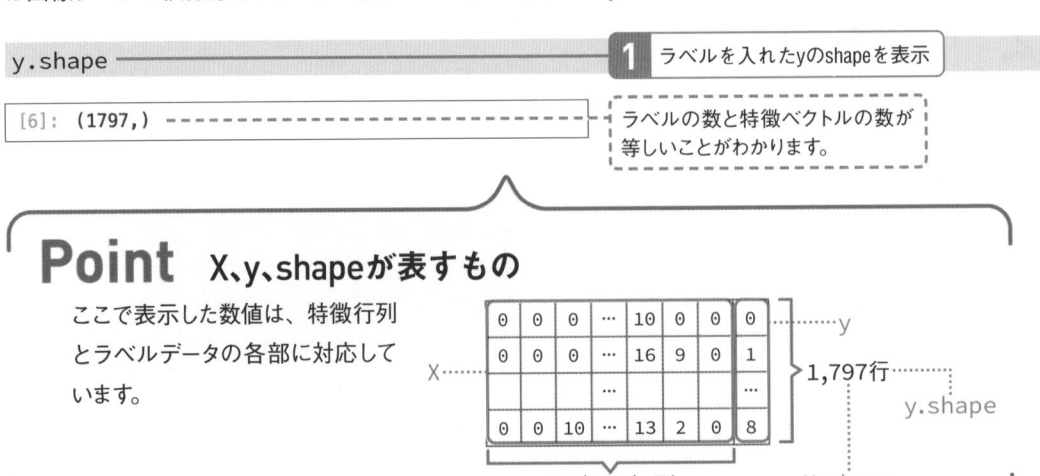

Lesson
39

[画像データの表示]

読み込んだ画像を
表示してみましょう

このレッスンの
ポイント

データの理解を深めたり、データに対する誤解を防いだりするためにも、データを目で見て確かめることが大切です。このLessonでは、UCIの手書き数字データをJupyterLabに画像として表示する方法を紹介します。

→ NumPyのndarrayからデータを取り出す

UCIの手書き数字データセットを画像として
JupyterLab上に表示するには、まず特徴行列から1
件の特徴ベクトルを取り出す必要があります。特徴
行列は行と列を持つ2次元のndarrayで、Lesson 36
で紹介した通り各行に特徴ベクトルが入っています。
したがって特徴行列から特徴ベクトルを取り出すに
は、2次元のndarrayから行を取り出します。

2次元のndarrayから特定の行を取り出すには、X[0]
のように取り出す行のインデックスを指定します。
行は1次元のndarrayとして取り出されます。また、1
次元のndarrayからデータを取り出す場合も、同様
の書式で「1次元のndarray[インデックス]」となりま
す。Pythonのリストと同じく、いずれもインデック
スは0始まりの整数です。

▶ 2次元のndarrayから行を取り出す

X[0]

2次元のndarray　　取り出したい行のインデックス

	特徴行列						ラベルデータ
0	0	0	...	10	0	0	0
0	0	0	...	16	9	0	1
			...				...
0	0	10	...	13	2	0	8

X[0] ········

···· y[1796]

▶ 1次元のndarrayからデータを取り出す

y[1796]

1次元のndarray　　取り出したいデータのインデックス

1次元のndarrayを2次元のndarrayに変形する

特徴ベクトルは1次元のndarrayですから、行と列の区別がありません。UCIの手書き数字データセットの場合、特徴ベクトルには画像データが入っていますが、各ピクセルが一列に並んでいるだけで、元の画像の形はわかりません。JupyterLabに画像として表示するには、まず画像が8ピクセル四方であることを教えてあげる必要があります。

ndarrayの reshape()メソッドを使うことで、1次元のndarrayを高さと幅（行と列）のある2次元のndarrayに変形できます。

▶ reshape()メソッドの使い方

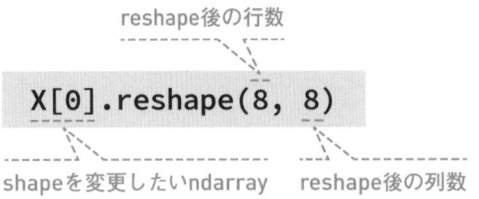

reshape後の行数

```
X[0].reshape(8, 8)
```

shapeを変更したいndarray　　reshape後の列数

▶ reshape()メソッドでndarrayの形を変える

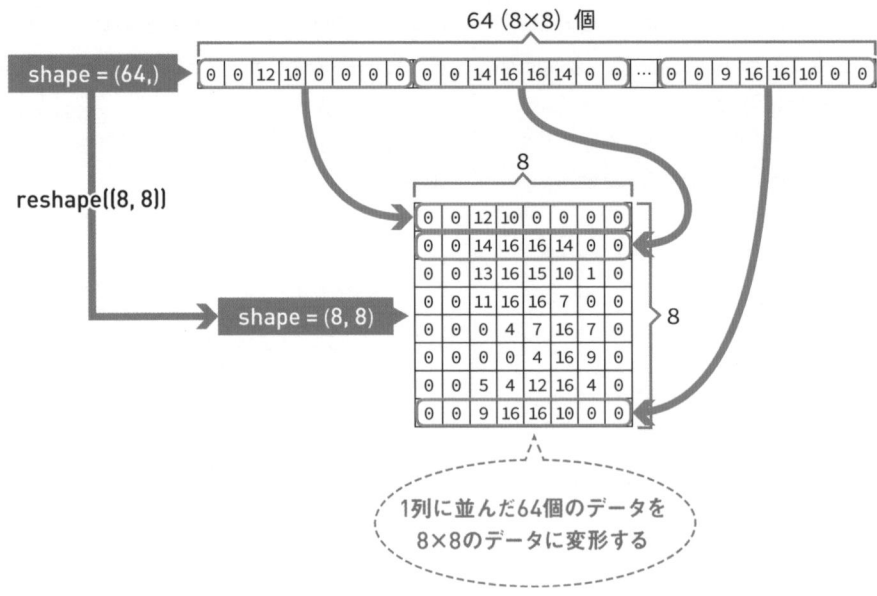

1列に並んだ64個のデータを
8×8のデータに変形する

JupyterLabでndarrayを画像として表示する

ndarrayを画像として表示するには、Matplotlibの
Axesオブジェクトが持っている、imshow()メソッド
にndarrayを渡します。Axesオブジェクトは画像や
グラフの表示に使うオブジェクトです。pyplotの
subplots()関数を使って取り出せます。
imshow()メソッドにはndarrayの他にcmap引数を
指定します。cmapはColormapの略で、ndarrayを
画像として表示するとき、ndarrayに入っている数値

にそれぞれ何色を割り当てるかを決める引数です。
UCIの手書き数字データセットのように、小さい数
値が白、大きい数値が黒を表すとき、cmap引数に
は'binary'を指定します。'binary'以外のcmapは、
公式ドキュメントの「Colormap reference」(https://
matplotlib.org/stable/gallery/color/colormap_
reference.html) に記載されています。

▶ 画像データの入ったndarrayを表示する

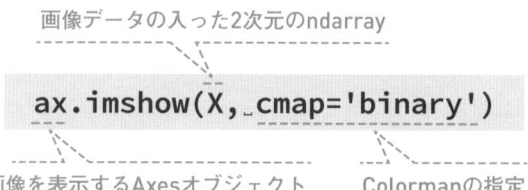

画像データの入った2次元のndarray

`ax.imshow(X, cmap='binary')`

画像を表示するAxesオブジェクト　　　Colormapの指定

▶ cmapで色の割り当てが決まる

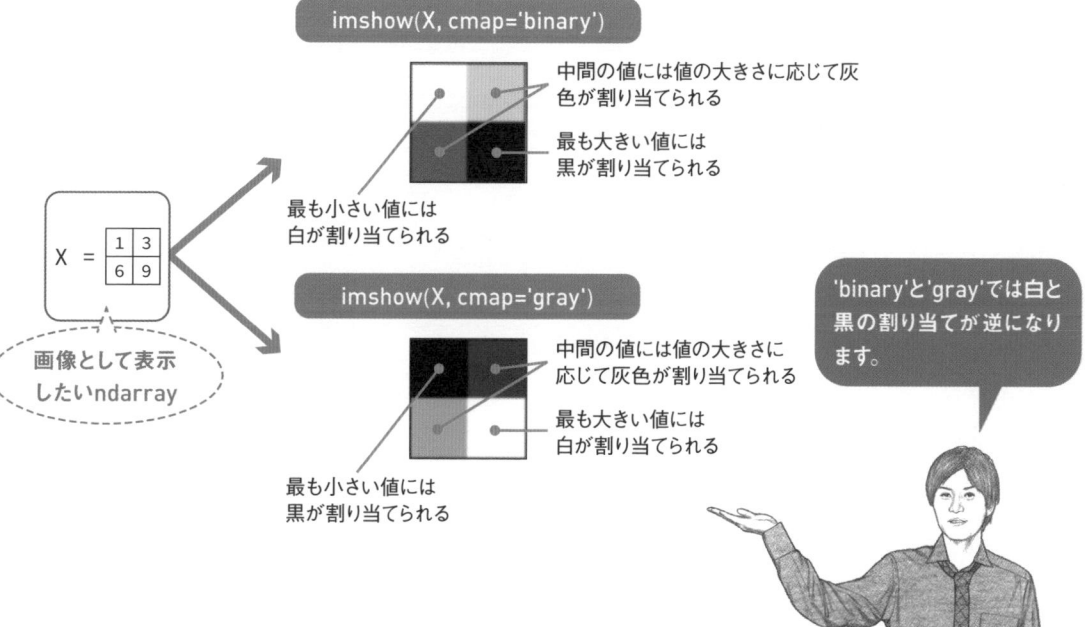

imshow(X, cmap='binary')

中間の値には値の大きさに応じて灰
色が割り当てられる

最も大きい値には
黒が割り当てられる

最も小さい値には
白が割り当てられる

$X = \begin{bmatrix} 1 & 3 \\ 6 & 9 \end{bmatrix}$

画像として表示
したいndarray

imshow(X, cmap='gray')

中間の値には値の大きさに
応じて灰色が割り当てられる

最も大きい値には
白が割り当てられる

最も小さい値には
黒が割り当てられる

'binary'と'gray'では白と
黒の割り当てが逆になり
ます。

◯ データを画像として表示してみよう

1 | 先頭のデータを取り出す `chapter5-moji.ipynb`

試しにXの先頭のデータを表示してみましょう。まず表示するデータを取り出します❶。取り出したデータのshapeを表示すると❷、64個のデータを持つ一次元のndarrayであることがわかります。

```
X0_=_X[0]
X0
```

1 Xの先頭のデータを取り出す

```
[7]: array([ 0.,  0.,  5., 13.,  9.,  1.,  0.,  0.,  0.,  0., 13., 15., 10.,
            15.,  5.,  0.,  0.,  3., 15.,  2.,  0., 11.,  8.,  0.,  0.,  4.,
            12.,  0.,  0.,  8.,  8.,  0.,  0.,  5.,  8.,  0.,  0.,  9.,  8.,
             0.,  0.,  4., 11.,  0.,  1., 12.,  7.,  0.,  0.,  2., 14.,  5.,
            10., 12.,  0.,  0.,  0.,  0.,  6., 13., 10.,  0.,  0.,  0.])
```

> 1列に数字が並んでいて、元の画像の高さも幅もわかりません。

```
X0.shape
```

2 変形前のshapeを確認する

```
[8]: (64,)
```

> shapeから64個の数字を持つ1次元ndarrayであるとわかります。

2 | 8ピクセル四方に変形する

取り出したデータを8ピクセル四方（shapeが(8, 8)の2次元のndarray）に変形してみましょう。reshape()メソッドを使って8ピクセル四方に変形します❶。

変形前と同じくshapeを表示して❷、8ピクセル四方に変形できたことを確認しましょう。

```
X0_square_=_X0.reshape(8,_8)
X0_square
```

1 8ピクセル四方に変形する

```
[9]: array([[ 0.,  0.,  5., 13.,  9.,  1.,  0.,  0.],
            [ 0.,  0., 13., 15., 10., 15.,  5.,  0.],
            [ 0.,  3., 15.,  2.,  0., 11.,  8.,  0.],
            [ 0.,  4., 12.,  0.,  0.,  8.,  8.,  0.],
            [ 0.,  5.,  8.,  0.,  0.,  9.,  8.,  0.],
            [ 0.,  4., 11.,  0.,  1., 12.,  7.,  0.],
            [ 0.,  2., 14.,  5., 10., 12.,  0.,  0.],
            [ 0.,  0.,  6., 13., 10.,  0.,  0.,  0.]])
```

> ndarrayの形が代わり8行8列の2次元のndarrayになりました。

```
X0_square.shape
```

2 変形後のshapeを確認する

```
[10]: (8, 8)
```

> (8, 8) のndarrayになっています。

3 | imshow()メソッドでデータを画像として表示する

matplotlibのAxesオブジェクトのimshow()メソッドを呼び出して、画像データを表示してみましょう。UCIの手書き数字データセットは、0に白が、16に黒が割り当てられています。cmap引数には、小さい数値ほど白く、大きい数値ほど黒く表示する'binary'を指定します❶。

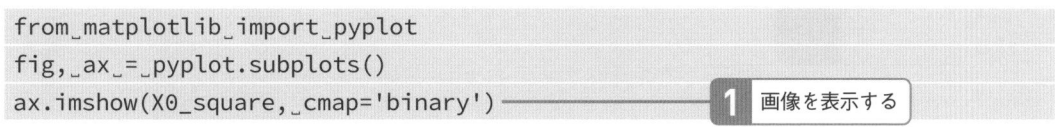

```
from_matplotlib_import_pyplot
fig,_ax_=_pyplot.subplots()
ax.imshow(X0_square,_cmap='binary')
```
1 画像を表示する

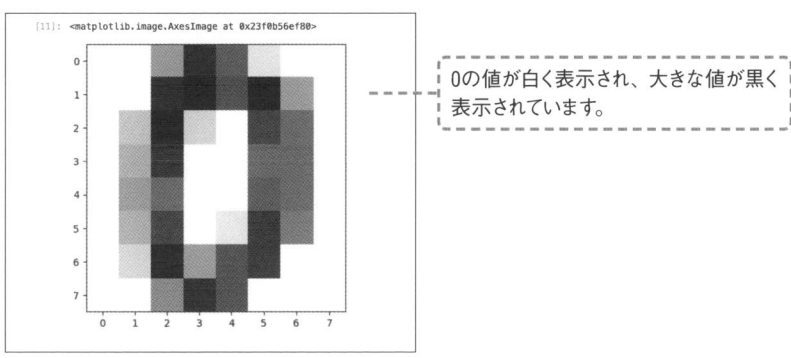

[11]: <matplotlib.image.AxesImage at 0x23f0b56ef80>

0の値が白く表示され、大きな値が黒く表示されています。

4 | 別のデータを表示する

X[0]の0の部分に好きな行番号を入れれば、好きな行の画像を表示できます。行のインデックスが42の画像を表示してみましょう❶。

```
fig,_ax_=_pyplot.subplots()

X42_=_X[42].reshape(8,_8)
ax.imshow(X42,_cmap='binary')
```
1 42番目のデータを取り出して8ピクセル四方に変形する

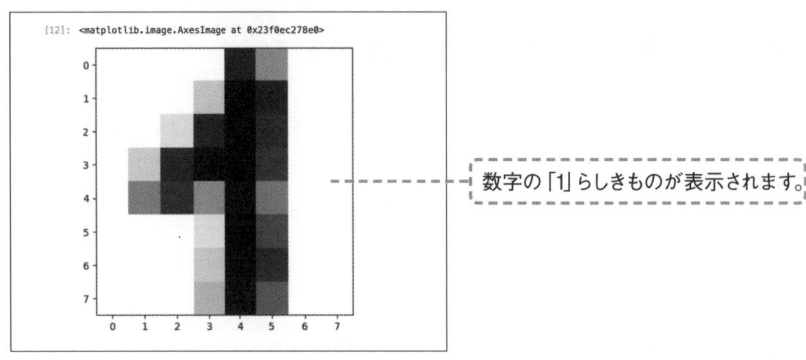

[12]: <matplotlib.image.AxesImage at 0x23f0ec278e0>

数字の「1」らしきものが表示されます。

5 ピクセルの値を見る

imshow()メソッドにcmap='binary'を指定すると、数値の大小で黒か白かが決まると説明しました。ndarrayの操作の練習も兼ね、画像中の適当なピクセルの数値を取り出して、このことを確かめてみましょう。表示しているデータは2次元のndarrayですから、行のインデックスを指定することで、好きな

行を1次元のndarrayとして取り出すことができます。1次元のndarrayからはデータのインデックスを指定することで、データを取り出すことができます❶❷❸。いずれのインデックスも0から始まることに注意しましょう。

```
X0_square[1][5]
```
1 1行、5列の値を取り出して表示する

```
[13]: 15.0
```

```
X0_square[3][3]
```
2 3行、3列の値を取り出して表示する

```
[14]: 0.0
```

```
X0_square[4][2]
```
3 4行、2列の値を取り出して表示する

```
[15]: 8.0
```

Lesson 40

[手書き文字の学習]

UCIの手書き数字データセットを学習させてみましょう

このレッスンの
ポイント

> このLessonでは、手書き数字データセットを使い、モデルに手書き文字を学習させます。scikit-learnのモデルに教師データを学習させる方法を学びましょう。手書き文字を学習させたモデルは、次のLesson以降で手書き文字の予測に使います。

手書き文字の学習に使う「モデル」

scikit-learnでは、機械学習のアルゴリズムを使って、学習や予測をするオブジェクトを「モデル」と呼びます。また、このChapterでは、ロジスティック回帰というアルゴリズムを用います。ロジスティック回帰は、よく使われるアルゴリズムの1つで、データの分類に使われます。scikit-learnではLogistic Regressionという名前でモデルが用意されています。このLessonではロジスティック回帰のモデルを使って、前のLessonまでで見てきた手書き文字を学習させます。

scikit-learnで作成したモデルに教師データを学習させるには、モデルのfit()メソッドを呼び出します。fit()メソッドは、第1引数に教師データの特徴行列を取り、第2引数に教師データのラベルデータを取ります。fit()メソッドを呼び出すと、scikit-learnはモデルに実装された規則に従い、教師データを学習します。

▶ fit() メソッドで学習させる

教師データの特徴行列

```
clf.fit(X, y)
```

学習に使うモデル　　　　教師データのラベルデータ

> 「ロジスティック回帰」という名前ですが、回帰ではなく分類に使われます。

○ モデルに手書き文字を学習させよう

1 モデルを作成する `chapter5-moji.ipynb`

sklearn.linear_modelからLogisticRegressionクラスをインポートして❶、ロジスティック回帰のモデルを作成します❷。LogisticRegression クラス には random_state=0を引数で渡してください。さらに solver引数とmulti_class引数を下記の通り指定しま

す。これらの引数はscikit-learnが学習や予測に使うもので、詳しく知りたい場合はドキュメントを参照してみましょう。分類を行うモデルには、慣習的に clf (classifier) という変数名を付けます。

```
from sklearn.linear_model import LogisticRegression ── 1 インポートする
```

```
clf = LogisticRegression(random_state=0, solver='liblinear', multi_
class='auto')
clf ───────────────────────────────── 2 モデルを作成
```

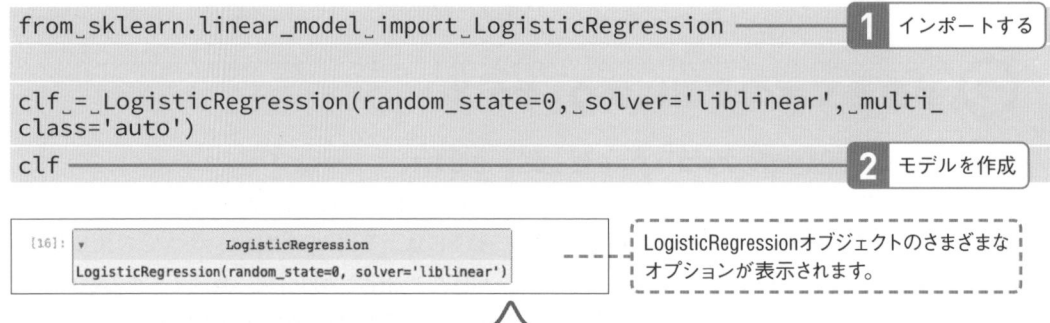

```
[16]:          LogisticRegression
      LogisticRegression(random_state=0, solver='liblinear')
```

┈┈ LogisticRegressionオブジェクトのさまざまなオプションが表示されます。

Point random_stateで乱数を固定する

LogisticRegressionは学習時に乱数（無作為な数値）を使うため、実行するたびに異なる結果を返します。random_stateを指定することで乱数が固定され、常に同じ結果が返さ

れるようになります。通常は指定しませんが、本書では誌面と手元での実行結果を結果を一致させるためrandom_stateを指定します。

2 モデルに手書き文字を学習させる

fit()メソッドに、教師データを渡して呼び出すと、モデルに手書き文字を学習させることができます❶。

手書き文字の教師データを学習したモデルclfは、次のLessonで手書き文字の予測に使います。

```
clf.fit(X, y) ───────────────────── 1 fit()メソッドを呼び出す
```

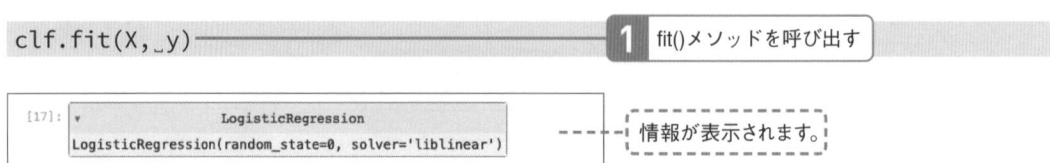

```
[17]:          LogisticRegression
      LogisticRegression(random_state=0, solver='liblinear')
```

┈┈ 情報が表示されます。

Lesson
41

[手書き文字から特徴ベクトルを抽出①]

自分で手書きした文字を
読み込みましょう

**このレッスンの
ポイント**

以降の3つのLessonでは、自分が手書きした文字に前処理をして、
モデルが予測できる形式に変換する方法を学びます。その手書き
文字をモデルに予測させられるようにしましょう。このLessonでは、
まず、Pillowを使って画像を扱う方法を紹介します。

自分の手書き文字の予測には前処理と特徴抽出が必要

Lesson 36で説明した通り、自分の手書き文字を予
測させるには、まず前処理と特徴抽出を行い、画
像ファイルから特徴ベクトルに変換します。予測に
使う特徴ベクトルは、特徴の数や値の範囲を教師
データに揃える必要があります。
教師データに使用したUCIの手書き数字データセッ

トの特徴ベクトルは、8ピクセル四方で全17色（0
～16の数値）の手書き文字の画像の各点を一列に
並べたものでした。
一方で、自分の手書き文字の画像は、色や画像自
体の大きさ、文字の大きさなど、さまざまな点で
UCIの手書き数字データセットと異なっています。

▶ UCIの手書き数字データセットと自分で手書きした文字の画像の違い

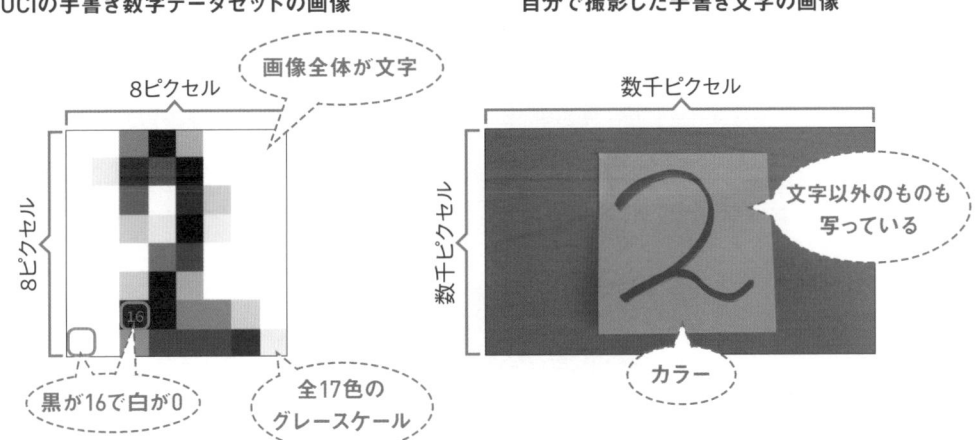

UCIの手書き数字データセットの画像

8ピクセル

画像全体が文字

8ピクセル

黒が16で白が0

全17色の
グレースケール

自分で撮影した手書き文字の画像

数千ピクセル

数千ピクセル

文字以外のものも
写っている

カラー

Chapter 5

手書きの文字を認識しよう

画像に対する前処理の流れ

このような違いがあることから、Lesson 40で作ったモデルに、自分の手書き文字を予測させるには、次の表のような前処理を行い、特徴ベクトルを抽出する必要があります。 次の2つのLessonでは、PillowやNumPyを使ってこの表に書かれた前処理を

行っていきます。前処理の各ステップが必要な理由や手法については、次の2つのLessonで説明します。このLessonでは、前処理の流れがふんわりとイメージできれば十分です。

▶ 自分の手書き文字の前処理

順番	内容	出力
1	画像ファイルの用意	
2	画像ファイルの切り抜き	
3	文字の明瞭化	
4	グレースケール化	Pillowを使って加工する
5	画像の縮小	
6	明暗の反転	
7	ndarrayに変換	array([[0, 0, 115, 148, 129, 0, 0, 0, 0, 22, 0, 0, 0, ... 0, 0, 0, 104, 3, 1, 0, 0, 0, 0, 74, 1]],
8	階調の削減	array([[0, 0, 7, 9, 8, 0, 0, 0, 0, 1, 0, 0, 0, 0, 0, 0, 0, 0, 0, 0, 0, 0, 8, 0, 0, 0, 0, 0, 0, 0, 0, 7, 0, 0, 0, 0, 0, 0, 0, 7, 0, 0, 0, 0, 0, 0, 8, 0, 0, 0, 0, 0, 8, 5, 0, 0, 0, 0, 0, 6, 0, 0, 0, 0, 0, 0, 4, 0]])

NumPyを使って加工する

画像の段階ではPillowを利用し、数値に変換するところからNumPyを使います。

Pillowで画像を開く

文字の縮小やグレースケール化を行う前に画像ファイルを開く必要があります。Pythonで画像を扱う場合は、Pillowと呼ばれるライブラリを使います。Pillowで画像ファイルを開くには、PILパッケージのImageモジュールをインポートして、open()関数を呼び出します。open()関数は画像ファイルを開き、開いた画像をPillowのImageオブジェクトとして返します。このImageオブジェクトを使うと画像の縮小やグレースケール化を行うことができます。

▶ PillowのImage.open()関数で画像を開く

```
im_=_Image.open('moji.jpg')
```

Imageオブジェクトを入れる変数　　　開きたい画像ファイルのファイル名

 PillowのImageをJupyterLab上で表示する

matplotlibのAxesオブジェクトのimshow()メソッドを使うと、PillowのImageオブジェクトをJupyterLab上に表示できます。UCIの手書き数字データセットを表示する際は、imshow()メソッドにcmap引数を指定しましたが、PillowのImageオブジェクトを表示する際は指定する必要はありません。

▶ ImageオブジェクトをJupyterLab上に表示する

```
fig,_ax_=_pyplot.subplots() ······axはAxesオブジェクト
ax.imshow(im) ·····················imはImageオブジェクト
```

▶ JupyterLab上に表示されたImageオブジェクト

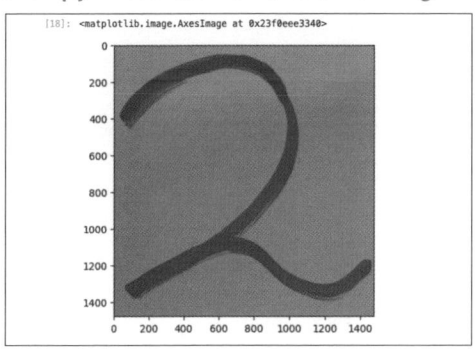

● 手書きの文字を取り込んでJupyterで表示しよう

1 文字を書いてパソコンへ取り込む

予測したい文字を白い紙に書き、スマートフォンのカメラなどで撮影し、パソコンへ取り込みます。文字は太くくっきりと書き、正面から真っ直ぐ撮影してください。文字が傾いていたり、線が細かったりすると、うまく予測できないことがあります。

次に取り込んだ文字を正方形に切り抜いて、JPEG（.jpg）形式で保存します。PNG形式（.png）だとPillowで扱う際に問題が起きることがあります。文字の部分ができるだけ大きくなるように切り抜いてください。

▶ 良い例

▶ 悪い例（線が細い）

2 切り抜いた画像をImage.open()関数を使って表示する

`chapter5-moji.ipynb`

切り抜いた画像は、mydigit.jpgという名前で保存してNotebookファイルと同じフォルダーに配置し、Imageモジュールのopen()関数を使って開きます❶。

Axesオブジェクトを取得し❷、imshow()メソッドを使って画像を表示します❸。

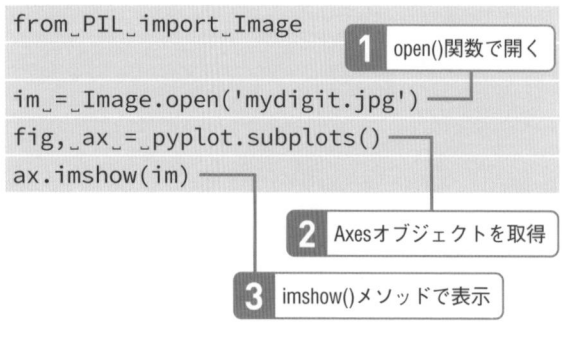

```
from_PIL_import_Image
```
1 open()関数で開く
```
im_=_Image.open('mydigit.jpg')
fig,_ax_=_pyplot.subplots()
ax.imshow(im)
```
2 Axesオブジェクトを取得

3 imshow()メソッドで表示

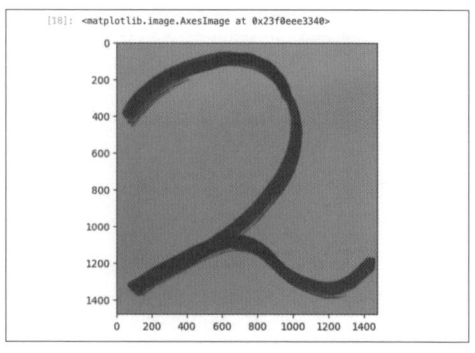

Lesson 42

[手書き文字から特徴ベクトルを抽出②]

Pillowを使って手書き文字を前処理しましょう

**このレッスンの
ポイント**

自分の手書き文字を予測させるには手書き文字から色などの不要な情報を削る必要があります。このLessonでは、Pillowを使った手書き文字の前処理をします。色の変換やサイズの変更など、Pillowによる前処理について学びましょう。

→ ImageEnhanceで文字の明暗をはっきりさせる

予測させる画像は、できる限り文字の線が濃く、背景が白いことが望まれます。しかしカメラで手書き文字を撮影すると、撮影時の周囲の影響でなかなか理想的な画像にはなりません。文字が薄かったり、背景が暗かったりすると、予測結果も誤りやすくなります。

PillowのImageEnhanceモジュールにあるBrightnessオブジェクトを使うと、画像の明暗を調整できます。Brightnessオブジェクトのenhance()メソッドは、0.0以上の数値を引数に受け取り、1.0より大きい数字を渡せばより明るく、1.0より小さい数字を渡すとより暗く調整します。

▶ ImageEnhance.Brightness()の使い方

```
from_PIL_import_ImageEnhance
enhancer_=_ImageEnhance.Brightness(im)
          ······ ImageオブジェクトからBrightnessオブジェクトを作る
im_enhanced_=_enhancer.enhance(2.0)
          ······ 明暗が調整された新しいImageオブジェクトを返す
```

▶ enhance()メソッドの引数の値と調整結果の例

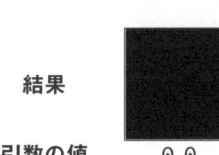

	数値を下げると暗くなる	元の画像	背景がやや暗い	線が明確で背景が白	線の色が薄い
結果					
引数の値	0.0 　 0.5	1.0	1.5	2.0	4.0

これを目安に引数を調整する

191

→ 自分で書いた文字をグレースケール化する

手書き文字認識には、文字が赤なのか緑なのかなど色の情報は必要ありません。そのため手書き文字認識の前処理では、手書き文字の画像の二値化（白黒化）やグレースケール化を行い、色の情報を取り除きます。

手書き文字のグレースケール化には、PillowのImageオブジェクトのconvert()メソッドを使います。

convert()メソッドのmode引数で'L'を渡すと、256階調のグレースケールの画像に変換されます。mode引数はグレースケール化の'L'の他に、白黒化（二値化）の'1'などを引数に取ります。mode引数に指定できる他の値は、リファレンスを参照してください（https://pillow.readthedocs.io/en/stable/handbook/concepts.html#modes）。

▶ Image.convert()の使い方

グレースケール化したいImageオブジェクト

```
im_gray␣=␣im.convert(mode='L')
```

Imageオブジェクトを入れる変数　　　　mode引数

▶ Image.convert()の適用例

元の画像

グレースケール化

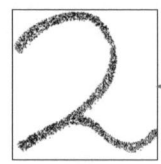

白黒化（二値化）

mode引数によってさまざまな状態に変換できる

UCIの手書き数字データセット（教師データ）がグレースケールであるため、本書ではmode='L' を指定します。

→ 画像の明暗を反転させる

UCIの手書き数字データセットは、小さい値ほど明るく、大きい値ほど暗くなるように数値が振られています（P.175参照）。それに対し、Pillowは小さい値ほど暗く、大きい値ほど明るくなるように数値を割り振ります。

教師データと認識させたい手書き文字とで明暗が逆になっていると、うまく手書き文字の認識ができません。そこで、予測させたい手書き文字の明暗を反転して、教師データに合わせます。PillowのImageOpsモジュールにあるinvert()関数にImageオブジェクトを渡すと、明暗が反転されたImageオブジェクトを得られます。

▶ ImageOps.invert()関数の使い方

明暗を反転したいImageオブジェクト

```
im_inverted_=_ImageOps.invert(im)
```

Imageオブジェクトを入れる変数

▶ 反転の例

 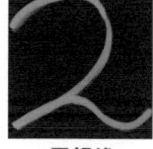

元の画像　　　　反転後

→ 画像を縮小する

モデルに文字を認識させるには、認識させたい手書き文字の画像を教師データと同じサイズまで縮小する必要があります。8ピクセル四方の画像を学習させたモデルの場合、8ピクセル四方まで手書き文字の画像を縮小します。

画像を縮小するには、PillowのImageオブジェクトのresize()メソッドを利用します。resize()メソッドは、縮小後の画像の幅と高さのタプルを引数に取り、そのサイズに画像を縮小します。

▶ PillowのImage.resize()メソッドの使い方

リサイズしたいImageオブジェクト

```
im_resized_=_im.resize((8, 8))
```

Imageオブジェクトを入れる変数　　　リサイズ後の幅と高さ

大きな画像の処理は多くのメモリと処理時間を必要としますが、画像の大きさと手書き文字認識の精度は必ず比例するわけではありません。そこで手書き文字認識には適当な大きさに縮小した画像を用います。

● Pillowを使って自分の手書き文字を前処理しよう

1 画像を明瞭にする chapter5-moji.ipynb

Lesson 41で開いた画像をPillowのBrightnessで明瞭にします。手書き文字の部分がはっきりし、背景の部分が白になるよう、手動でenhance()メソッドの引数を調整します❶。

```
from_PIL_import_ImageEnhance
```

> **1** enhance()メソッドを呼び出す

```
im_enhanced_=_ImageEnhance.Brightness(im).enhance(2.0)
fig,_ax_=_pyplot.subplots()
ax.imshow(im_enhanced)
```

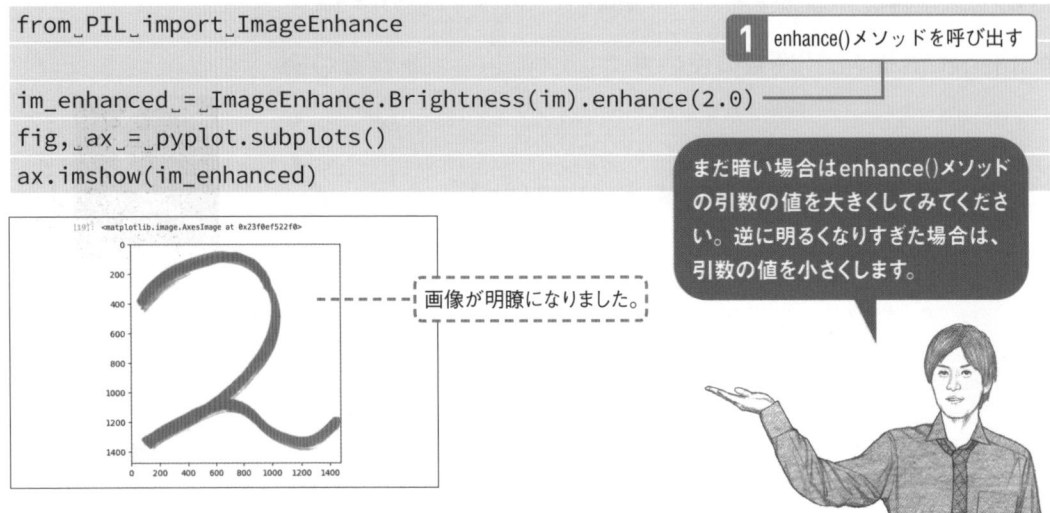

画像が明瞭になりました。

> まだ暗い場合はenhance()メソッドの引数の値を大きくしてみてください。逆に明るくなりすぎた場合は、引数の値を小さくします。

2 文字をグレースケール化する

Imageオブジェクトのconvert()メソッドをmode='L'で呼び出します❶。

```
im_gray_=_im_enhanced.convert(mode='L')
fig,_ax_=_pyplot.subplots()
ax.imshow(im_gray,_cmap='gray')
```

> **1** convert()メソッドを呼び出す

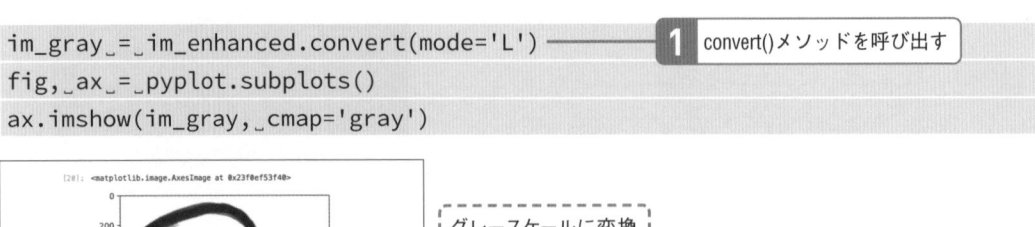

グレースケールに変換されました。

3 文字を縮小する

文字をグレースケール化したので、次は文字を教師
データと同じ8ピクセル四方に縮小します。文字の

縮小には、Imageオブジェクトのresize()メソッドを
使います❶。

```
im_8x8_=_im_gray.resize((8,_8))
fig,_ax_=_pyplot.subplots()
ax.imshow(im_8x8,_cmap='gray')
```

❶ resize()メソッドを呼び出す

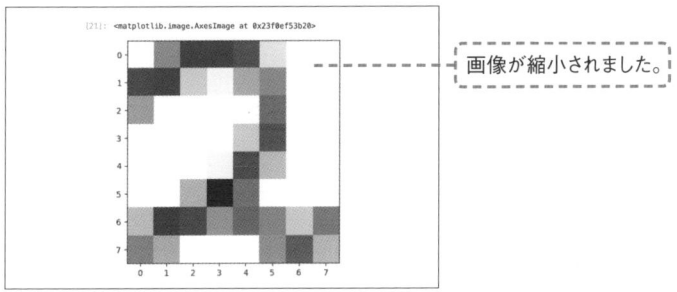

画像が縮小されました。

4 明暗を反転させる

文字の縮小ができたら最後に明暗を反転します❶。
これでPillowを使った文字の加工は終わりです。加

工してできたim_invertedは次のLessonで利用します。

```
from_PIL_import_ImageOps

im_inverted_=_ImageOps.invert(im_8x8)
fig,_ax_=_pyplot.subplots()
ax.imshow(im_inverted,_cmap='gray')
```

❶ invert()メソッドを呼び出す

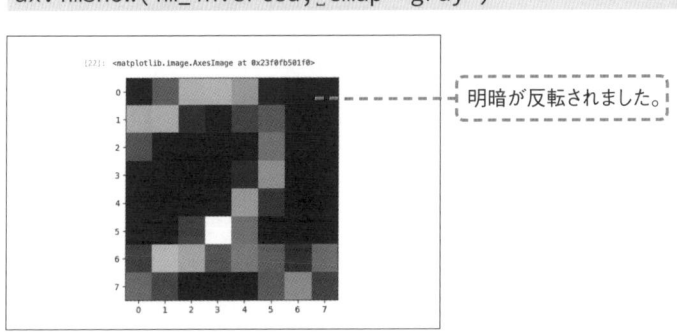

明暗が反転されました。

[手書き文字から特徴ベクトルを抽出③]

NumPyを使って画像を ndarrayに変換しましょう

このレッスンの ポイント

Pillowによる加工が終わったらscikit-learnのモデルへデータを渡すため、ndarrayに変換します。このLessonでは、PillowのImageオブジェクトをndarrayに変換する方法と、ndarrayに前処理をする方法を学びます。

➡ Imageを2次元のndarrayに変換する

scikit-learnで文字を予測するには、モデルのpredict()メソッドを使います。predict()メソッドには特徴行列をndarrayとして渡す必要があり、PillowのImageオブジェクトをpredict()メソッドに直接渡すことは

できません。NumPyのasarray()関数を使うとPillowのImageオブジェクトを2次元のndarrayに変換できます。

▶ asarray()関数の使い方

```
X_im_=_numpy.asarray(im)
```

ndarrayを入れる変数　　　　変換したいPillowのImageオブジェクト

▶ Imageを2次元のndarrayに変換するイメージ

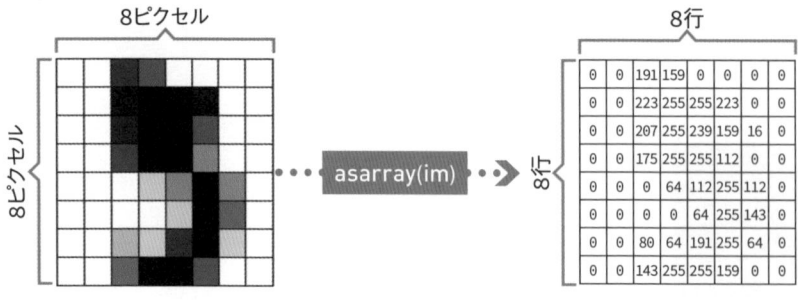

Imageオブジェクト　　　　asarray(im)　　　　2次元のndarray

グレースケールの値の範囲を縮小する

UCIの手書き数字データセットは、各画素が0から16の数字で表されますが、グレースケール化されたPillowのImageデータは0から255の数字で表されます。UCIの手書き数字データセットは最も大きい16が最も暗い値ですから、255を最大値とするPillowのImageは全体的に黒い画像となってしまい、正しく文字が予測できません。

そこでPillowのImageオブジェクトから取得したndarrayの各要素（各画素）に16 / 255を掛けて、最大値が16になるように調整します。ndarray自体に値を掛けると、ndarrayの各要素に値を掛けることができます。たとえば、ndarrayの入った変数Xに3を掛けたいなら「X * 3」とします。

▶ ndarrayの各要素に値を掛ける

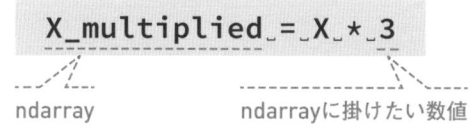

ndarray　　　ndarrayに掛けたい数値

▶ X * 3のイメージ

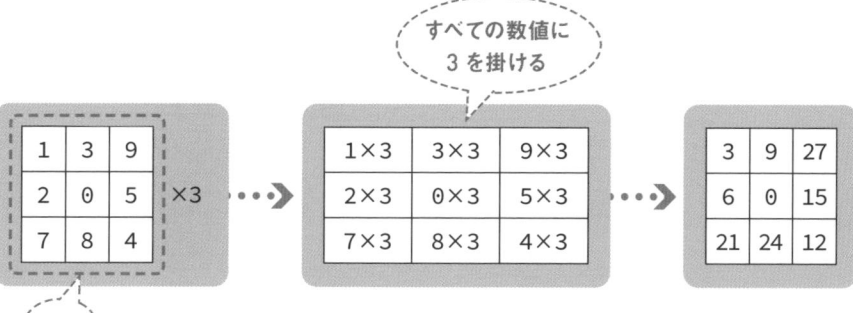

すべての数値に3を掛ける

1	3	9
2	0	5
7	8	4

×3

1×3	3×3	9×3
2×3	0×3	5×3
7×3	8×3	4×3

3	9	27
6	0	15
21	24	12

X

ループなどを使わなくてもまとめて計算できるので便利です。

● Imageオブジェクトから特徴ベクトルに変換しよう

画像データを特徴ベクトルに変換していきましょう。画像のサイズは8ピクセル四方で、各ピクセルは0〜255の値をとるPillowのImageオブジェクトです。

このImageオブジェクトを、最終的に0〜16の数値を64個持つ1次元のndarrayに変換します。

1 | Imageオブジェクトから 1次元のndarrayに変換する   chapter5-moji.ipynb

asarray()関数を使って2次元のndarrayに変換します❶。これを1次元のndarrayへ変換する必要があります。reshape()メソッドの引数に-1を渡すと、2次元のndarrayを1次元のndarrayに変換できます❷。

```
import_numpy
```

```
X_im2d_=_numpy.asarray(im_inverted)    ━━━ ❶ 2次元のndarrayに変換
X_im2d
```

```
[24]: array([[ 0, 34, 63, 64, 56,  7,  0,  0],
             [61, 63, 14,  2, 24, 34,  0,  0],
             [29,  0,  0,  0,  0, 44,  0,  0],
             [ 0,  0,  0,  0, 14, 55,  0,  0],
             [ 0,  0,  0,  2, 58, 19,  0,  0],
             [ 0,  0, 23, 85, 43,  0,  0,  0],
             [21, 67, 61, 32, 47, 36, 16, 41],
             [39, 25,  0,  0,  0, 33, 52, 22]], dtype=uint8)
```

Imageオブジェクトが2次元のndarrayに変換されます。この段階では0〜16に収まらない数値があります。

```
X_im1d_=_X_im2d.reshape(-1)    ━━━ ❷ 1次元のndarrayに変換する
X_im1d
```

```
[25]: array([ 0, 34, 63, 64, 56,  7,  0,  0, 61, 63, 14,  2, 24, 34,  0,  0, 29,
              0,  0,  0,  0, 44,  0,  0,  0,  0,  0,  0, 14, 55,  0,  0,  0,  0,
              0,  2, 58, 19,  0,  0,  0,  0, 23, 85, 43,  0,  0,  0, 21, 67, 61,
             32, 47, 36, 16, 41, 39, 25,  0,  0,  0, 33, 52, 22], dtype=uint8)
```

1次元のndarrayに変わっています。

2 値の範囲を0〜255から0〜16に変換する

ndarrayに対して16/255を掛けると、各要素に対し
て16/255を掛ける計算が行われ、0〜255の数値が
0〜16の数値に変わります❶。

```
X_multiplied_=_X_im1d_*_(16_/_255) ──────── 1  0〜255の値を0〜16に変換
X_multiplied
```

```
[26]: array([0.        , 2.13333333, 3.95294118, 4.01568627, 3.51372549,
             0.43921569, 0.        , 0.        , 3.82745098, 3.95294118,
             0.87843137, 0.1254902 , 1.50588235, 2.13333333, 0.        ,
             0.        , 1.81960784, 0.        , 0.        , 0.        ,
             0.        , 2.76078431, 0.        , 0.        , 0.        ,
             0.        , 0.        , 0.        , 0.87843137, 3.45098039,
             0.        , 0.        , 0.        , 0.        , 0.        ,
             0.1254902 , 3.63921569, 1.19215686, 0.        , 0.        ,
             0.        , 0.        , 1.44313725, 5.33333333, 2.69803922,
             0.        , 0.        , 0.        , 1.31764706, 4.20392157,
             3.82745098, 2.00784314, 2.94901961, 2.25882353, 1.00392157,
             2.57254902, 2.44705882, 1.56862745, 0.        , 0.        ,
             0.        , 2.07058824, 3.2627451 , 1.38039216])
```

値の範囲が0〜16に
収まりました。

0〜255の数値を255で割ると、0〜1.0の数値
になります。これに16を掛けると0〜16の数値
になります。

👆 ワンポイント 科学計算ライブラリSciPy

科学計算を行うPythonのライブラリには、NumPyの他にも「SciPy」があり、SciPyはNumPy同様にscikit-learnの内部で利用されています。SciPyには各種科学計算を行う関数が用意されており、NumPyのndarrayと組み合わせて利用できます。また「scipy.ndimage」には変形や補間、フィルター適用などさまざまなndarray化された画像データの加工をする関数が用意されています。この他にもsparse matrixという機能があり、データの大部分が0の行列を効率よく扱うことができ、機械学習やデータ分析でよく利用されます。

Chapter 5 手書きの文字を認識しよう

Lesson 44 [手書き文字の予測]

自分で手書きした文字を予測させてみましょう

**このレッスンの
ポイント**

ここまでのLessonで手書き文字の学習と前処理を行いました。次は手書き文字の予測を行いましょう。このLessonでは、手書き文字を学習させたモデルに対して、前処理済みの手書き文字のデータを渡し、書かれた文字が何の数字であるかを予測させます。

➡ モデルに文字を予測させる

Lesson 36の「予測」で学んだ、予測の流れを思い出してください。予測したい文字の書かれた画像から特徴を抽出し、手書き文字を学習させたモデルに渡し、手書き文字を予測させます。特徴ベクトルにはLesson 41～42で抽出したものを、手書き文字を学習させたモデルにはLesson 40で作成したものを利用します。

▶ 文字を予測させる流れ

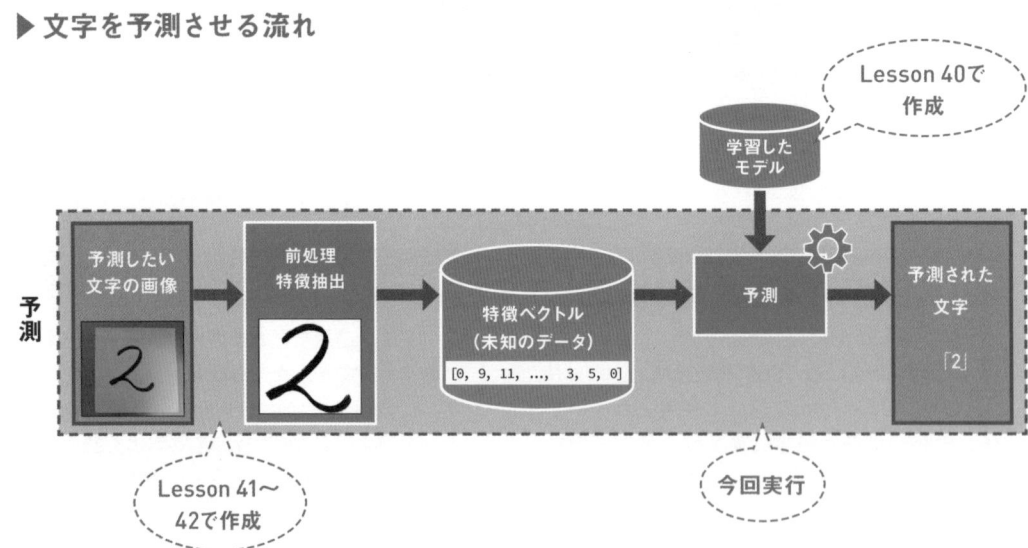

Chapter 5 手書きの文字を認識しよう

● 自分で手書きした文字を予測させよう

抽出した特徴ベクトルX_multipliedを、手書き文字を学習させたモデルclfに渡して、手書き文字を予測させましょう。scikit-learnのモデルで手書き文字（ラベル）を予測するには、モデルのpredict()メソッドを使います。

1 特徴ベクトルをpredict() メソッドに渡す　`chapter5-moji.ipynb`

predict()メソッドは、特徴ベクトルではなく特徴行列を引数に取ります。predict()メソッドは、複数の特徴ベクトルを受け取り、それらの予測結果をまとめて返します。一方、このLessonでは、予測したい特徴ベクトルが1件なので、[]で囲んでリストにした特徴ベクトルX_multipliedをpredict()に渡して呼び出します❶。また、予測結果も1件のみなので、[0]で取り出します。自分が書いた数字（この場合は2）と同じ数字が表示されれば成功です。

```
clf.predict([X_multiplied])[0]
```
　1 predict()メソッドを呼び出す

```
[27]:   2
```
　「2」と正しく予想されました。

> scikit-learnを使うと、アルゴリズムを自分で実装せずに、学習と予測ができます。アルゴリズムについて詳しく知るには、Chapter 8で紹介する本を読んでみてください。

Lesson 45

[分類モデルの評価]

分類モデルの精度を
評価してみましょう

**このレッスンの
ポイント**

このLessonでは、モデルがどれくらいの精度で予測ができるのかという評価を行います。精度評価の結果は重要な情報で、機械学習のシステム化の判断などにも利用されます。scikit-learnを使った精度評価の方法を習得しましょう。

→ モデルの精度を評価する

Chapter 1でも説明しましたが、モデルにデータを学習させれば、必ず正しい予測結果が得られるわけではありません。たとえば、モデルに8という文字を与えても、6と予測してしまうことがあります。そこでモデルがどれくらい正しくデータを予測できるかを評価します。

精度の評価は下図のように、精度評価のためのデータ（テストデータ）を用意し、それを教師データを学習したモデルに渡して文字を予測させ、予測した文字とテストデータのラベルを比較して正解率などの評価尺度を計算する、という流れになります。

▶ 精度評価の流れ

学習した
モデル

精度の評価

予測

特徴行列

```
[[0, 0, 5, ..., 0, 0, 0],
 [0, 0, 5, ..., 16, 9, 0],
 [0, 0, 10, ..., 12, 1, 0]]
```

予測

予測された
文字

`[0, 8, 3]`

両者を比較して
精度を計算

精度

テストデータの
特徴行列

ラベルデータ

`[0, 9, 3]`

テストデータの特徴
行列から予測された文字

テストデータの
ラベルデータ

Chapter 5

手書きの文字を認識しよう

汎化能力＝「未知のデータを正しく予測できること」

精度の評価には、モデルが学習をしていない未知のデータを用い、モデルに学習させたデータは使いません。たとえば、与えられた教師データをすべて記憶する（全数記憶）ようなモデルを考えてみましょう。全数記憶のモデルは、教師データとまったく同じデータを与えれば100％正しい予測ができてしまいます。言い換えると、全数記憶のモデルの精度の評価に教師データを使うと、100％正しい予測が

できるという評価になってしまいます。

しかし一方で全数記憶のモデルは、未知のデータはまったく予測ができません。機械学習のモデルは未知のデータも正しく予測できることが必要です。未知のデータも正しく予測できる能力のことを、「汎化能力」と呼びます。精度を評価するときに未知のデータを用いるのも、このように汎化能力を考慮するためです。

▶ 全数記憶のモデルと全数記憶でないモデルの比較

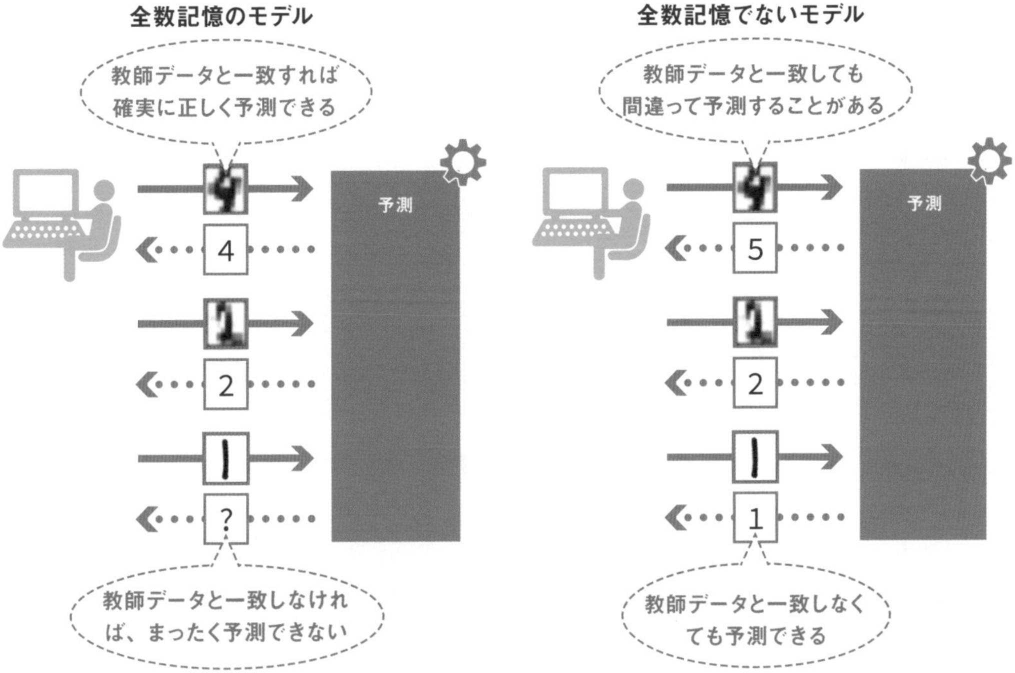

全数記憶のモデル	全数記憶でないモデル

教師データと一致すれば
確実に正しく予測できる

教師データと一致しても
間違って予測することがある

予測

4

2

｜

？

5

2

｜

1

予測

教師データと一致しなければ、まったく予測できない

教師データと一致しなくても予測できる

⊙ テストデータを用意する

説明した通り、精度の評価には未知のデータを用意する必要がありますが、未知のデータはその名の通り未知なので、簡単に用意することができません。そこで、データセットを適当に二分割し、片方を学習に使う教師データ、もう1つを精度の評価に使う未知のデータに見立てます。この精度の評価に使うためのデータは、テストデータと呼ばれます。また、このようにデータを二分割して精度の評価する手法を「分割学習法」(hold-out method) と呼びます。

実際には分割学習法を発展させた交差確認法 (cross-validation method) を用いることが多いですが、本書では理解しやすい分割学習法を用います。scikit-learnでは、sklearn.model_selectionモジュールのtrain_test_split()関数を用いてテストデータを分割できます。train_test_split()関数は、分割したいデータセットを特徴行列、ラベルデータの順で渡すと、分割された特徴行列とラベルデータをそれぞれ教師データ、テストデータの順で返します。

▶ 教師データとテストデータに分割

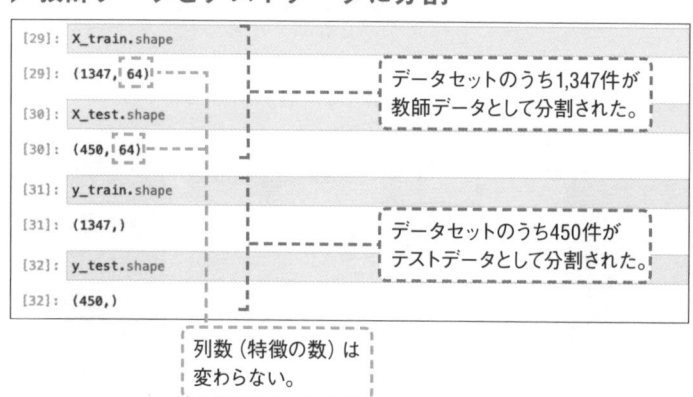

```
[29]: X_train.shape
[29]: (1347, 64)
[30]: X_test.shape
[30]: (450, 64)
[31]: y_train.shape
[31]: (1347,)
[32]: y_test.shape
[32]: (450,)
```

データセットのうち1,347件が教師データとして分割された。

データセットのうち450件がテストデータとして分割された。

列数(特徴の数)は変わらない。

▶ train_test_split() で データセットを分割する

教師データの特徴行列　　　教師データのラベルデータ　　　　　　　　分割される特徴行列

```
X_train, X_test, y_train, y_test = train_test_split(X, y)
```

テストデータの特徴行列　　　テストデータのラベルデータ　　　　分割されるラベルデータ

● モデルの精度を評価しよう

1 教師データとテストデータに分割する `chapter5-moji.ipynb`

分割学習法で精度を評価するために、まずはUCIの
手書き数字データセットを教師データとテストデータ
に分割してみましょう❶。train_test_split()メソッドは

乱数を用いるため、Lesson 40でのLogisticRegression
と同じくrandom_state=0も引数に渡してください。

```
from_sklearn.model_selection_import_train_test_split
```

1 分割したデータを取得

```
X_train,_X_test,_y_train,_y_test_=_train_test_split(X,_y,_random_state=0)
```

2 分割されたデータを確認する

分割されたデータを使って精度を評価する前に、分
割された結果を見てみましょう❶。分割後のデータ

のshapeを見ることで、どのようにデータが分割され
たかを確かめられます。

NEXT PAGE →

3 分割された教師データをモデルに学習させる

モデルの精度を評価するには、まず教師データを学習したモデルにテストデータの特徴行列を渡してラベル（画像に書かれた文字）を予測させ、次にテストデータのラベルと予測されたラベルを比較します。そこでまず、分割後の教師データを学習したモデルを用意する必要があります。

Lesson 40で作ったモデルは、すでに分割前の教師データを学習済みですから、使うことができません。分割後の教師データを新たに学習させるため、新しくモデルを作成して、分割後の教師データX_trainとy_trainを学習させましょう。Lesson 40で作成したモデルと区別するため、変数名はclf_accとします❶❷。

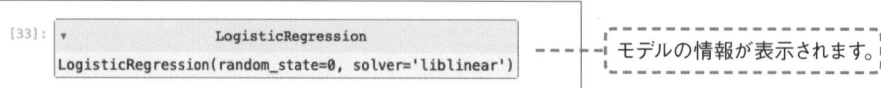

1 モデルを作成する

```
clf_acc_=_LogisticRegression(random_state=0,_solver='liblinear',_multi_
class='auto')
clf_acc.fit(X_train,_y_train)
```

2 分割後の教師データを学習させる

```
[33]:    ▼              LogisticRegression
         LogisticRegression(random_state=0, solver='liblinear')
```
- - - - モデルの情報が表示されます。

Point 分割したデータを使う部分

上のコードのclf_accは下図の「d.学習したモデル」に当たり、X_train、y_trainは「a.ラベルデータ、b.特徴行列」に当たります。ラベルデータと特徴行列が2種類あるので取り違えないよう注意しましょう。

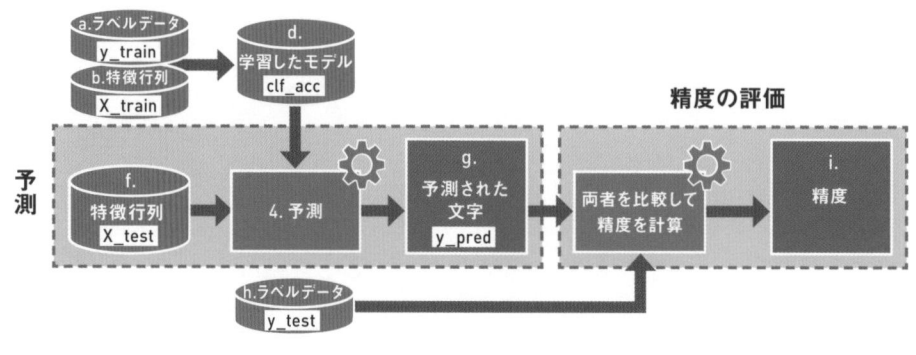

4 テストデータのラベルを予測する

モデルに教師データを学習させたら、次はテストデータの特徴行列（手書き文字の画像から抽出された特徴行列）からラベル（手書き文字の画像に書かれた数字）の予測をしましょう。ラベルの予測は前のLesson 44で学んだ通り、モデルのpredict()メソッドを用います❶。

```
y_pred_=_clf_acc.predict(X_test) ──────────  1  ラベルを予測する
y_pred
```

```
[34]: array([2, 8, 2, 6, 6, 7, 1, 9, 8, 5, 2, 8, 6, 6, 6, 6, 1, 0, 5, 8, 8, 7,
       8, 4, 7, 5, 4, 9, 2, 9, 4, 7, 6, 8, 9, 4, 3, 8, 0, 1, 8, 6, 7, 7,
       1, 0, 7, 6, 2, 1, 9, 6, 7, 9, 0, 0, 5, 1, 6, 3, 0, 2, 3, 4, 1, 9,
       2, 6, 9, 1, 8, 3, 5, 1, 2, 8, 2, 2, 9, 7, 2, 3, 6, 0, 5, 3, 7, 5,
       1, 2, 9, 9, 3, 1, 4, 7, 4, 8, 5, 8, 5, 5, 2, 5, 0, 9, 7, 1, 4, 1,
       3, 4, 8, 9, 7, 9, 8, 2, 6, 5, 2, 5, 8, 4, 1, 7, 0, 6, 1, 5, 5, 9,
       9, 5, 9, 9, 5, 7, 5, 6, 2, 8, 6, 9, 6, 1, 5, 1, 5, 9, 9, 1, 5, 3,
       6, 1, 8, 9, 8, 7, 6, 7, 6, 5, 6, 0, 8, 8, 9, 8, 6, 1, 0, 4, 1, 6,
       3, 8, 6, 7, 4, 1, 6, 3, 0, 3, 3, 3, 0, 7, 7, 5, 7, 8, 0, 7, 1, 9,
       6, 4, 5, 0, 1, 4, 6, 4, 3, 3, 0, 9, 5, 3, 2, 1, 4, 2, 1, 6, 9, 9,
       2, 4, 9, 3, 7, 6, 2, 3, 3, 1, 6, 9, 3, 6, 3, 3, 2, 0, 7, 6, 1, 1,
       9, 7, 2, 7, 8, 5, 5, 7, 7, 5, 3, 3, 7, 2, 7, 5, 5, 7, 0, 9, 1, 6, 5,
       9, 7, 4, 3, 8, 0, 3, 6, 4, 6, 3, 2, 6, 8, 8, 8, 4, 6, 7, 5, 2, 4,
       5, 3, 2, 4, 6, 9, 4, 5, 4, 3, 4, 6, 2, 9, 0, 6, 7, 2, 0, 9, 6, 0,
       4, 2, 0, 7, 8, 8, 5, 4, 8, 2, 8, 4, 3, 7, 6, 5, 9, 1, 5, 1, 0, 8,
       2, 8, 9, 5, 6, 2, 2, 7, 2, 1, 5, 1, 6, 4, 5, 0, 9, 4, 1, 1, 7, 0,
       8, 9, 5, 4, 3, 8, 6, 8, 6, 5, 3, 4, 4, 4, 8, 7, 0, 9, 6, 3, 5,
       2, 3, 0, 8, 2, 3, 1, 3, 3, 0, 0, 4, 6, 0, 7, 7, 6, 2, 0, 4, 4, 2,
       3, 7, 1, 9, 8, 6, 8, 5, 6, 2, 2, 3, 1, 7, 7, 8, 0, 9, 3, 2, 6, 5,
       5, 9, 1, 3, 7, 0, 0, 3, 0, 4, 5, 9, 3, 3, 4, 3, 1, 8, 9, 8, 3, 6,
       3, 1, 6, 2, 1, 7, 5, 5, 1, 9])
```

> テストデータ（450件）から予測されたラベル（数字）が表示されます。

5 正解率を計算する

テストデータのラベルの予測ができたら、テストデータのラベルデータと予測されたラベルを比較して、精度を計算しましょう。ここでは、精度の尺度として正解率を求めます。scikit-learnではsklearn.metricsモジュールのaccuracy_score()関数を使って正解率を計算できます。accuracy_score()関数には、テストデータのラベル（y_test）と予測したラベル（y_pred）を渡します❶。この関数が返す値は、正解した数をテストデータの数で割ったものです。

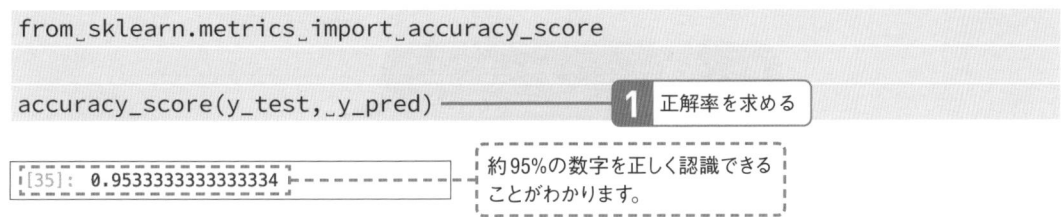

```
from_sklearn.metrics_import_accuracy_score
```

```
accuracy_score(y_test,_y_pred) ──────────  1  正解率を求める
```

```
[35]:  0.9533333333333334
```

> 約95%の数字を正しく認識できることがわかります。

6 | 間違って予測された文字を表示する

最後に正しく予測できなかった文字はどのような文字なのか見てみましょう。次のコードで、正しく予 測できなかった文字が1つ表示されます❶。

1 このコードを入力して実行

```
for␣i␣in␣range(len(y_test)):
␣␣␣␣y_test_i␣=␣y_test[i]  ………… i番目のテストデータのラベル
␣␣␣␣y_pred_i␣=␣y_pred[i]  ………… i番目のテストデータの特徴ベクトルから予測されたラベル
␣␣␣␣if␣y_test_i␣!=␣y_pred_i:  ….. 両者が等しくないときに表示
␣␣␣␣␣␣␣␣fig,␣ax␣=␣pyplot.subplots()
␣␣␣␣␣␣␣␣ax.imshow(X_test[i].reshape(8,␣8),␣cmap='binary')
␣␣␣␣␣␣␣␣print('正解',␣y_test_i)
␣␣␣␣␣␣␣␣print('予測結果',␣y_pred_i)
␣␣␣␣␣␣␣␣break  …………………… 等しくないものを1つ表示したら繰り返し終了
```

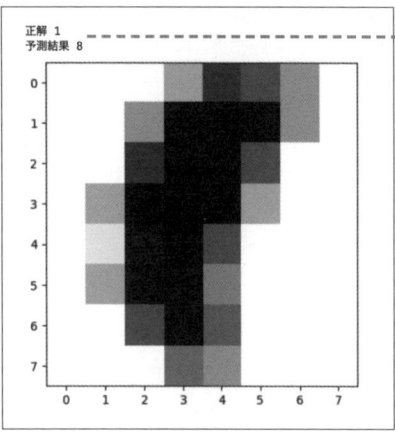

正解 1
予測結果 8

正解は「1」、予測結果は「8」なので、間違っています。

誤って予測されたデータを知ることは、特徴の抽出方法やモデルの改善の手がかりになります。

Lesson 46

[モデル選択]

複数のモデルを比較して
よりよいモデルを選びましょう

このレッスンの
ポイント

モデルには得手不得手があり、同じデータでもモデルによって正しく予測できたり、できなかったりします。複数のモデルを作成して精度を比較し、よりよい結果が得られるモデルを選べるようになりましょう。

→ 異なるモデルを比較する理由

Chapter 1で紹介した通り、機械学習にはさまざまなアルゴリズムがあります。それぞれのアルゴリズムがどの程度の精度で予測できるかを知るには、実際に精度を計算する必要があります。言い換えると、実際に精度を求めるまで、それぞれのアルゴリズムでどの程度の精度が得られるかはわかりません。そこで、複数のモデルを実際に作成して精度を比較

し、一番よい精度が得られるモデルを選ぶという作業を行います。この作業を「モデル選択」と呼びます。モデル選択で選択されたモデルは、システムへ組み込まれる際に利用されます。

このLessonでは実際にモデル選択を行い、選択したモデルをpybotへ組み込みます。

モデル選択と混同されやすい手法に、Lesson 7で紹介した「アンサンブル学習」があります。アンサンブル学習は複数のモデルを組み合わせて精度の改善を図る手法ですが、モデル選択は複数のモデルから最も精度の良い1つのモデルを選ぶ手法です。

→ モデルを比較する

モノの「大きさ」を比較するのに、「重さ」と「高さ」を比較しても意味がないように、モデルの精度を評価するのに、それぞれのモデルを異なる基準で評価しても意味がありません。モデルの精度を適切に評価するには「同じデータ」と「同じ基準」を用

いる必要があります。このLessonでは、「同じデータ」としてLesson 45で作った教師データとテストデータを用います。「同じ基準」としてここでは正解率を用います。

▶ 2つのモデルを比較して一番精度のいいモデルを選ぶイメージ

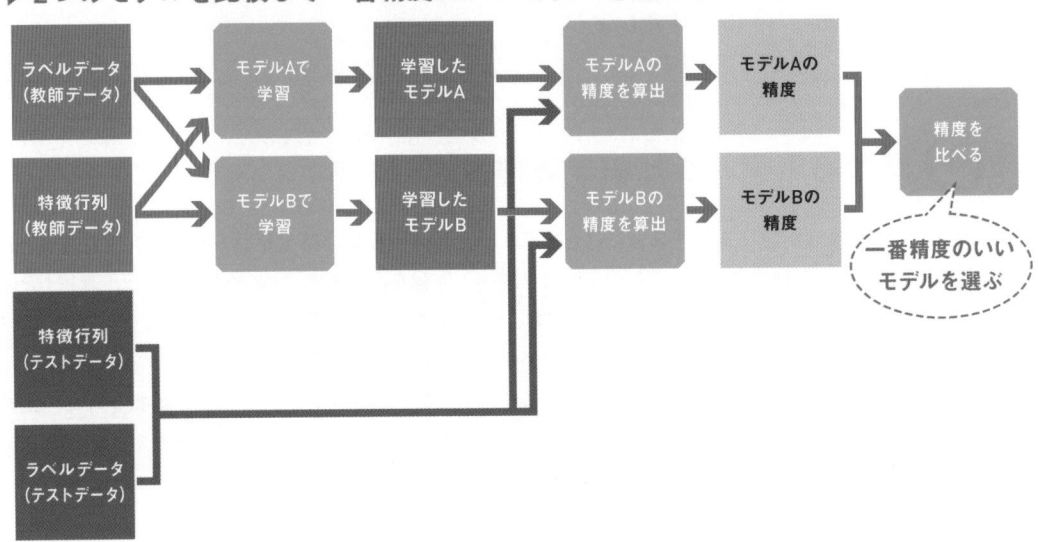

→ ランダムフォレストのモデルを作成する

このLessonでは、ランダムフォレストというモデルとロジスティック回帰の精度を比較します。ランダムフォレストは、ロジスティック回帰と同じく、教師あり学習で分類を行うためのモデルで、よく利用されます。本書では説明しませんが、他にもSVM（サポートベクターマシン）というモデルもよく利用されます。興味があれば、Chapter 8で紹介している参考書籍を参照してみてください。

ランダムフォレストもロジスティック回帰と同じく、

scikit-learnから利用することができます。scikit-learnでランダムフォレストのモデルを作成するには、sklearn.ensembleモジュールのRandomForestClassifierクラスを用います。RandomForestClassifierの使い方はLogisticRegressionとおおむね同じです。RandomForestClassifierをインスタンス化したら、fit()メソッドで学習を行い、predict()メソッドで分類を行います。

⬤ ランダムフォレストのモデルと精度を比較しよう

1 | ランダムフォレストのモデルに 手書き文字を学習させる

chapter5-moji.ipynb

ランダムフォレストのモデルとロジスティック回帰のモデルでそれぞれ手書き文字を予測させて、それぞれの正解率を比較してみましょう。まず、ランダムフォレストのモデルをインスタンス化して❶、手書き文字のデータセットを学習させます❷。ロジスティック回帰のモデルと正解率を比較するために、Lesson 45でロジスティック回帰の正解率を算出する際に使ったものと同じ教師データを用います。

```
from_sklearn.ensemble_import_RandomForestClassifier
```
1 モデルをインスタンス化する
```
clf_rf_=_RandomForestClassifier(random_state=0,_n_estimators=10)
clf_rf.fit(X_train,_y_train)
```
2 教師データを学習させる

```
[37]:    ▼          RandomForestClassifier
         RandomForestClassifier(n_estimators=10, random_state=0)
```
‑ ‑ ‑ モデルの情報が表示されます。

Point　RandomForestClassifierクラスの引数

結果の変動を避けるため、RandomForestClassifierクラスの引数にrandom_state=0とn_estimators=10を渡してください。n_estimatorsはランダムフォレストの学習と予測に使われる引数ですが、本書の範疇を超えるため、詳細な説明は省略します。詳しく知りたい場合はChapter 8で紹介する書籍などを参照してください。

👍 ワンポイント 「モデル」という用語が表すもの

「モデル」という用語は、scikit-learn以外でも使われる、機械学習の一般的な用語です。ただし、「モデル」という言葉の具体的な意味は文脈で変わります。機械学習のアルゴリズムをモデルと呼ぶことも、アルゴリズムの持つパラメーターという変数をモデルと呼ぶこともあります。いずれにせよ、「入力されたデータから値を予測する1つの仕組み」と考えるとわかりやすいでしょう。

2 ランダムフォレストのモデルの正解率を算出する

ランダムフォレストのモデルに教師データを学習させたので、テストデータを用いて正解率を算出してみましょう。テストデータには、Lesson 45でロジスティック回帰の正解率を算出する際に使ったものを用います。正解率は、predict()メソッドにテストデータを渡して取得した予測結果を❶、accuracy_score()関数の引数にして算出します❷。ここもロジスティック回帰と同様です。

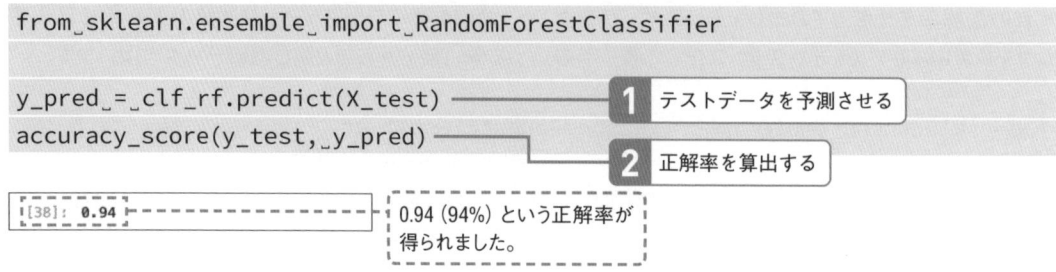

```
from sklearn.ensemble import RandomForestClassifier
```

```
y_pred = clf_rf.predict(X_test)
accuracy_score(y_test, y_pred)
```

1 テストデータを予測させる

2 正解率を算出する

```
[38]: 0.94
```

0.94（94%）という正解率が得られました。

3 精度を比較する

Lesson 45のロジスティック回帰の正解率は0.953（約95.3%）程度でしたので、ランダムフォレストはロジスティック回帰より1%ほど正解率が低いという結果になりました。今回のデータでは、ロジスティック回帰のほうがランダムフォレストよりもよい精度が得られるとわかったので、次のLessonからもロジスティック回帰のモデルを利用していきます。

このLessonではロジスティック回帰のほうがよい結果になりました。ただし、データによってはランダムフォレストのほうがロジスティック回帰よりもよい精度が得られることもあります。複数のモデルを検討するときは、必ず精度を比較するようにしましょう。

[学習済みモデルの作成]

学習済みモデルを作ってみましょう

**このレッスンの
ポイント**

機械学習の「学習」のステップには多くの処理時間がかかりますが、手書き文字を学習させたモデルを保存しておくと、再度モデルに学習させるステップを省略できます。手書き文字を学習させたモデルの保存と利用方法を学びましょう。

学習済みモデルとは

機械学習には学習と予測のステップがあり、予測に比べ学習には多くの時間がかかります。UCIの手書き数字データセットの学習は一瞬で終わりましたが、データの量や種類、モデルによっては、学習に何日間もかかることもあります。

機械学習を使ったシステムを作る場合、「予測して」という依頼が来てから予測結果が返るまでに何日もかかっていては使い物になりません。そこであらかじめモデルにデータセットを学習させ、ファイルなどに保存しておきます。保存したモデルを使って予測することで、予測のたびに学習をし直す必要がなくなります。このようにデータセットを学習させたモデルを本書では「学習済みモデル」と呼びます。

▶ 学習済みモデルを使う

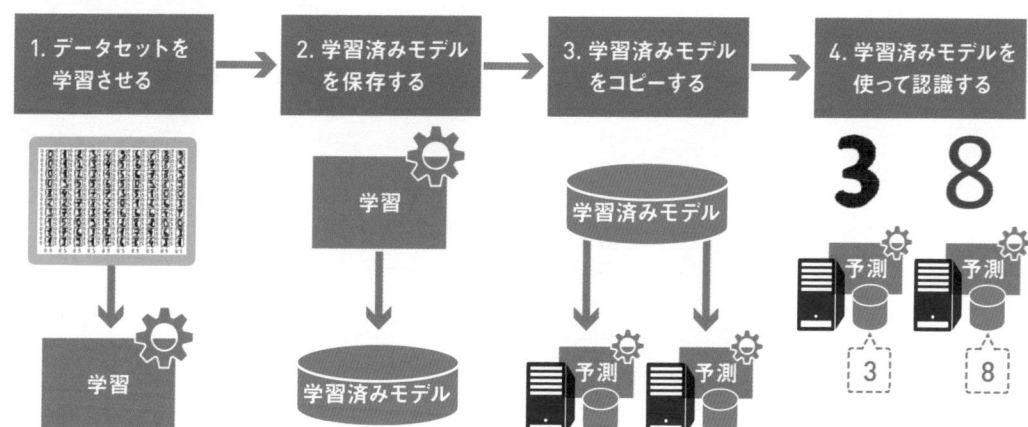

学習済みモデル利用時の注意点

scikit-learnのモデルから学習済みモデルを作成して、pybotで利用するために、Lesson 35で紹介したpickleを用います。scikit-learnのモデルから作った学習済みモデルを利用するには、学習済みモデルを利用する環境にもscikit-learnをインストールして

ください。scikit-learnのバージョンは、学習済みモデルの作成時と利用時とで同じにする必要があります。たとえば、ある仮想環境Aで学習済みモデルを作って、仮想環境Bで利用したい場合、仮想環境Bにも同じバージョンのscikit-learnが必要です。

▶pickleで学習済みモデルを作成して利用する

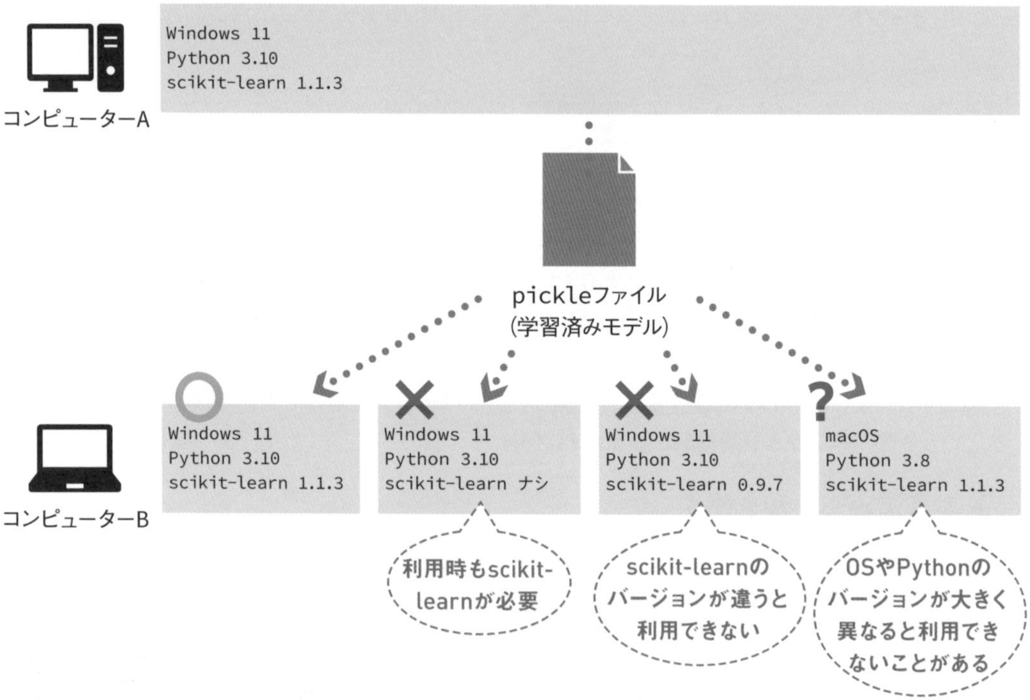

コンピューターA

```
Windows 11
Python 3.10
scikit-learn 1.1.3
```

pickleファイル
(学習済みモデル)

コンピューターB

```
Windows 11
Python 3.10
scikit-learn 1.1.3
```

```
Windows 11
Python 3.10
scikit-learn ナシ
```

```
Windows 11
Python 3.10
scikit-learn 0.9.7
```

```
macOS
Python 3.8
scikit-learn 1.1.3
```

利用時もscikit-learnが必要

scikit-learnのバージョンが違うと利用できない

OSやPythonのバージョンが大きく異なると利用できないことがある

pickleファイルは、基本的に異なるPythonのバージョンやOSでも利用できますが、Pythonのバージョンが大きく異なる場合など、利用できないこともあります。作成時と利用時でPythonのバージョンやOSが異なる場合などは、あらかじめ動作確認をしておきましょう。

学習済みモデルを作成する

1 pickleを使って学習済みモデルを保存する `chapter5-moji.ipynb`

UCIの手書き数字データセットを学習させたモデルを、pickleで学習済みモデルとして保存します。保存先にtrained-model.pickleを指定し、dump()メソッドで保存します❶❷。

```
import pickle
```
> **1** wbモードで保存先ファイルを開く

```
with open('trained-model.pickle', 'wb') as f:
    pickle.dump(clf, f)
```
> **2** 学習済みモデルを保存

学習済みモデルを利用する

1 新しいNotebookファイルを開く

保存した学習済みモデルが実際に利用できることを確かめる準備をします。JupyterLabを起動したら、ランチャーの「Notebook」から[Python 3]を選択して新しいNotebookファイルを作成しましょう❶。Notebookの名前 (Untitled) は紙面と異なっていても問題ありません。

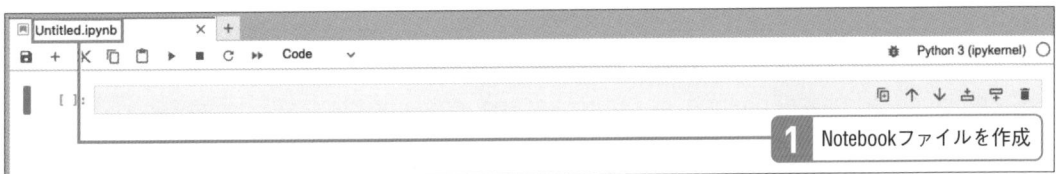

> **1** Notebookファイルを作成

2 | 学習済みモデルを読み込む

作成したNotebookファイルで学習済みモデルを使ってみましょう。先ほど保存したtrained-model.pickle をrbモードで開き❶、pickle.load()メソッドで読み込みます❷。

```
import_pickle

with_open('trained-model.pickle',_'rb')_as_f:
____clf_=_pickle.load(f)
clf
```

1 rbモードで学習済みモデルを開く

2 学習済みモデルを読み込む

```
[3]:    ▼              LogisticRegression
        LogisticRegression(random_state=0, solver='liblinear')
```

3 | 予測させるデータを用意する

次に、予測させるためのデータを用意します。
Lesson 41〜42で行った通り、自分で手書きした文字を読み込んで前処理します❶。

1 コードを入力して実行する

```
import_numpy
from_PIL_import_Image,_ImageEnhance,_ImageOps

im_=_Image.open('mydigit.jpg')
im_enhanced_=_ImageEnhance.Brightness(im).enhance(2) ········明暗をはっきりさせる
im_gray_=_im_enhanced.convert(mode='L') ······ グレースケールに変換する
im_8x8_=_im_gray.resize((8,_8))·················· 8ピクセル四方に縮小する
im_inverted_=_ImageOps.invert(im_8x8) ·········· 明暗を反転させる
X_im2d_=_numpy.asarray(im_inverted) ············ 2次元のndarrayに変換する
X_im1d_=_X_im2d.reshape(-1) ····················· 1次元のndarrayに変換する
X_multiplied_=_X_im1d_*_(16_/_255) ··········· 0〜255の値を0〜16に変換する
X_multiplied
```

```
[4]:  array([0.        , 2.13333333, 3.95294118, 4.01568627, 3.51372549,
            0.43921569, 0.        , 0.        , 3.82745098, 3.95294118,
            0.87843137, 0.1254902 , 1.50588235, 2.13333333, 0.        ,
            0.        , 1.81960784, 0.        , 0.        , 0.        ,
            0.        , 2.76078431, 0.        , 0.        , 0.        ,
            0.        , 0.        , 0.        , 0.87843137, 3.45098039,
            0.1254902 , 3.63921569, 1.19215686, 0.        , 0.        ,
            0.        , 0.        , 1.44313725, 5.33333333, 2.69803922,
            0.        , 0.        , 0.        , 1.31764706, 4.20392157,
            3.82745098, 2.00784314, 2.94901961, 2.25882353, 1.00392157,
            2.57254902, 2.44705882, 1.56862745, 0.        , 0.        ,
            0.        , 2.07058824, 3.2627451 , 1.38039216])
```

- - - - - ndarrayが表示されます。

4 予測させる

データが用意できたら学習済みモデルのpredict()メ
ソッドを使って文字を予測させましょう❶。このよ
うに、学習済みモデルを利用すると学習したところ
とは別のところ（異なるNotebookなど）で、学習し
た結果を用いて予測できることがわかります。

```
clf.predict([X_multiplied])[0]
```
1 predict()メソッドを呼び出す

```
[5]:  2
```
- - - - - 予測結果が表示されます。

👍 ワンポイント 画像処理ライブラリ「OpenCV」

画像処理を行うライブラリには、Pillowの他にも
「OpenCV」と呼ばれるものがあります。OpenCVを
使うとPillowよりも高度な画像処理ができます。
たとえば本書では、画像の切り抜きや文字の明
瞭化には手動で行う作業がありましたが、
OpenCVを用いると自動化できます。OpenCVをイ
ンストールするには「pip install opencv-python」と
します。また、PythonからOpenCVを利用する場合、
画像は NumPy ndarray形式で扱われるため、
NumPyとOpenCVの間で画像データをシームレス
にやり取りできます。

48

[文字認識コマンドの追加]

pybotへ組み込んでみましょう

**このレッスンの
ポイント**

このChapterで学んだことを利用して、pybotに文字を認識するコマンドを追加しましょう。数字を手書きした画像をフォームからアップロードすると、予測結果が表示されるようにします。コマンドを追加しながら「前処理」「学習」「予測」を振り返りましょう。

「文字」コマンドを追加しよう

pybotに手書き文字認識を行うコマンド、「文字」コマンドを追加しましょう。「文字」コマンドは、切り抜いた手書き文字の画像を渡すと書かれた文字を予測して返します。pybotに文字を予測させるには画像をpybotに渡す必要があります。つまり、画像ファイルをアップロードする機能が必要です。

▶「文字」コマンドの使い方

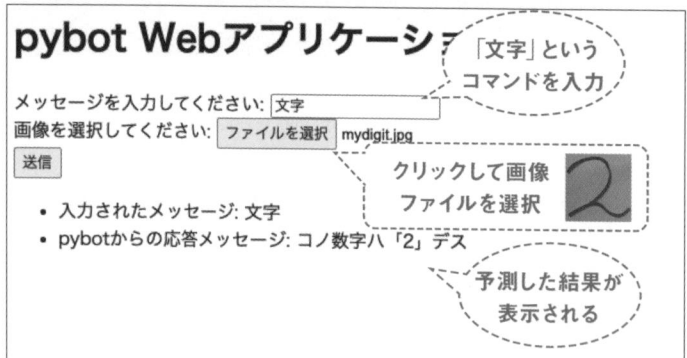

[ファイルを選択] をクリックして、数字を描いたJPEG形式の画像をアップロードします。

Chapter 5

手書きの文字を認識しよう

「文字」コマンドの追加に必要な変更を確認しよう

「文字」コマンドを追加するには、Webアプリ版pybotを構成するいくつかのファイルを編集する必要があります。アップロードされた画像を「文字」コマンドの処理に渡すため、pybot.pyのpybot()関数の変更が必要です。

さらに、pybot_moji.pyを追加して「文字」コマンドの処理を作成します。pybot_moji.pyの「文字」コマンドの処理には、「アップロードされた手書き文字に前処理をする機能」と「アップロードされた手書き文字に書かれた文字を予測する機能」を実装します。

▶「文字」コマンドの追加に必要な変更

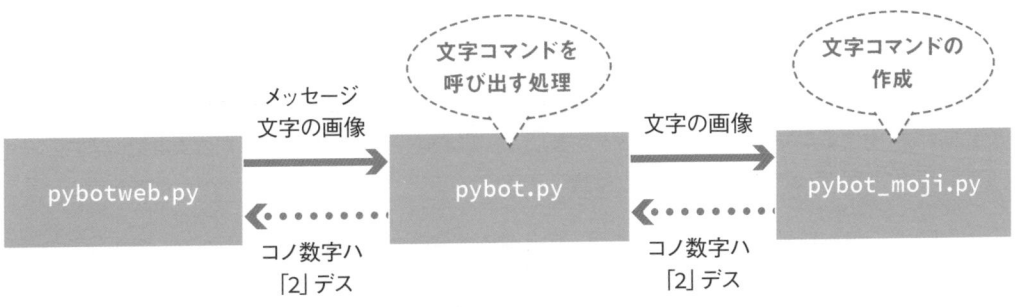

👍 ワンポイント bottleでアップロードされたファイルを使う

bottleでファイルをアップロードするためのテンプレートの記述についてChapter 2で説明しました。では、アップロードされたファイルをbottleで受け取って利用するには、どうすればよいでしょうか。アップロードされたファイルは、requestから取り出せます。このレッスンで作成する「文字」コマンドのようにフィールド名がinput_imageであれば、request.files.input_imageのfile属性から取り出します。取り出されたファイルは、open()関数で開いたファイルと同様に扱うことができ、PillowのImage.open()関数などに渡せます。ファイルがアップロードされていない場合、file属性を参照するとエラーになります。アップロードされたファイルを使う場合、次のページ以降の例を参考に、ファイルがアップロードされたことを確認してから使いましょう。

⬤ 文字コマンドを作成する

画像データを特徴ベクトルに変換していきましょう。画像のサイズは8ピクセル四方で、各ピクセルは0〜255の値をとるPillowのImageオブジェクトです。

このImageオブジェクトを、最終的に0〜16の数値を64個持つ1次元のndarrayに変換します。

1 pybot_mojiモジュールの作成 `pybot_moji.py`

新規ファイルpybot_moji.pyファイルを追加して、文字コマンドを作成しましょう。前処理に使うNumPyとPillowのモジュールをインポートします❶。次に学習済みモデルをロードするためにpickleのモジュールを

インポートします❷。前処理用のライブラリがインポートできたら、文字コマンドmoji_command()関数を定義しましょう❸。文字コマンドは、image引数でアップロードされた画像を受け取れるようにします。

```
001  import_numpy
002  from_PIL_import_(
003  ____Image,
004  ____ImageEnhance,
005  ____ImageOps,
006  )
007  import_pickle
008
009
010  def_moji_command(image):
011  ____if_not_image:__#_画像がアップロードされていない場合
012  _____return_'画像ヲシテイシテクダサイ'
```

1 前処理用にライブラリをimportする

2 学習済みモデルのロード用にpickleをimportする

3 文字コマンドの関数を定義

2 文字コマンドの処理を作成

moji_command()関数の処理を作成しましょう。moji_command()関数は、アップロードされた画像を受け取って、予測した数字を返す関数です。まず、Lesson 47で作成した学習済みモデルを読み込みましょう❶。読み込んだ学習済みモデルは手書き文字の予測に使います。次にアップロードされた画像

をモデルのpredict()メソッドへ渡せるように前処理を行います❷。前処理の内容はLesson 41〜43で学んだ通りです。最後に、前処理をした画像データ(X_bin)をロードした学習済みモデル (clf) に渡して、画像に書かれた数字を予測して返します❸。

```
013
014     ____#_学習済みモデルのロード
015     ____with_open('./trained-model.pickle',_'rb')_as_b:
016             clf_=_pickle.load(b)
017
018     ____#_前処理
019     ____im_=_Image.open(image.file)__#_アップロードされた画像をPillowで開く
020     ____im_=_ImageEnhance.Brightness(im).enhance(2)__#_明暗をはっきりさせる
021     ____im_=_im.convert(mode='L')__#_グレースケールに変換する
022     ____im_=_im.resize((8,_8))__#_8ピクセル四方に縮小する
023     ____im_=_ImageOps.invert(im)__#_明暗を反転させる
024     ____X_bin_=_numpy.asarray(im)_#_NumPy_ndarrayに変換
025     ____X_bin_=_X_bin.reshape(-1)_#_8x8のNumPy_ndarrayを1x64に変換
026     ____X_bin_=_X_bin_*_(16_/_255)_#_0〜255の値を0〜16に変換
027
028     ____#_予測
029     ____y_pred_=_clf.predict(X_bin)
030     ____y_pred_=_y_pred[0]
031     ____return_f'コノ数字ハ「{y_pred}」デス'
```

1 学習済みモデルを開く

2 画像を前処理する

3 予測する

3 pybotに組み込む `pybot.py`

pybot.pyを修正して、作成した文字コマンドをpybot
で利用できるようにしましょう。「文字」というコマン
ド名が入力されたら、moji_command()関数を呼び
出すようにします❶。

```
        ……省略……
006     ____from_pybot_markov_import_markov_command
007     ____from_pybot_moji_import_moji_command
        ……省略……
043     ____def_pybot(command,_image=None):
        ……省略……
071             if_'マルコフ'_in_command:
072                 response_=_markov_command()
073             if_'文字'_in_command:
074                 response_=_moji_command(image)
075
        ……省略……
```

1 コマンドを追加

4 | 文字コマンドを使ってみる

PowerShell上で「python pybotweb.py」を実行して pybotサーバーを起動します。Webブラウザ上で「http:// localhost:8080/hello」を開いて、pybot Webアプリケーションの初期画面を開きます。

テキストボックスへ「文字」と入力して❶、ファイルに認識させたい手書き文字のファイルを選択します❷❸❹。入力できたらフォームを送信すると❺ pybotから応答が返ってきます。

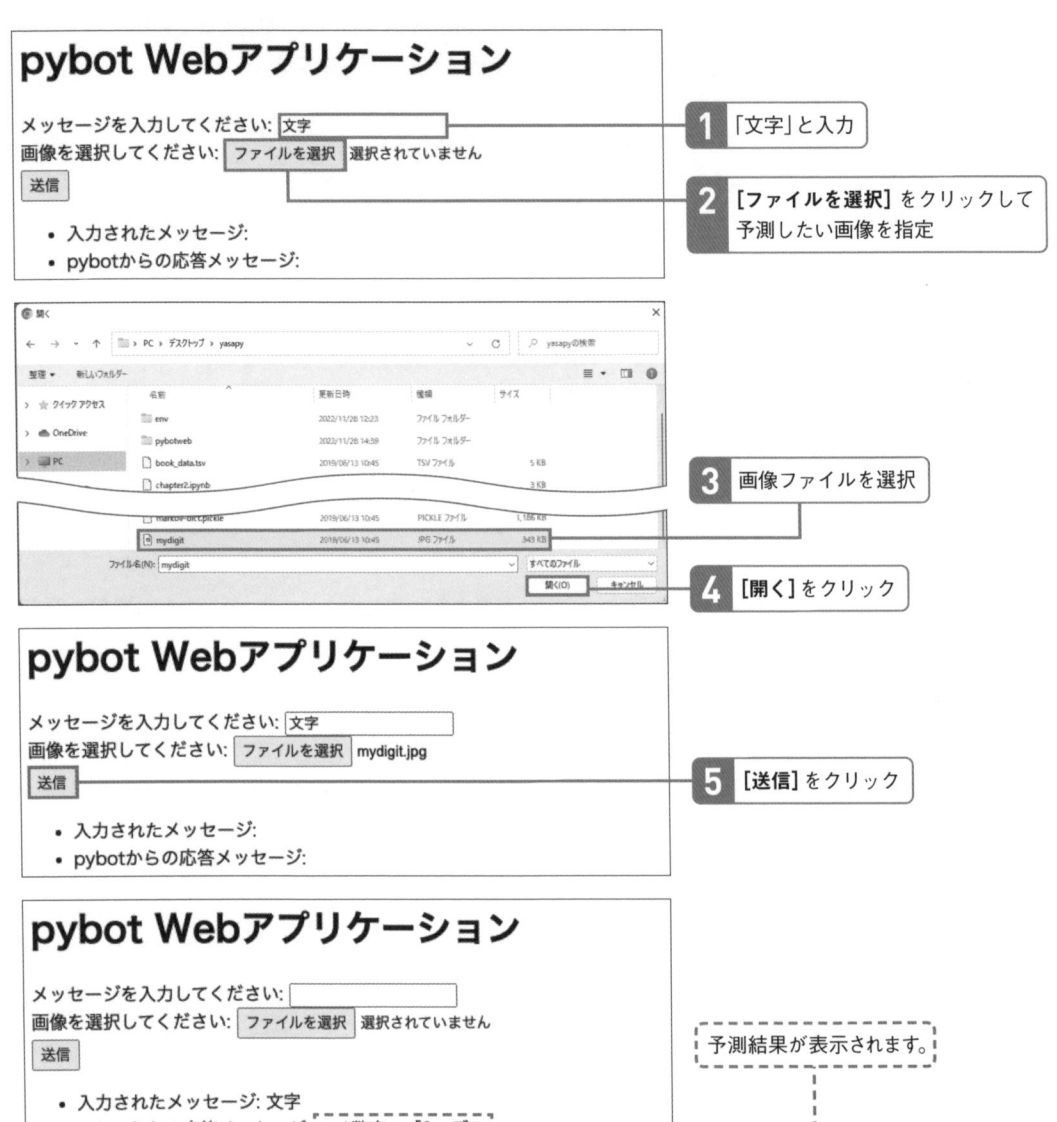

222

Chapter

6

表形式のデータを前処理しよう

このChapterではデータ分析用のライブラリpandas（パンダス）を使った、データの前処理について学習します。

Lesson

49

[pandasのインストール]
必要なライブラリを
インストールしましょう

**このレッスンの
ポイント**

Excelファイルのような表形式データの前処理や分析には、Pythonでは pandas（パンダス）というライブラリがよく用いられます。表形式のデータの多さを考えれば、Pythonでの機械学習にpandasは不可欠といえるでしょう。このLessonでは、pandasをインストールします。

 ## pandasはデータ分析用のライブラリ

このChapterではpandasを使ってデータの前処理を行います。pandasはデータ分析ライブラリで、データの操作や分析に利用されます。また、pandasの

データ操作機能を用いて、機械学習を行う場合に前処理でよく利用されます。

▶ **pandasの公式サイト**

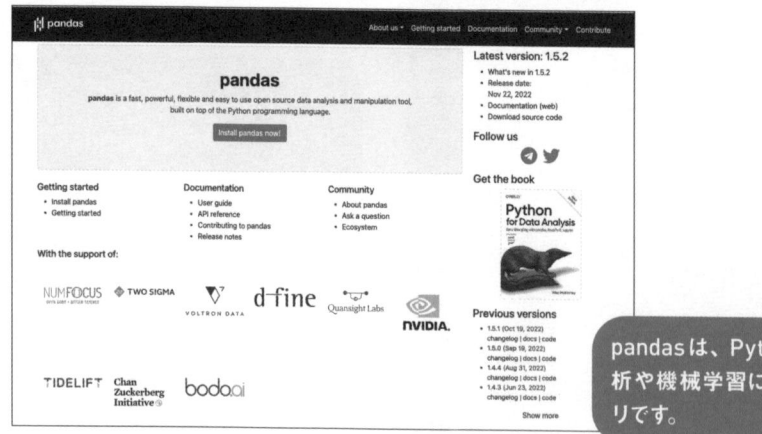

https://pandas.pydata.org/

pandasは、Pythonでのデータ分析や機械学習に不可欠なライブラリです。

pandasでできるデータ分析

pandasで利用できるデータは、主に表計算ソフトExcelで扱うような表形式のデータです。pandasを用いると、Excelなどのファイルから表形式のデータを読み込み、集計やデータの抽出、統計情報の算出、欠損値の補完、グラフの表示（グラフの表示にはmatplotlibが必要です）などが行えます。

▶ **統計情報を表示する**

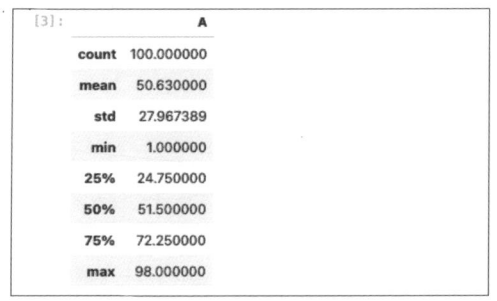

▶ **データを可視化する**

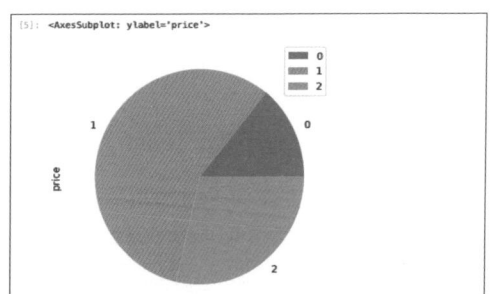

 ## pandasと機械学習

pandasで読み込み加工したデータは、Chapter 5と7で使うscikit-learnへ直接渡したり、numpyのndarrayへ変換したりできます。ですから、pandasで前処理を行って、scikit-learnで機械学習をするという作業をシームレスに行えます。

▶ **pandasでデータを加工してscikit-learnへ渡す**

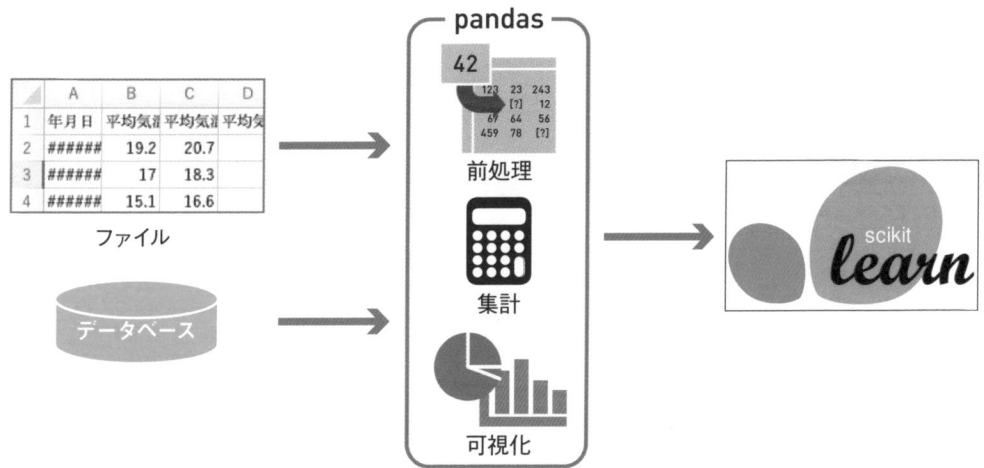

● pandasとscikit-learn、matplotlibをインストールする

1 pandasとscikit-learn、matplotlibをインストールする

仮想環境でpipコマンドを用いてpandasとmatplotlibをインストールします。また、Chapter 7ではChapter 6で作ったデータとNotebook ファイルを引き続き利用します。Chapter 7で利用するscikit-learnもここで

インストールしましょう。次のコマンドを実行するとpandasとscikit-learn、matplotlibがインストールされます●。執筆時点での最新版は、pandas 1.5.2、scikit-learn 1.1.3、matplotlib 3.6.2です。

```
pip install pandas scikit-learn matplotlib
```

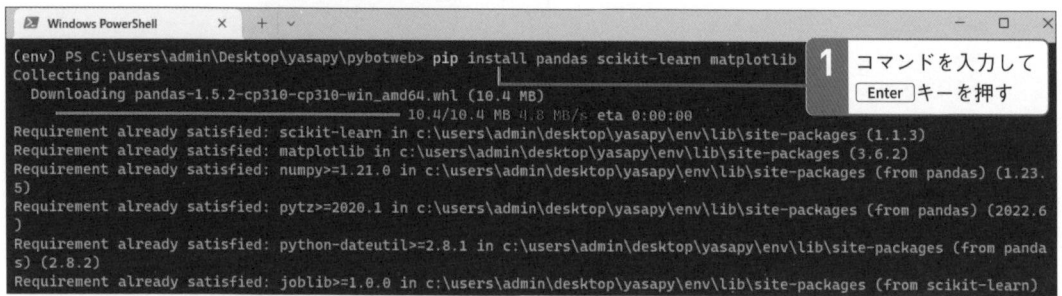

2 Notebookファイルを作成する `chapter-6-7-regression.ipynb`

次にこのChapterで使用するNotebookファイルを作成します。JupyterLab を起動したら、ランチャーの「Notebook」から [Python 3] を選択して新規Noteboook

ファイルを作成します。作成したNotebookファイルの名前を「chapter6-7-regression」に変更します。

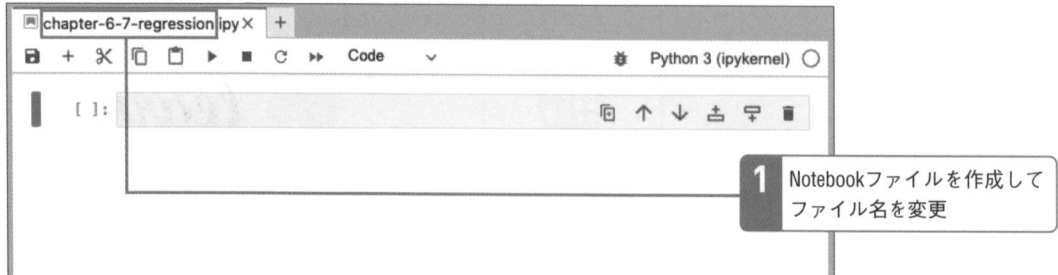

Lesson
50
[pandasでファイルを読み込む]

pandasでファイルを
読み込んでみましょう

このレッスンの
ポイント

pandasを使うと、ファイルからデータを読み込み、操作や加工を行ってから、再びファイルに書き出すことができます。pandasでデータを読み書きする方法について学びましょう。また、表データのファイル形式「CSV」を扱えるようになりましょう。

→ 表形式のテキストファイルCSV

表形式のデータをファイルに格納するための形式の1つに、CSV (Comma-separated values) と呼ばれるファイル形式があります。次の例の通り、CSVは表のセルの区切りをカンマで表現しただけの単純なテキストデータです。CSVは、このChapterで利用するサンプルデータをはじめ、機械学習のデータセットの配布や、企業のシステム間のデータ交換などに広く利用されています。

▶ CSVファイルの例

```
品名,値段,個数
リンゴ,76,2
ゴマ,230,1
マグロ,580,10
```

▶ CSVファイルを表にしたもの

品名	値段	個数
リンゴ	76	2
ゴマ	230	1
マグロ	580	10

文字列のエンコーディング

コンピューターはデータを0と1で扱いますが、文字も例外ではありません。文字を0と1で表現する（エンコードする）ための決まりを「文字コード」と呼びます。代表的な文字コードには、UTF-8やShift_JISがあります。CSVファイルのようなテキストファイルの文字も、文字コードに従って0と1に変換された状態でファイルへ格納されています。

問題は、文字コードには複数の種類があり、互いに互換性がないことです。そのため、テキストファイルを扱う場合、テキストファイルの文字コードの明示的な指定が必要な場合があります。国際的にはUTF-8が一般的ですが、日本語圏で配布されるデータはShift_JISの場合もよくあります。　このChapterで利用する、気象データのファイルもShift_JISで保存されています。

▶「イ」という文字をエンコードすると……

UTF-8

```
11100011_10000010_10100100
```

Shift_JIS

```
10000011_01000011
```

同じ「イ」という文字でも、文字コードが異なるとまったく違う0と1になります。

CSVデータを読み込む

pandasでCSVファイルを読み込むにはread_csv()関数を利用します。read_csv()関数は、引数にファイルの場所（パス）を受け取り、指定されたパスのCSVファイルからデータを読み込み、読み込んだデータをDataFrameという形式で返します。

DataFrameについては次のLessonで説明します。また、encodingオプションに文字コードを指定すると、指定された文字コードでCSVファイルを読み込みます。

▶ read_csv()関数でCSVファイルを読み込む

```
pandas.read_csv('data.csv', encoding='Shift_JIS')
```

CSVファイルの場所（パス）　　　　　CSVファイルの文字コードを指定する

○ サンプルデータを用意しよう

1 サンプルデータをダウンロードする

このChapterで利用するデータは、書籍の紹介ページでダウンロードできます（P.303参照）。そこからChapter 6用のファイルを探し、data.csvとamedas_ stations.csvをNotebookファイルと同じフォルダーに配置します❶。

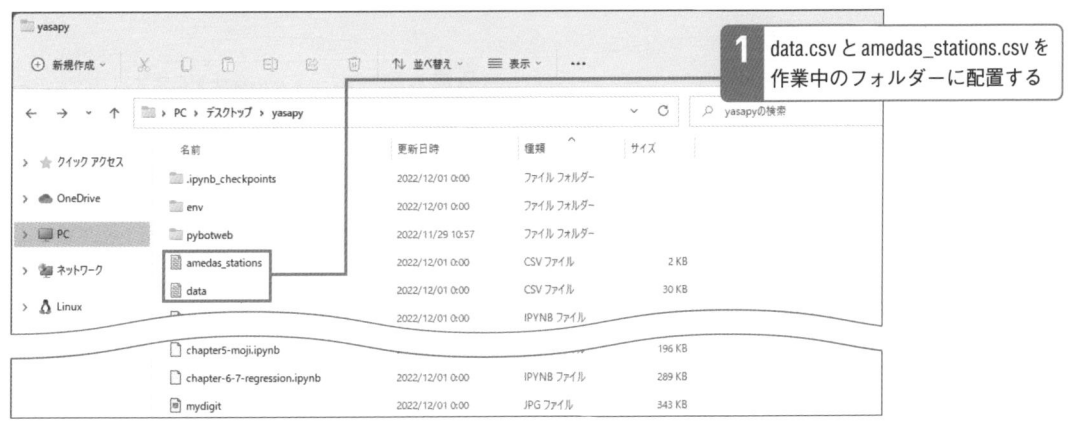

❶ data.csv と amedas_stations.csv を作業中のフォルダーに配置する

2 サンプルデータを表示する `data.csv`

pandasを使う前に、読み込むファイルdata.csvの中身を少し表示してみましょう。テキストファイルを読み込むにはopen()関数でファイルを開き、read()でファイルの中身を読み込みます❶。data.csvはShift_JISなので、open()関数のencoding引数に'Shift_JIS'を指定します。

```
print(open('data.csv', encoding='Shift_JIS').read()[:200])
```

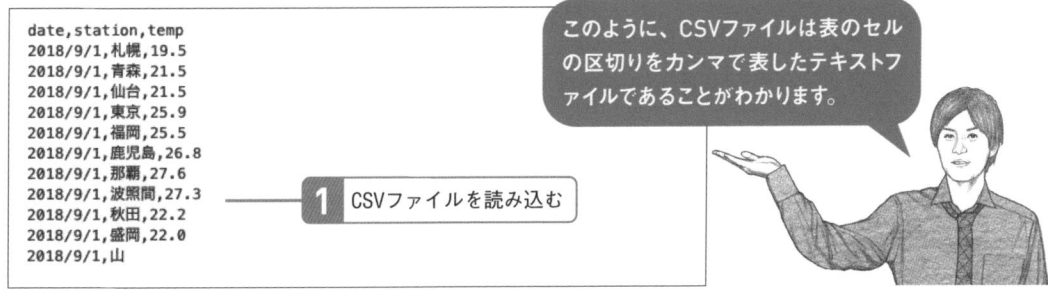

❶ CSVファイルを読み込む

このように、CSVファイルは表のセルの区切りをカンマで表したテキストファイルであることがわかります。

3 | pandasでCSVファイルを読み込む `chapter-6-7-regression.ipynb`

先ほど表示したdata.csvを今度はpandasで読み込んでみましょう。pandasでCSVを読み込むにはread_csv()関数を使います❶。data.csvは文字コードがShift_JISなので、encodingオプションには'Shift_JIS'を指定してください❷。先ほど表示した結果と見比べると、カンマで区切られたところで列が区切られていることがわかります。

```
import_pandas

df_=_pandas.read_csv(
____'data.csv',
____encoding='Shift_JIS',
)
df
```

1 読み込むファイルの場所を指定する

2 文字コードはShift_JIS

[2]:		date	station	temp
	0	2018/9/1	札幌	19.5
	1	2018/9/1	青森	21.5
	2	2018/9/1	仙台	21.5
	3	2018/9/1	東京	25.9
	4	2018/9/1	福岡	25.5
	...	...	...	...
	1495	2018/9/30	長崎	21.9
	1496	2018/9/30	佐賀	21.3
	1497	2018/9/30	熊本	20.7
	1498	2018/9/30	稚内	16.6
	1499	2018/9/30	函館	17.6

1500 rows × 3 columns

見やすい表の形で表示されます。

今回サンプルデータを入れた「df」は次のLesson以降でも利用します。

Lesson
51
[DataFrame]
pandasで表データから
行を取り出してみましょう

**このレッスンの
ポイント**

このレッスンでは、pandasで表データを扱うためのオブジェクトであるDataFrameについて学習します。リスト操作に使うスライスなどを利用して、DataFrameから自在に行を取り出せるようになりましょう。

→ DataFrame

pandasは、DataFrame（データフレーム）と呼ばれるオブジェクトで表データを表現します。DataFrameには、DataFrame内のデータを検索したり、グラフとして表示したりする機能があります。

DataFrameはJupyterLab上で表示すると、表として表示されます。このLesson以降、DataFrameを使った表データの操作について学んでいきます。

▶ JupyterLab上に表示されたDataFrame

	name	price	amount
0	リンゴ	76	2
1	ゴマ	230	1
2	マグロ	580	7
3	ロコモコ	310	3
4	コショウ	100	1

慣習として、DataFrameの入った変数にはdfという変数名を使います。

→ DataFrameから任意の行の範囲を取り出す

DataFrameのiloc属性とスライスを使って、DataFrameから任意の行の範囲を取り出します。取り出した範囲もDataFrameになっています。リストからスライスでデータを取り出すときと同じく、iloc[開始位置:終了位置]という形式でデータを取り出す

範囲を指定します。DataFrameから行を取り出す方法は他にもあるのですが、本書では主にiloc属性を用います。

また、表データのうち先頭や末尾だけを見たい場合は、head()メソッドやtail()メソッドも便利です。

▶ DataFrameから行を取り出すメソッド

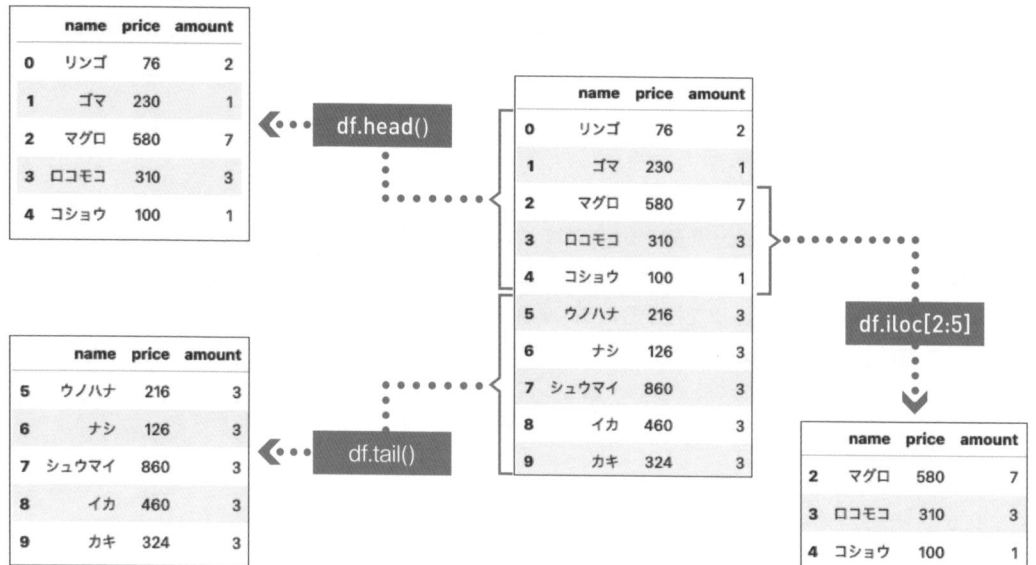

iloc[開始位置:終了位置]は0始まりの行番号で指定する点、取り出される範囲が開始位置から終了位置の1つ前という点は、リストのスライスと同様です。

先頭と末尾の行を表示しよう

1 サンプルデータを表示する `chapter-6-7-regression.ipynb`

前のLessonで読み込んだDataFrameの先頭と末尾の数行を、JupyterLabに表示してみましょう。先頭と末尾の数行を表示するには、DataFrameのhead()メソッド❶とtail()メソッド❷を使います。

`df.head()` ──────── **1** head()メソッドを呼び出す

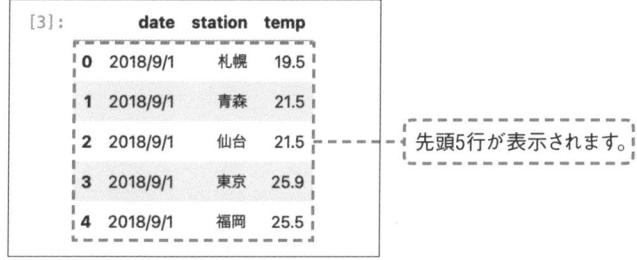

先頭5行が表示されます。

`df.tail()` ──────── **2** tail()メソッドを呼び出す

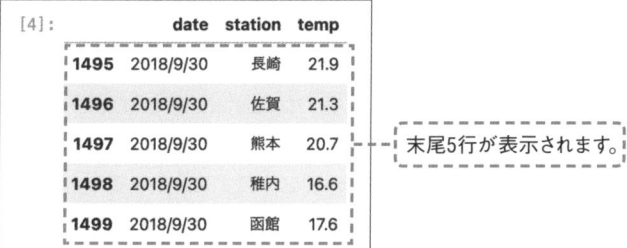

末尾5行が表示されます。

Point　表示する行数を指定する

head()メソッドやtail()メソッドは引数に行数nを取り、指定された数の行をDataFrameとして返します。行数nを省略するとデフォルトで5行を返します。

● スライスで行をまとめて取り出す

1 ┊ 2～6番の行をまとめて取り出す `chapter-6-7-regression.ipynb`

DataFrameから2～6番の行をまとめて取り出してみましょう。DataFrameを使って任意の行を取り出す には、DataFrameのiloc属性とスライスを利用します **1**。

```
df_sliced = df.iloc[2:7]
df_sliced
```

1 スライスで2:7を指定する

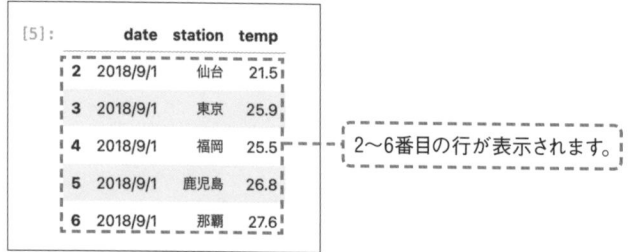

```
[5]:      date station temp
      2 2018/9/1   仙台  21.5
      3 2018/9/1   東京  25.9
      4 2018/9/1   福岡  25.5
      5 2018/9/1  鹿児島  26.8
      6 2018/9/1   那覇  27.6
```

2～6番目の行が表示されます。

2 ┊ スライスしたデータからさらにスライスでデータを取り出す

df_slicedの表示結果を見てください。表の一番左の列には3、4、5と表示されていて、0始まりではありません。一番左の列に表示されているのはIndexと呼ばれるデータです。ややこしいですが、iloc属性とスライスを使ってデータを取り出すときは、Indexではなく現在のDataFrameの先頭行を0として振られた行番号を範囲の指定に使います。df_slicedからさらにiloc属性とスライスでデータを取り出しましょう**1**。Indexではなく行番号が使われるとわかります。

```
df_sliced.iloc[1:4]
```

1 df_slicedに対してスライスで1:4を指定する

```
[6]:      date station temp
      3 2018/9/1   東京  25.9
      4 2018/9/1   福岡  25.5
      5 2018/9/1  鹿児島  26.8
```

df_slicedの1番目（0始まり）の行から3番目の行までが表示されます。

Indexについては Lesson 53 で説明します。iloc属性で指定する行番号とIndexは異なるものだということだけ理解していれば今はOKです。

Lesson 52 [Series]
DataFrameから列を取り出して操作してみましょう

pandasの表データの各列は、Series（シリーズ）というオブジェクトで表されます。Seriesには、合計や平均など、列単位でデータを集計する機能や、欠損値を補完する機能があります。Seriesの機能を用いて、集計や欠損値の補完ができるようになりましょう。

→ Seriesは列単位のデータ

Seriesは、主にDataFrameの行や列を表現するオブジェクトです。列の合計値を算出するなど、個々の行や列単位でデータを操作するときに使われます。

DataFrameから列のSeriesを取り出すには、['列名']の形式で列名を指定します。

▶ DataFrameからSeriesを取り出す

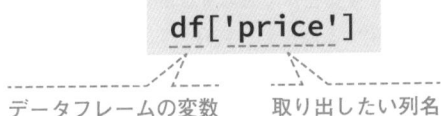

データフレームの変数   取り出したい列名

▶ DataFrameとSeries

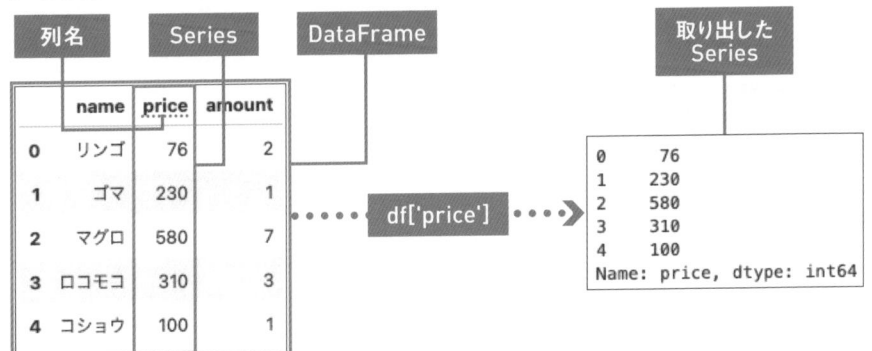

列単位での集計処理

Seriesの機能を用いると、列単位での集計処理を簡単に行えます。集計処理の一例には、列の合計値を算出するsum()メソッドや平均値を算出するmean()メソッドなどがあります。

▶ 列単位で集計する主なメソッド

メソッド	説明
max()	最大値を返す
min()	最小値を返す
sum()	合計値を計算する
mean()	平均値を計算する

欠損値の補完

データを集めていると、データの欠損（欠測）がどうしても発生します。実例として、気温計などの観測機器を用いている場合に機器が故障した、アンケートを集めている場合にアンケート用紙の年収や年齢欄が空白のまま提出されたなどがあります。機械学習のアルゴリズムは、多くの場合、データの欠損を想定していません。したがって、欠損値を含む

データを機械学習に用いるには、前処理の段階で、欠損値をすべて取り除くか、平均値などで補完する必要があります。

Seriesのfillna()メソッドを用いると、列内の欠損値を補完することができます。fillna()メソッドは、引数で補完する値を受け取り、列内の欠損値を補完した新しいSeriesオブジェクトを返します。

▶ 列の平均値で欠損値を補完する

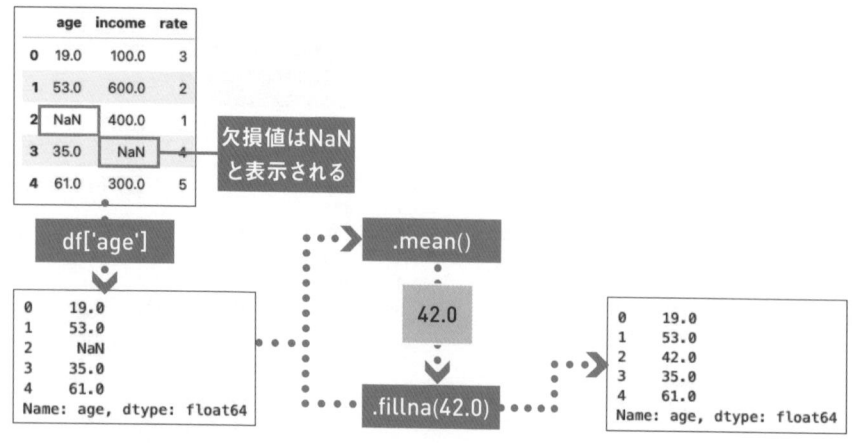

● 欠損値を補完しよう

1 | 表データ(DataFrame)から 列(Series)を取り出す

chapter-6-7-regression.ipynb

引き続きLesson 50で読み込んだデータdfを使いま す。DataFrameから気温 (temp) 列を取り出してみま

しょう。角カッコ内に列名を指定して ['temp']で列 (Series) を取り出せます❶。

```
series_temp_=_df['temp']          1  ['temp']を取り出す
series_temp.tail(20)
```

```
       1482    22.8                     ──── dfのtemp列が取り出されます。
       1483    23.6
       1484    19.5
       1485    NaN                      ──── 1,485番目に欠損値 (NaN) があります。
       1486    19.5
       1487    20.4
       1488    19.9
       1489    21.0
       1490    22.0
       1491    23.0
       1492    25.3
       1493    21.0
       1494    24.9
       1495    21.9
       1496    21.3
       1497    20.7
       1498    16.6
       1499    17.6
       Name: temp, dtype: float64
```

2 | 列の平均値を計算する

取り出したSeriesの1,485行目にはNaN (Not a Number) と表示されています。これは欠損値を表し ています。この欠損値を平均値で補完してみましょ

う。Seriesの mean()メソッドを使って、列の平均値 を算出します❶。

```
mean_temp_=_series_temp.mean()         1  mean()メソッドを呼び出す
mean_temp
```

```
[8]:  23.020840197693573                   ──── 平均値が表示されます。
```

NEXT PAGE → | 237

3 欠損値を補完する

欠損値の補完にはfillna()メソッドを利用します。
fillna()メソッドの引数に先ほど求めた平均値mean_temp を使います❶。

```
series_filled_=_series_temp.fillna(mean_temp)
series_filled.tail(20)
```

1 fillna()メソッドを呼び出す

```
[9]: 1480    23.00000
     1481    23.02084
     1482    22.80000
     1483    23.60000
     1484    19.50000
     1485    23.02084
     1486    19.50000
     1487    20.40000
     1488    19.90000
     1489    21.00000
     1490    22.00000
     1491    23.00000
     1492    25.30000
     1493    21.00000
     1494    24.90000
     1495    21.90000
     1496    21.30000
     1497    20.70000
     1498    16.60000
     1499    17.60000
     Name: temp, dtype: float64
```

1,485行目の欠損値が平均値で補完されています。

fillna()メソッドは、Series内から欠損値を探して、引数に指定した値に置き換えてくれます。この例では1つの欠損値だけを補完していますが、欠損値が複数あればまとめて補完されます。

4 | DataFrameのSeriesを補完したSeriesで置き換える

Seriesの欠損値を補完しても、元のDataFrame（df）には反映されていません。欠損値を補完したSeries（series_filled）を、dfのtemp列に代入しましょう❶。

これで、DataFrameのtemp列も欠損値が補完された状態になりました。

```
df['temp']_=_series_filled
df.tail(20)
```

1 temp列にseries_filledを代入

```
[10]:
```

	date	station	temp
1480	2018/9/30	奈良	23.00000
1481	2018/9/30	和歌山	23.02084
1482	2018/9/30	大阪	22.80000
1483	2018/9/30	神戸	23.60000
1484	2018/9/30	鳥取	19.50000
1485	2018/9/30	岡山	23.02084
1486	2018/9/30	松江	19.50000
1487	2018/9/30	広島	20.40000
1488	2018/9/30	山口	19.90000
1489	2018/9/30	松山	21.00000
1490	2018/9/30	高松	22.00000
1491	2018/9/30	徳島	23.00000
1492	2018/9/30	高知	25.30000
1493	2018/9/30	大分	21.00000
1494	2018/9/30	宮崎	24.90000
1495	2018/9/30	長崎	21.90000
1496	2018/9/30	佐賀	21.30000
1497	2018/9/30	熊本	20.70000
1498	2018/9/30	稚内	16.60000
1499	2018/9/30	函館	17.60000

DataFrameの欠損値も補完されています。（1485行を指す）

Lesson
53
[Index]
Indexを使ってDataFrameを変形してみましょう

**このレッスンの
ポイント**

Index（インデックス）は、DataFrameの行を特定するためのラベルです。
Indexは、行を特定するだけでなく、複数のDataFrameの結合などに
も使います。Indexを用いたDataFrameの操作を習得し、複数の
DataFrameを結合できるようになりましょう。

→ データの読み込み時にIndexを指定する

DataFrameの列に列名があるように、DataFrameの
行にも名前（ラベル）を付けられます。この行のラ
ベルのことをIndexと呼びます。read_csv()関数な
どで、DataFrameオブジェクトが作られるときに特
に指定がなければ、pandasは0始まりの整数の

Indexを追加します。
read_csv()関数のindex_col引数を指定すると、
CSVを読み込む際に指定された列がDataFrameの
Indexになります。index_colには0始まりの整数で、
左からから数えた列番号を指定します。

▶ Indexを指定してCSVを読み込む

```
read_csv('data.csv', encoding='Shift_JIS', index_col=0)
```

CSVファイルのパス　　　　CSVファイルの文字コード　　　　　　　Indexの列を指定

▶ index_colの指定の有無でDataFrameが変わる

index_colを指定しなかった場合

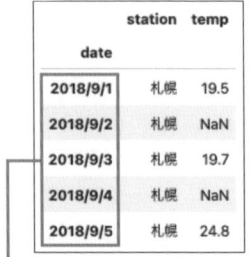

index_col=0を指定した場合

→ 2つの表データを「結合」する

2つの表データが共通して持つ列を用い、値が一致する行同士をつなげて、1つの表データを作る操作を「結合」と呼びます。

たとえば、日付と地点名、気温が格納された表データ（気温データ）と地点名と緯度が格納された表データ（地点データ）との2つがあり、緯度ごとの気温が見たいとします。緯度ごとの気温を見るには、

気温データと地点データが共通して持つ、地点名（station）列を結合に用います。

DataFrameを結合するには、DataFrameのjoin()メソッドを使います。結合される側（df）はon引数で指定された列、結合する側（df_station）はIndexが結合に使われます。

▶ 2つの表データの結合

気温データ (df)

date	station	temp
2018/09/24	札幌	19
2018/09/24	東京	24
2018/09/24	波照間	28
2018/09/24	札幌	16
2018/09/24	波照間	27

地点データ (df_station)

station	latitude
札幌	43
東京	35
鹿児島	31
波照間	24

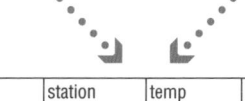

date	station	temp	latitude
2018/09/24	札幌	19	43
2018/09/24	東京	24	35
2018/09/24	波照間	28	24
2018/09/24	札幌	16	43
2018/09/24	波照間	27	24

結合

地点名が一致する行同士をつなげることで、気温データと地点データが結合され、緯度ごとの気温データを見ることができます。

▶ DataFrameを結合する書式

```
df.join(df_stations, on='station')
```

結合されるDataFrameの変数　　結合するDataframeの変数　　結合に使うdfの列名

◯ 気温データに地点データを結合しよう

1 地点データを読み込む `chapter-6-7-regression.ipynb`

read_csv()関数で、地点データamedas_stations.csv
を読み込みます❶。地点データには、観測地点の
地点名 (station_name) と緯度 (latitude)、 経度

(longitude)、高度 (altitude) が入っています。地点
名は結合に使うため、index_col引数を指定して、
Indexにします❷。地点データの一部を表示します❸。

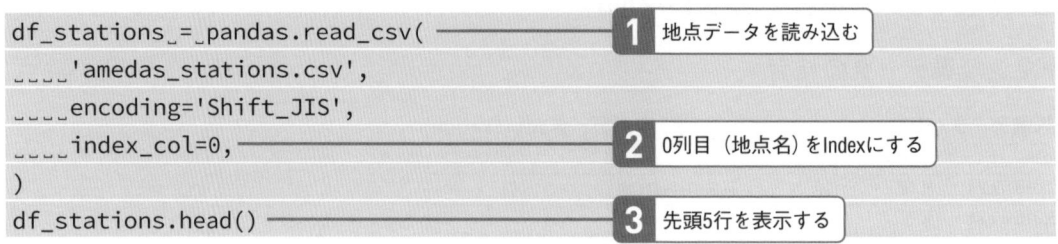

```
df_stations_=_pandas.read_csv(          1  地点データを読み込む
____'amedas_stations.csv',
____encoding='Shift_JIS',
____index_col=0,                         2  0列目（地点名）をIndexにする
)
df_stations.head()                       3  先頭5行を表示する
```

[11]: | | latitude | longitude | altitude |
| --- | --- | --- | --- |
| station_name | | | |
| 稚内 | 45.42 | 141.68 | 3 |
| 札幌 | 43.06 | 141.33 | 17 |
| 函館 | 41.82 | 140.75 | 35 |
| 青森 | 40.82 | 140.77 | 3 |
| 秋田 | 39.72 | 140.10 | 6 |

┄┄┄┤ 地点データが表示されます。

2 気温データと地点データを結合する

Lesson 52で欠損値を補完したデータdfを使います。
dfの中身は、日付 (date)、地点名 (station)、気温
(temp) が入った気温データになっています。この地
点名 (station) 列を使って、気温データ (df) に地点
データ (df_stations) を結合します。

気温データの入ったDataFrameのjoin()メソッドを呼
び出し❶、引数には地点データの入ったDataFrame
を渡します❷。気温データはstation列に地点名が
入っているため、on引数には'station'を指定してくだ
さい❸。

```
df_=_df.join(
____df_stations,
____on='station'
)
df
```

1 気温データにDataFrameを結合する

2 結合するDataFrameは地点データ

3 気温データのstation列の値で結合する

[12]:		date	station	temp	latitude	longitude	altitude
	0	2018/9/1	札幌	19.5	43.06	141.33	17
	1	2018/9/1	青森	21.5	40.82	140.77	3
	2	2018/9/1	仙台	21.5	38.26	140.90	39
	3	2018/9/1	東京	25.9	35.69	139.75	25
	4	2018/9/1	福岡	25.5	33.58	130.38	3
	...	...	...	...	...	...	...
	1495	2018/9/30	長崎	21.9	32.73	129.87	27
	1496	2018/9/30	佐賀	21.3	33.27	130.31	6
	1497	2018/9/30	熊本	20.7	32.81	130.71	38
	1498	2018/9/30	稚内	16.6	45.42	141.68	3
	1499	2018/9/30	函館	17.6	41.82	140.75	35

1500 rows × 6 columns

結合した表が表示されます。

Point　DataFrameの結合

df.join(df_stations, on='station') と指定した　結合に使われます。
ので、dfのstation列とdf_stationsのIndexが

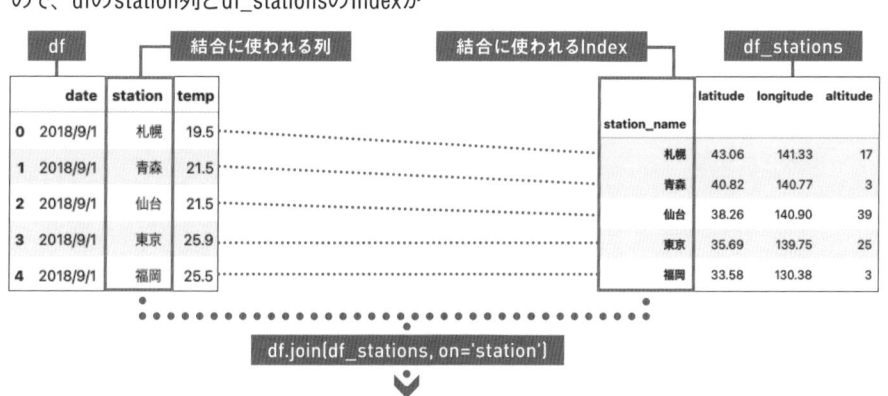

Lesson [データの検索]

54 DataFrameから データを検索してみましょう

このレッスンの
ポイント

機械学習に使われるデータは行数が多く、DataFrameの中から欲しいデータを目で探すのは困難です。DataFrameの機能を用いると、条件に一致する行のみ取り出せます。必要なデータをDataFrameから検索できるようになりましょう。

➡ 条件を指定して行を検索する

条件を指定してDataFrameの行を絞り込めます。たとえば、気温データから「気温 (temp) 列の値が20度以上の行を探す」ことができます。DataFrameが変数dfに入っているとして、「気温 (temp) 列の値が20度以上の行を探す」は、df[df['temp'] >= 20] と

いう書式になります。

絞り込みに使える比較演算子には「以上 (>=)」のみでなく、「等しい (==)」などもあります。「地点名 (station) 列が波照間の行を探す」であれば、df[df['station'] == '波照間'] となります。

▶ 行の絞り込みの書き方

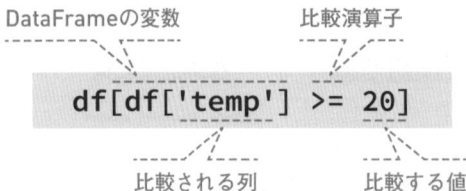

DataFrameの変数　　　　比較演算子

```
df[df['temp'] >= 20]
```

比較される列　　　　比較する値

このコードを実行すると、temp列の
値が20以上の行に絞り込まれます。

複数の条件を指定する

Pythonのif文で複数の条件を指定できるように、行の絞り込みでも複数の条件を指定できます。

書式はif文とは少し異なり、2つの条件を結ぶ演算子としてand／orの代わりに&と|を用います。

▶ 複数条件指定の書き方

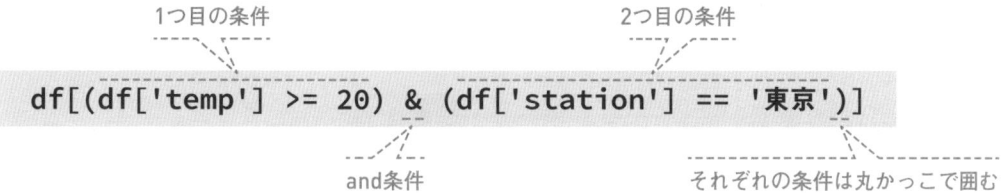

```
df[(df['temp'] >= 20) & (df['station'] == '東京')]
```

1つ目の条件　2つ目の条件　and条件　それぞれの条件は丸かっこで囲む

▶ 複数条件を指定する演算子

演算子	意味	例	例の意味
&	and条件	df[(df['temp'] >= 20) & (df['station'] == '東京')]	気温が20度以上かつ地点名が東京
|	or条件	df[(df['temp'] >= 20) | (df['temp'] < 15)]	気温が20度以上または気温が15度未満

リストの中のどれかを含む行を探す

気温データから地点名列の値が「札幌」か「那覇」の行を探したいとします。| 演算子を用いて「df[(df['station'] == '札幌') | (df['station'] == '那覇')]」と書けますが、条件が多くなると書くのが大変

です。このように条件が多いときはisin()メソッドを用いましょう。isin()メソッドは引数に値の入ったリストを取り、リストのいずれかと等しい行を抽出するのに使えます。

▶ isin()メソッドの使い方

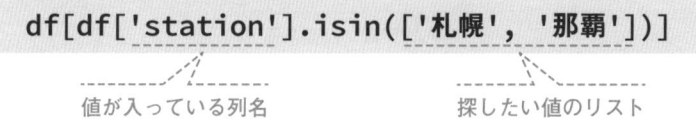

```
df[df['station'].isin(['札幌', '那覇'])]
```

値が入っている列名　探したい値のリスト

● データを検索してみよう

1 気温が18度以上のデータを検索する `chapter-6-7-regression.ipynb`

気温が18度以上のデータを検索してみましょう。
DataFrameから行を検索する書式はdf[条件] でした。

気温はtemp列に入っていますから、条件は「df['temp'] >= 18」となります❶。

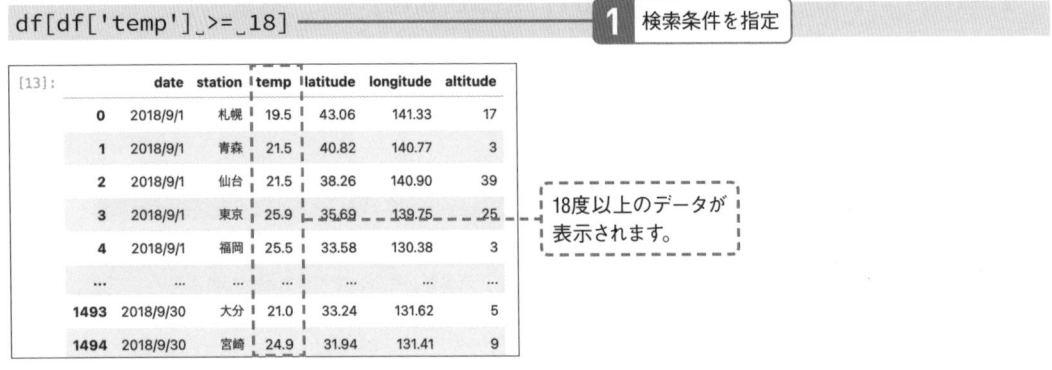

```
df[df['temp'] >= 18]
```
❶ 検索条件を指定

	date	station	temp	latitude	longitude	altitude
0	2018/9/1	札幌	19.5	43.06	141.33	17
1	2018/9/1	青森	21.5	40.82	140.77	3
2	2018/9/1	仙台	21.5	38.26	140.90	39
3	2018/9/1	東京	25.9	35.69	139.75	25
4	2018/9/1	福岡	25.5	33.58	130.38	3
...	...	...	...	...	...	...
1493	2018/9/30	大分	21.0	33.24	131.62	5
1494	2018/9/30	宮崎	24.9	31.94	131.41	9

[13]:

18度以上のデータが
表示されます。

2 複数条件を指定する

先ほどの「気温が18度以上」に、「気温が20度未満」というand条件を加えてみましょう。and条件で複数

条件を指定する書式は「df[(条件1) & (条件2)]」です❶❷。

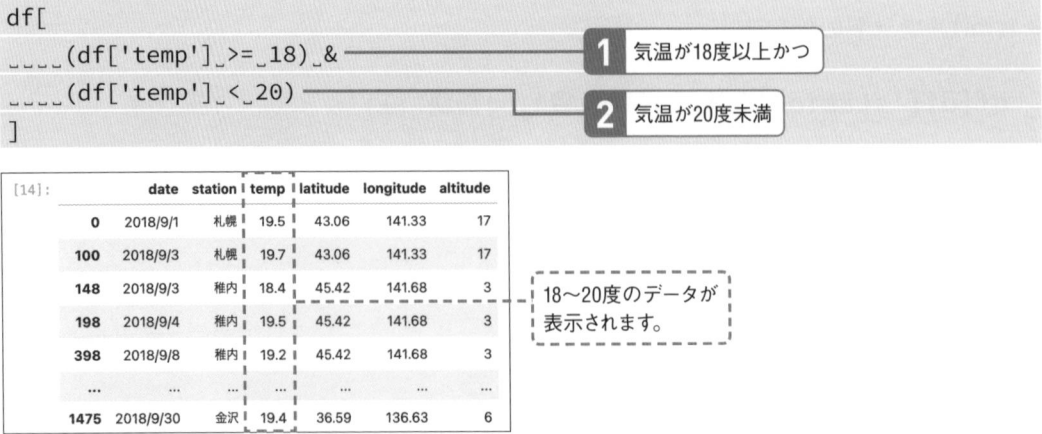

```
df[
    (df['temp'] >= 18) &
    (df['temp'] < 20)
]
```
❶ 気温が18度以上かつ
❷ 気温が20度未満

	date	station	temp	latitude	longitude	altitude
0	2018/9/1	札幌	19.5	43.06	141.33	17
100	2018/9/3	札幌	19.7	43.06	141.33	17
148	2018/9/3	稚内	18.4	45.42	141.68	3
198	2018/9/4	稚内	19.5	45.42	141.68	3
398	2018/9/8	稚内	19.2	45.42	141.68	3
...	...	...	...	...	...	...
1475	2018/9/30	金沢	19.4	36.59	136.63	6

[14]:

18～20度のデータが
表示されます。

3 ｜ 東京と札幌で気温が20度未満の行を探す

.isin() メソッドを使って、地点名 (station) が東京か
札幌の行を探してみましょう❶。さらにand条件で

気温が20度未満の行で絞り込んでみましょう❷。

```
df[
____(df['station'].isin(['東京',_'札幌']))_&
____(df['temp']_<_20)
]
```

1 地点の絞り込み

2 気温が20度未満

	date	station	temp	latitude	longitude	altitude
0	2018/9/1	札幌	19.5	43.06	141.33	17
100	2018/9/3	札幌	19.7	43.06	141.33	17
400	2018/9/9	札幌	18.3	43.06	141.33	17
550	2018/9/12	札幌	16.5	43.06	141.33	17
600	2018/9/13	札幌	18.8	43.06	141.33	17
850	2018/9/18	札幌	19.7	43.06	141.33	17
900	2018/9/19	札幌	18.5	43.06	141.33	17
950	2018/9/20	札幌	17.7	43.06	141.33	17
1000	2018/9/21	札幌	18.1	43.06	141.33	17
1003	2018/9/21	東京	17.7	35.69	139.75	25
1050	2018/9/22	札幌	17.1	43.06	141.33	17
1150	2018/9/24	札幌	19.2	43.06	141.33	17
1200	2018/9/25	札幌	17.0	43.06	141.33	17
1250	2018/9/26	札幌	15.1	43.06	141.33	17
1253	2018/9/26	東京	17.7	35.69	139.75	25
1300	2018/9/27	札幌	15.3	43.06	141.33	17
1303	2018/9/27	東京	15.9	35.69	139.75	25
1400	2018/9/29	札幌	15.6	43.06	141.33	17
1403	2018/9/29	東京	18.8	35.69	139.75	25
1450	2018/9/30	札幌	16.8	43.06	141.33	17

[15]:

東京または札幌で気温が20度未満のデータが表示されます。

[データの可視化]

データを可視化してみましょう

**このレッスンの
ポイント**

データ分析や機械学習では、データをグラフなどに表示し、傾向や特徴を目で確かめることが重要です。pandasを用いるとJupyterLab上にデータをさまざまなグラフとして表示できます。pandasでデータをグラフとして可視化する方法を学びましょう。

→ データの可視化の重要性

データの特徴を表す指標にはさまざまなものがあります。中でも「平均」は普段ニュースなどでもよく目にします。「平均が同じデータ」というと、似たような分布のデータを想像してしまいますが、実際にはそうではありません。たとえば、下図の3つはそれぞれ異なる分布ですが、すべて平均が同じです。このように、データの特徴を単一の指標で表現するのは難しく、誤った解釈や誤解を生む要因となります。データの特徴を正しくつかむためにも、データをグラフなどで可視化することが大切です。

▶ 平均が0になるデータの例

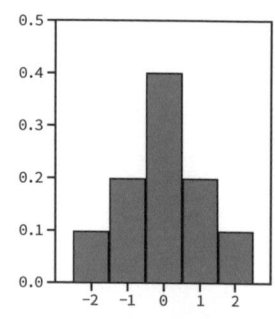
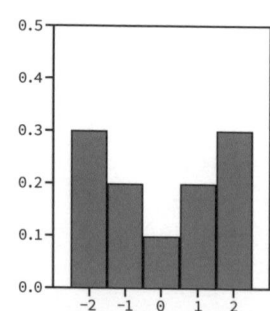
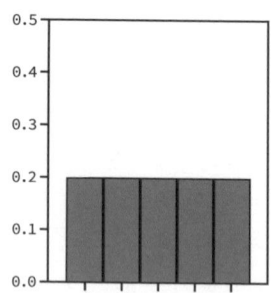

グラフ化により、データの分布や傾向などがわかります。また、データ量が膨大でも特徴を素早くつかむこともできます。

グラフの表示

DataFrameやSeriesをさまざまなグラフとして表示することができます。このLessonでは、DataFrameの散布図を表示する方法を紹介します。DataFrameの散布図を表示するには、plot.scatter()メソッドを利用します。JupyterLab上でplot.scatter()を呼び出す

と散布図が表示されます。下表の通り、pandasは散布図の他にもさまざまな種類のグラフを表示できます。英語ですがpandasの公式サイトでは各グラフの表示方法がサンプルコードと表示例付きで紹介されています。

▶ DataFrameの散布図を表示する

散布図の横軸になる列名

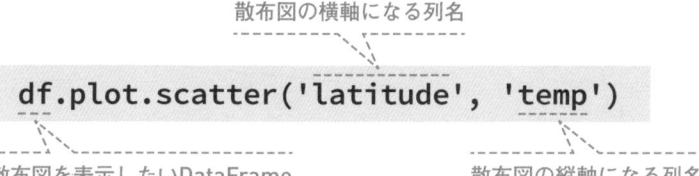

```
df.plot.scatter('latitude', 'temp')
```

散布図を表示したいDataFrame　　　　　　散布図の縦軸になる列名

▶ 上のコードで表示される散布図の例

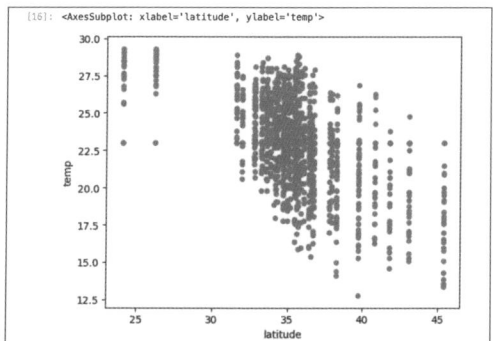

▶ pandasで表示できる主なグラフ

グラフ名	表示方法
折れ線グラフ	df['列名'].plot()
ヒストグラム	df['列名'].hist()
円グラフ	df['列名'].plot.pie()
散布図	df.plot.scatter('横軸の列名', '縦軸の列名')
箱ひげ図	df.plot.box()

https://pandas.pydata.org/pandas-docs/stable/user_guide/visualization.html

気温データを可視化してみよう

1 緯度ごとの気温の分布を表示する　chapter-6-7-regression.ipynb

DataFrameから散布図を表示して、緯度ごとの気温を見てみましょう。DataFrameのplot.scatter()を呼び出して、散布図を表示します。横軸には緯度（latitude）、縦軸には気温（temp）を指定します❶。

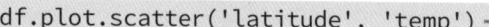

```
df.plot.scatter('latitude', 'temp')
```
❶ plot.scatter()を呼び出す

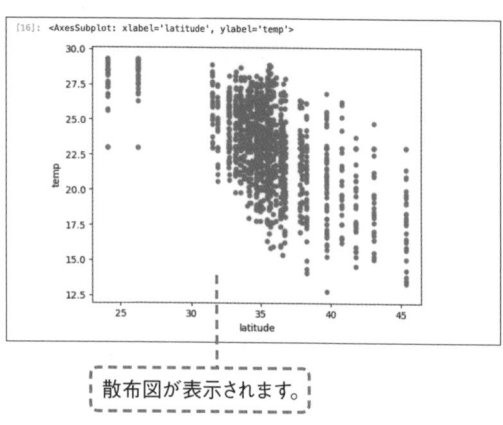

散布図が表示されます。

2 散布図の縦軸と横軸を変えてみる

先ほどは、横軸には緯度、縦軸には気温を指定しましたが、今度は逆に、横軸には気温、縦軸には緯度を指定してみましょう❶。先ほどの図を90度回転したような図が表示されます。

```
df.plot.scatter('temp', 'latitude')
```
❶ 引数を逆にして呼び出す

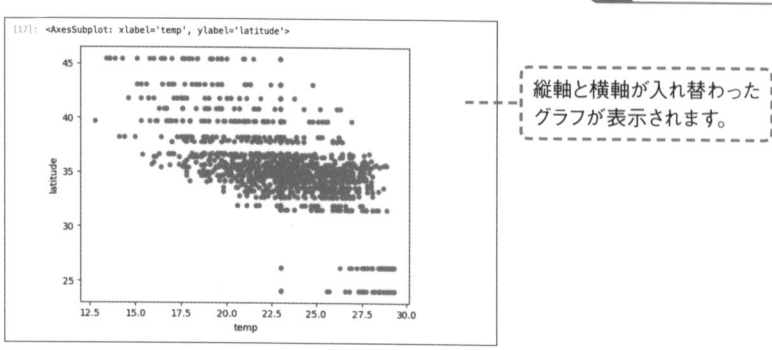

縦軸と横軸が入れ替わったグラフが表示されます。

3 別の列を表示してみる

今度は、高度（altitude）と経度（longitude）の散布図を見てみましょう❶。緯度と気温の散布図と見比べると、緯度と気温には右肩下がりの傾向があるように見えるのに対し、高度と経度はまるでバラバラに点が散らばっているように見えます。このように、散布図から2つの列に関連性があるかを目で見ることができます。

```
df.plot.scatter('altitude', 'longitude')
```
❶ 高度と経度を引数にする

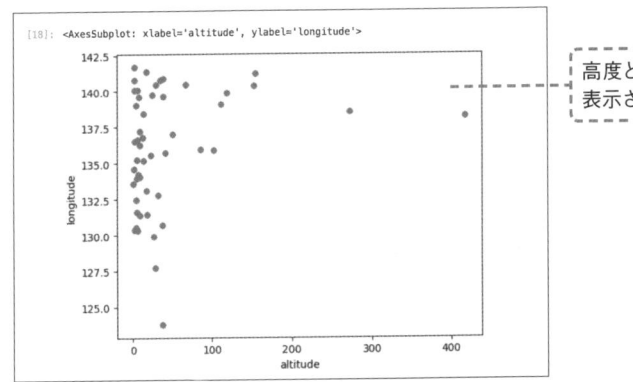

高度と経度の散布図が表示されます。

高度と経度にはあまり関連性がないようです。

👍 ワンポイント 要約統計量

平均値、四分位数、最小値、最大値、標準偏差などデータの分布を特徴付けるいくつかの値（代表値と呼びます）をまとめて「要約統計量」と呼びます。「四分位数」はデータを小さい順で並べたとき、25%、50%、75%の位置の値、「標準偏差」はデータのばらつきを表し、ばらつきが大きいほど大きな値となります。これらの値からデータの概ねの分布を予想できます。pandasでは、DataFrameやSeriesのdescribe()メソッドを使って表示できます。

Lesson

56

[気温データコマンドの追加]

気温の検索コマンドを
pybotに組み込みましょう

このレッスンの
ポイント

Lesson 50からLesson 55までで、pandasでのデータの操作方法について学びました。このChapterで学んだことを活用して、pybotに気温データの検索機能を追加してみましょう。また、検索機能の追加をしながら、このChapterで学んできたことを振り返りましょう。

「気温データ」コマンドを追加しよう

pybotに気温データの検索を行うコマンド、「気温データ」コマンドを追加しましょう。「気温データ」コマンドは地名を入力すると、データから指定された地

点の気温データを検索し、平均気温を計算して返します。

▶「気温データ」コマンドの使い方

pybot Webアプリケーション

メッセージを入力してください: 気温データ 東京
画像を選択してください: ファイルを選択 選択されていません
送信

- 入力されたメッセージ: 気温データ 東京
- pybotからの応答メッセージ: 平均気温ハ23.4度デシタ

「気温データ」という
コマンドを入力

指定した地点名の
平均気温が
表示される

気温データと地点データをコピーする

1 pybotのフォルダーにCSVファイルをコピーする

pybotから気温データと地点データを利用できるよ
うにしましょう。[pybotweb] フォルダーに、data.csv
とamedas_stations.csvをコピーしてください。

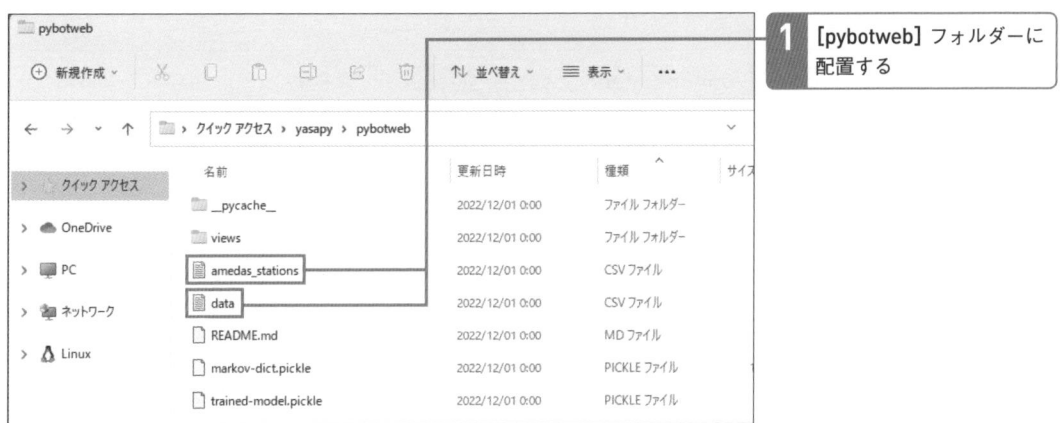

1 [pybotweb] フォルダーに
配置する

気温データコマンドを作成する

1 temp_command()関数を追加する `pybot_temp.py`

「pybot_temp.py」というファイルを追加して、気温
データコマンドを作成しましょう。「pybot_temp.py」
を追加したら、気温データを検索して返すtemp_
command()関数を追加します。temp_command()関
数はコマンドの入力をcommand引数として受け取り
ます。コマンドの入力は「気温データ 東京」のように、
「気温データ 地点名」という形式です。そこでまず
split()メソッドを用いて、コマンドの入力から地点名
を取り出します**1**。

```
001  import_pandas
002
003  def_temp_command(command):
004  ____cmd,_station_=_command.split()
```

1 コマンドを分割して地点名を取り出す

2 | 気温データと地点データの読み込み

次に気温データと地点データの入ったCSVをpandasで読み込みます❶。

```
005
006     ____df_=_pandas.read_csv(          ………… 気温データを開く
007     _____'./data.csv',
008     _____encoding='Shift_JIS',
009     ____)
010     ____df_stations_=_pandas.read_csv(  ….. 地点データを開く
011     _____'./amedas_stations.csv',
012     _____encoding='Shift_JIS',
013     _____index_col=0,               ……… 0列目（地点名）をIndexにする
014     ____)
015     ____df_=_df.join(                  …………… 気温データに地点データを結合する
016     _____df_stations,
017     _____on='station'              ……………… 気温データのstation列の値で結合する
018     ____)
```

1 データの読み込み

Lesson 53で説明した、DataFrame
の結合を行っています。

3 | 平均気温の計算

データが読み込めたら、まずDataFrameから指定された地点名のデータを検索します❶。最後にコマンドのレスポンスを作ります。データが見つかれば平均気温を計算して返し❷、見つからなければエラーメッセージを返すようにしましょう❸。データが見

つかったかどうかの判定にはlen()関数を用います。len()関数にDataFrameを渡すとDataFrameの行数が取得できるので、len()関数を用いてデータが見つかったか判定できます。

```
019    ____row_=_df[df['station']_==_station] ──────── 1 データの検索
020    ____#_レスポンスを作成
021    ____if_len(row)_>_0: ──────────────────── 2 平均気温の計算
022    _____mean_=_row['temp'].mean()
023    _____rounded_mean_=_round(mean,_1)__#_小数を丸める
024    _____response_=_f'平均気温ハ{rounded_mean}度デシタ'
025    ____else: ──────────────────────────── 3 エラーメッセージの作成
026    _____response_=_'データガミツカラナイ'
027    ____return_response
```

> 気温データコマンドでは、見やすさのために平均値を小数第一位に丸めます。小数第一位に丸めるにはround()関数を用います。たとえばround(1.23, 1)は1.2を返します。

4 作成した気温データコマンドをpybotに追加する `pybot.py`

作成した気温データコマンドをimportしてpybotに追加できるようにしましょう❶。文字コマンドの後ろに気温データコマンドを追加します❷。インデントが前後のif文と合うようにしてください。

```
       ……省略……
008    from_pybot_temp_import_temp_command ──────── 1 インポートする
       ……省略……
074    _____if_'文字'_in_command:
075    _____response_=_moji_command(image)
076    _____if_'気温データ'_in_command: ──────┐
077    _____response_=_temp_command(command)
       ……省略……
                                          2 気温データコマンドを追加する
```

5 気温データコマンドを使ってみる

PowerShell上で「python pybotweb.py」を実行してpybotを起動しましょう。Webブラウザ上で「http://localhost:8080/hello」を開いて、pybot Webアプリケーションの初期画面を開きます。テキストボックス

へ「気温データ 東京」と入力して、フォームを送信します。フォームを送信するとpybotから平均気温のデータが返ってきます。

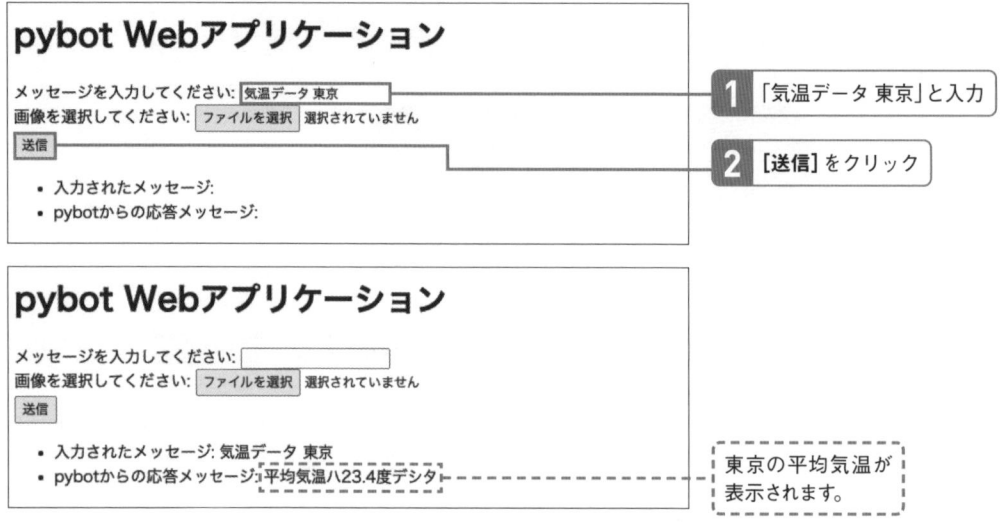

pybot Webアプリケーション

メッセージを入力してください: 気温データ 東京
画像を選択してください: ファイルを選択 選択されていません
送信

- 入力されたメッセージ:
- pybotからの応答メッセージ:

1 「気温データ 東京」と入力

2 [送信] をクリック

pybot Webアプリケーション

メッセージを入力してください:
画像を選択してください: ファイルを選択 選択されていません
送信

- 入力されたメッセージ: 気温データ 東京
- pybotからの応答メッセージ: 平均気温ハ23.4度デシタ

東京の平均気温が表示されます。

ここでは既存のデータの中から検索する機能を追加しました。次のChapter 7では既存のデータから未知のデータを予測する機能を追加します。

Chapter

7

データを予測する回帰分析を学ぼう

このChapterでは、「回帰分析」について学習します。回帰分析は学習したデータから数値を予測する教師あり学習です。Chapter 6で加工した気温データを用いて、Pythonで回帰分析を使う方法を学びましょう。

Lesson 57 ［回帰分析］

回帰分析について知りましょう

このレッスンの
ポイント

緯度と気温のように複数のデータの関係から連続した数値を予測する
機械学習を「回帰分析」（回帰）と呼びます。scikit-learnを用いると回帰
分析が簡単に行えます。まずは回帰分析の考え方について学び、「説明
変数」や「目的変数」といった重要な用語の意味を理解しましょう。

→ 回帰分析＝データの予測

北半球では北に行けば行くほど気温が低くなるとい
うことを、私たちは経験上知っています。この緯度
と気温の関係のように、あるデータと別のあるデー
タとの関係を用いて、あるデータから別のあるデー
タを予測できます。回帰分析（または単に「回帰」）
は、このように、あるデータ（緯度）から別のある

データ（気温）の値を予測する教師あり学習の1つ
です。Chapter 5で学んだ分類のモデルでは、文字
のような大小関係や連続性のないラベルを予測し
ましたが、回帰分析では気温のような大小関係が
あり連続性もある数値を予測します。

▶ 回帰分析の例

緯度から気温を予測する

さらに緯度が高い
地点の平均気温は
何度？

平均気温18度

平均気温26度

部屋の面積から家賃を予測する

さらに広い部屋の
家賃はいくら？

家賃10万

家賃5万

統計学では、あるデータと別のあるデータの関係性を
「説明すること」を「回帰分析」と呼びます。一方で機械
学習では、あるデータから別のデータを「予測すること」
を「回帰分析」と呼びます。用いられる数式や手法には
共通するところが多いですが、目的が異なります。

→ 説明変数と目的変数

回帰分析では、「緯度が高くなると、気温が下がる」の例でいう「気温」のように、予測したい値を「目的変数」と呼びます。一方で「緯度」のように目的変数の変化を説明する値を「説明変数」と呼びます。目的変数と説明変数の間には、「説明変数が大きくなると、目的変数も大きくなる」または「説明変数が大きくなると、目的変数が小さくなる」という比例

関係が成り立ちます。前者の例には部屋の面積と家賃の関係が、後者の例には緯度と気温の関係が当てはまります。また、説明変数は複数とることができます。説明変数が1つの場合を特に「単回帰分析」、説明変数が2つ以上の場合を「重回帰分析」と呼びます。

▶ 説明変数と目的変数の関係のイメージ

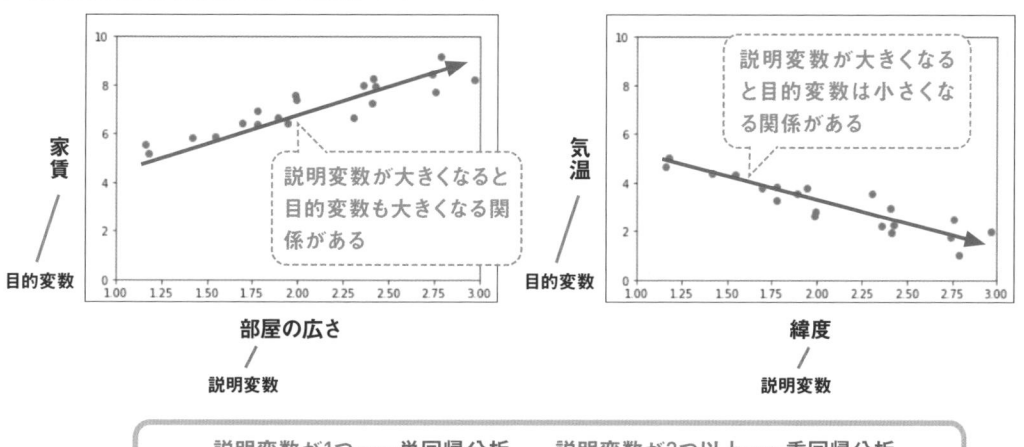

説明変数が1つ……単回帰分析 　　説明変数が2つ以上……重回帰分析

Chapter 5で学習した分類のモデルでは、「特徴データ」から「ラベル」を予測しました。回帰分析のモデルでは、「説明変数」から「目的変数」を予測します。

➜ 回帰直線を求めて関係を表す

目的変数と説明変数の関係が直線で表される単回帰分析のモデルを、線形単回帰分析モデルと呼びます。一方、直線以外で表すモデルは非線形回帰分析と呼ばれます（本書では線形回帰分析のみを扱い、非線形回帰分析は扱いません）。

目的変数と説明変数の関係を表す直線を「回帰直線」と呼びます。回帰分析では、まずこの回帰直線を求め、説明変数から目的変数を予測します。たとえば、部屋の広さが2.5のときの家賃を予測するには、部屋の広さが2.5のとき回帰直線が通過する点を探し、回帰直線が通過する点が家賃の予測値になります。

▶ 回帰直線を使って説明変数から目的変数を予測する

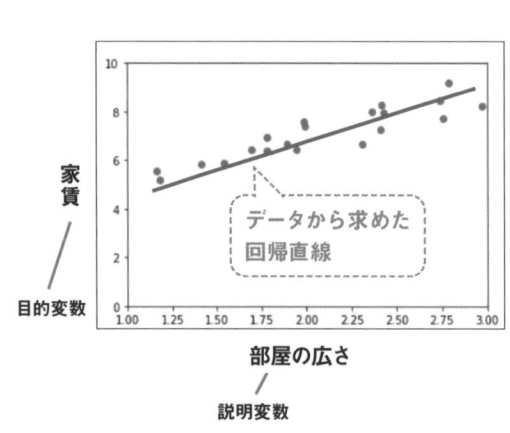

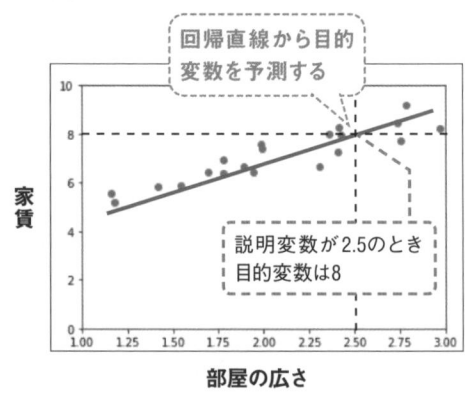

➜ 回帰分析と因果関係の注意

説明変数によって目的変数を予測できても、説明変数と目的変数の間に、原因と結果の関係（因果関係）があると必ずしもいえるわけではありません。たとえば、「気温が低い地点ほど、緯度が高い」という関係は存在しますが、「緯度が高い原因は、気温が低いことにある」という因果関係は存在しません。緯度の高低の原因を気温に求めるのは、因果関係が逆転しています。このように、回帰分析を用いるときには、説明変数と目的変数の関係から、因果関係を断定しないように注意しましょう。

▶ 気温と緯度の関係は？

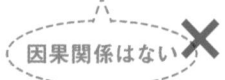

Lesson
58

[線形単回帰分析]

緯度から気温を
予測してみましょう

このレッスンの
ポイント

このLessonでは緯度と気温の関係を題材に、Pythonで線形単回帰分析を使う方法を学習します。線形単回帰分析では、1つの説明変数から目的変数の値を予測します。scikit-learnの線形単回帰分析のモデルで数値を予測できるようになりましょう。

→ 緯度と気温の関係

札幌は緯度が高く気温が低く、那覇は緯度が低く気温が高く、東京は緯度も気温も中間くらいです。緯度と気温を散布図に表示すると、「緯度が高いほど気温が低い」という関係があるように見えます。

このLessonでは、この「緯度が高いほど気温が低い」という関係から、緯度をもとに気温を予測する線形単回帰分析のモデルを作成します。

▶ 緯度と気温の関係

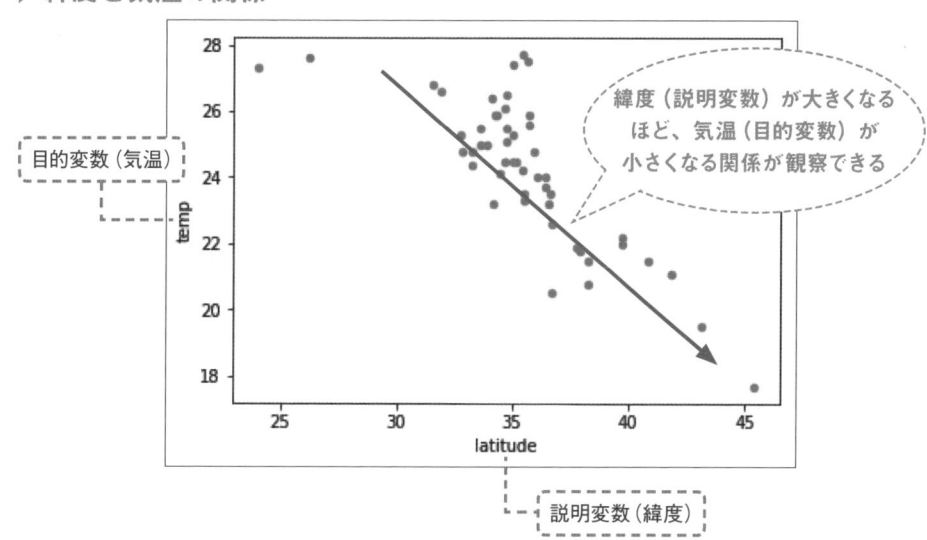

目的変数（気温）

緯度（説明変数）が大きくなるほど、気温（目的変数）が小さくなる関係が観察できる

説明変数（緯度）

→ 線形単回帰分析のモデルを学習させる

回帰分析でも、Chapter 5で学習した分類のモデルと同様、まずはモデルに教師データを学習させる必要があります。Pythonで線形単回帰分析を行うには、scikit-learnのLinearRegression（線形回帰）クラスを用います。　変数名には慣習的にreg（Regressionのreg）を用います。

使い方はChapter 5で利用したLogisticRegressionと似ています。LinearRegressionクラスをインスタンス化してモデルを作り、fit()メソッドに教師データを渡してモデルを学習させます。　予測も同様にpredict()メソッドを用います。

predict()メソッドに説明変数を渡すと、目的変数が予測されて返されます。たとえば緯度35度の気温を予測するには、predict(35)とします。　また、predict([[35], [45]])のように書くと、目的変数をまとめて予測させることもできます。

▶ 線形単回帰分析のモデルを学習させる

```
from␣sklearn.linear_model␣import␣LinearRegression


reg␣=␣LinearRegression()  ………LinearRegressionクラスをインスタンス化
X␣=␣df7[['説明変数']]  ………説明変数の1列だけを持つDataFrameを取り出す
y␣=␣df7['目的変数']  ………目的変数の列を取り出す
reg.fit(X,␣y)  ………学習させる
```

▶ 学習させたモデルから値を予測する

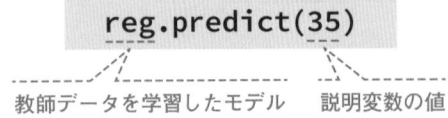

教師データを学習したモデル　　説明変数の値

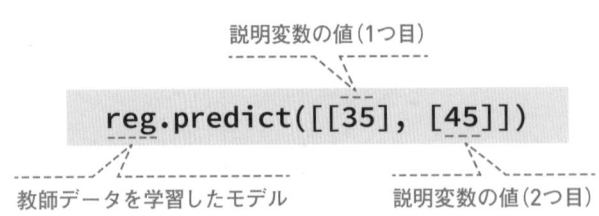

説明変数の値（1つ目）

教師データを学習したモデル　　　　説明変数の値（2つ目）

Chapter 7

データを予測する回帰分析を学ぼう

回帰直線を表示する

Lesson 59で説明した回帰直線を思い出してください。説明変数がある値Aのときの目的変数の値を予測するには、説明変数がある値Aのとき、回帰直線が通る点を探します。回帰直線を表示することで、説明変数から予測される目的変数を見ることができます。

回帰直線は名前の通り直線です。そこで下図のように、説明変数と目的変数を軸に持つグラフ（散布図）上で、回帰直線が通る2点を求めて直線で結ぶと、グラフ上にその回帰直線を表示できます。JupyterLab上の散布図に直線を引くには、Axesオブジェクトの持つplot()メソッドを使います。

▶ matplotlibで直線を引く

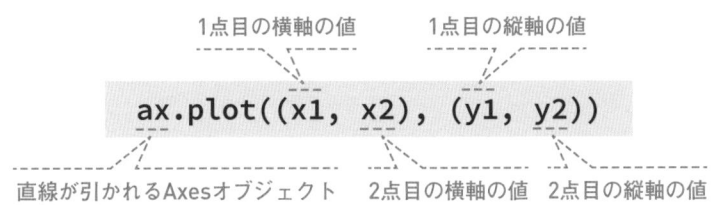

1点目の横軸の値　　1点目の縦軸の値

```
ax.plot((x1, x2), (y1, y2))
```

直線が引かれるAxesオブジェクト　　2点目の横軸の値　2点目の縦軸の値

▶ 回帰直線の引き方

 2 目的変数を予測する

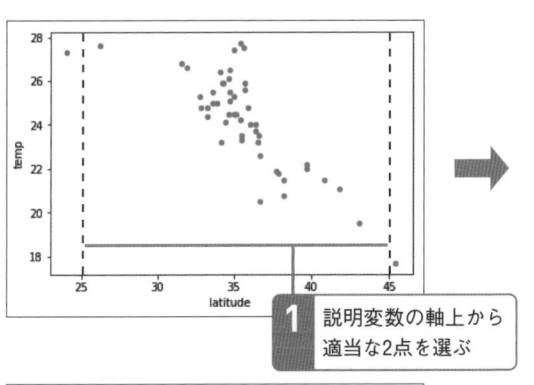

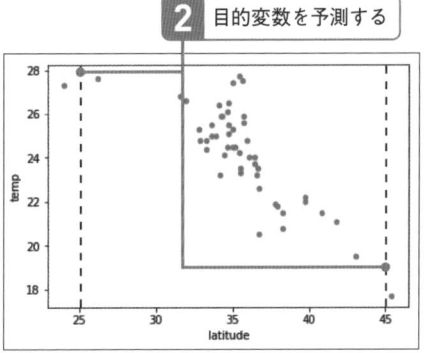

1 説明変数の軸上から適当な2点を選ぶ

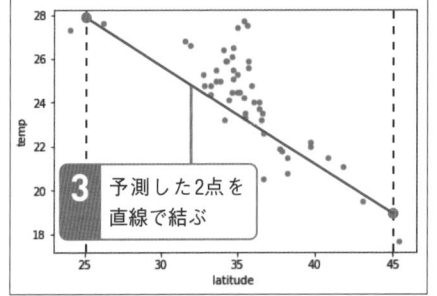

3 予測した2点を直線で結ぶ

● データとライブラリを用意しよう

1 Notebookファイルとライブラリを用意する `chapter-6-7-regression.ipynb`

このChapterでは、Chapter 6で作成したNotebookファイルを引き続き利用します。Chapter 6を読み飛ばした場合は、Chapter 6のLesson 49を参考に、Notebookファイルを作成してください。Chpater 6でNotebookを作成済みの場合は、改めて作成する必要はありません。また、Chapter 6でインストールしたpandasとscikit-learnを利用します。こちらもLesson 49を参考にライブラリをインストールしてください。Chpater 6でインストール済みの場合は、改めてインストールする必要はありません。

2 データを用意する

Chapter 6でも利用したdata.csvとamedas_stations.csvを利用します。Chapter 6のLesson 50を参考に、2つのCSVファイルを用意して下記のコードを実行し、DataFrameのdfを用意します。

```
import pandas ······················pandasをインポートする

df = pandas.read_csv(
    'data.csv', ·····················読み込むファイルの場所を指定する
    encoding='Shift_JIS', ········文字コードはShift_JIS
)
df_stations = pandas.read_csv(···地点データを開く
    'amedas_stations.csv',
    encoding='Shift_JIS',
    index_col=0, ····················0列目（地点名）をIndexにする
)
df = df.join( ······················気温データにDataFrameを結合する
    df_stations, ·····················結合するDataFrameは地点データ
    on='station' ·····················気温データのstation列の値で結合する
)
```

Chpater 6のコードを最後まで実行済みの場合は、この手順は不要です。

○ 線形単回帰分析で使用するデータを用意しよう

1 | ある日付のデータに絞り込む `chapter-6-7-regression.ipynb`

Chapter 6では気温データとして、9月すべての日付のデータを使っていましたが、Chapter 7では散布図の見やすさを考慮して、9月1日のデータのみを使います①。Chapter 6で使った変数名dfとの混同を避けるため、df7という変数名にします。このdf7はChapter 7を通して使います。

```
df7 = df[df['date'] == '2018/9/1']  ──── 1  9月1日のデータのみを取り出す
df7
```

[2]:		date	station	temp	latitude	longitude	altitude
	0	2018/9/1	札幌	19.5	43.06	141.33	17
	1	2018/9/1	青森	21.5	40.82	140.77	3
	2	2018/9/1	仙台	21.5	38.26	140.90	39
	3	2018/9/1	東京	25.9	35.69	139.75	25
	18	2018/9/1	甲府	25.6	35.67	138.55	273
	19	2018/9/1	横浜	27.7	35.44	139.65	39

date が 2018/9/1 のデータだけが表示されます。

2 | 散布図を表示する

データを絞り込めたら、緯度と気温の散布図を表示してみましょう①。

```
df7.plot.scatter('latitude', 'temp')  ──── 1  scatter()メソッドで呼び出す
```

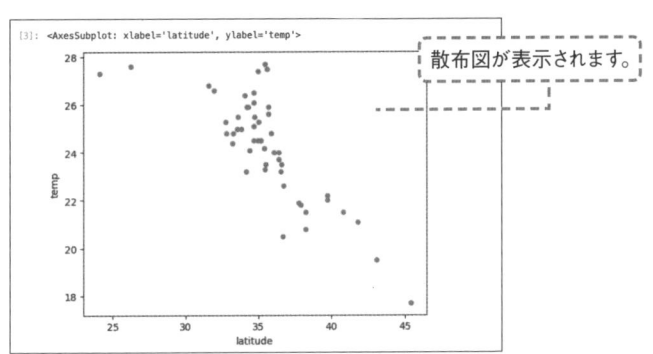

```
[3]: <AxesSubplot: xlabel='latitude', ylabel='temp'>
```

散布図が表示されます。

データの特徴をつかみ誤解を避けるためにも、データのグラフ化はとても大切です。

◯ 線形単回帰分析のモデルで学習と予測をしてみよう

1 LinearRegressionクラスでモデルを作成する

chapter-6-7-regression.ipynb

予測する前にモデルを作成しましょう。線形回帰分析のモデルを作成するには、LinearRegressionクラスを用います❶。Chapter 5のLogisticRegressionクラス

にはrandom_stateを渡しましたが、LinearRegressionクラスは乱数を用いないため、random_stateは不要です。

```
from sklearn.linear_model import LinearRegression

reg = LinearRegression() ──────────────── 1 モデルを作成
reg
```

[4]: ▼ LinearRegression
　　　LinearRegression()　-----　LinearRegressionクラスの情報が表示されます。

2 説明変数と目的変数を取り出す

線形回帰分析のモデルregを学習させるため、気温データのDataFrameから、説明変数として緯度列を、目的変数として気温列を取り出しましょう。そこで気温データのDataFrameから緯度列をDataFrameと

して取り出します❶。DataFrameから指定した列だけのDataFrameを取り出すには、df[['列名']] と書きます。

```
X = df7[['latitude']] ──────────────── 1 緯度列をDataFrameとして取り出す
X
```

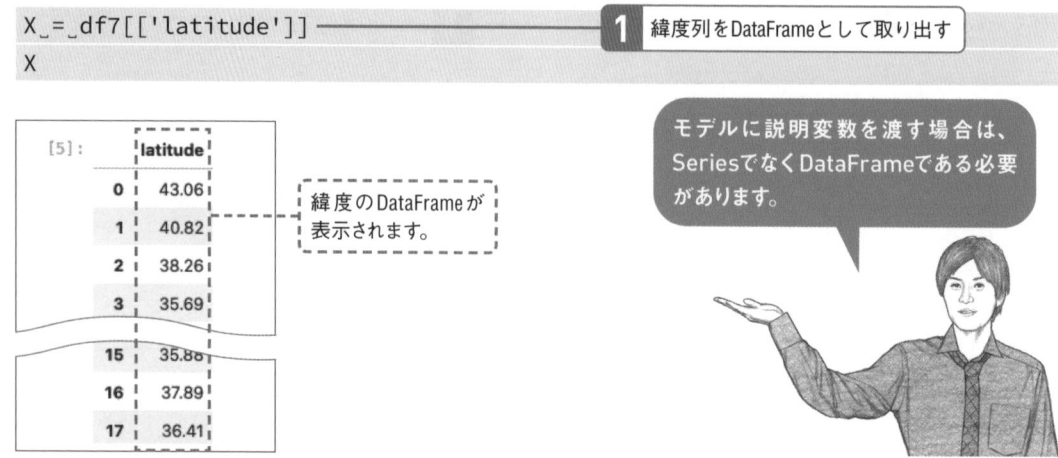

[5]:	latitude
0	43.06
1	40.82
2	38.26
3	35.69
15	35.88
16	37.89
17	36.41

緯度のDataFrameが表示されます。

モデルに説明変数を渡す場合は、SeriesでなくDataFrameである必要があります。

3　目的変数を取り出す

気温データのDataFrameから気温列をSeriesとして取り出します❶。

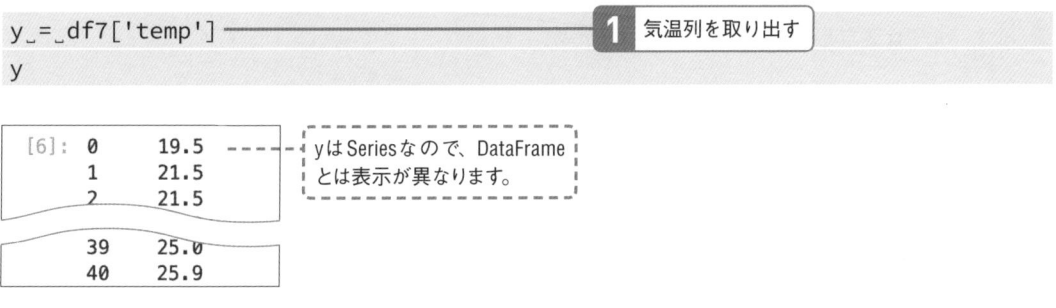

```
y_=_df7['temp']
y
```
1 気温列を取り出す

```
[6]:  0     19.5
      1     21.5
      2     21.5

      39    25.0
      40    25.9
```
yはSeriesなので、DataFrame
とは表示が異なります。

4　教師データを学習させる

DataFrameから説明変数と目的変数を取り出したら、教師データとして線形回帰分析のモデル regのfit()メソッドへ渡します❶。　なお、fit()メソッドにDataFrame を直接渡すと、predict()メソッドに list を渡したときに「X に特徴名が含まれていない」旨の警告が出ます。このため、本書ではX.valuesでDataFrameをndarrayに変換し、特徴名を消した状態で fit() メソッドに教師データを渡します。

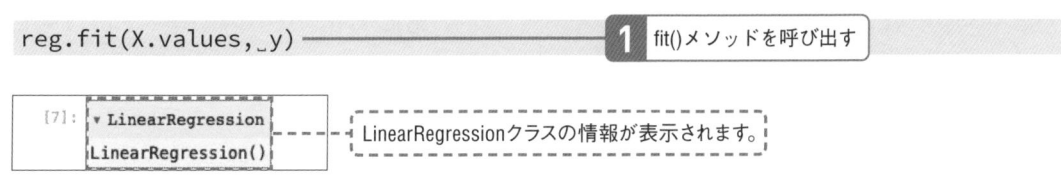

```
reg.fit(X.values,_y)
```
1 fit()メソッドを呼び出す

```
[7]:  ▼ LinearRegression
      LinearRegression()
```
LinearRegressionクラスの情報が表示されます。

👍 ワンポイント　線形単回帰モデルの数式

線形単回帰分析は、教師データから回帰直線を求め、回帰直線から値を予測すると説明しました。中学数学で習った通り、直線は「y = a + bx」で表され、回帰直線もこの式で表されます。線形単回帰分析の学習は、教師データからa（切片）とb（傾き）の値を求めることといえます。また、これらaとbは「重み」や「パラメーター」とも呼ばれます。

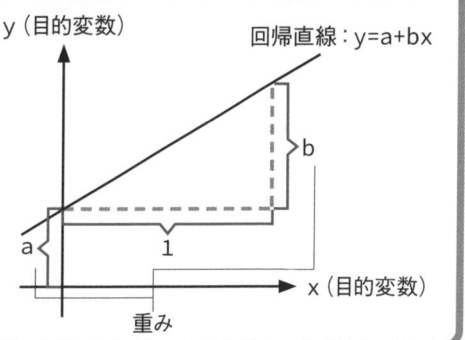

NEXT PAGE ➡ 267

5 予測する地点のデータを取り出す

教師データの学習ができたら、気温の予測をしてみましょう。ここでは、試しに東京と長野の気温を予測します。まずは東京と長野の緯度を確認するため、地点名（station）が「東京」か「長野」のデータを取り出して、緯度（latitude）の値を見ます❶。

```
df7[df7['station'].isin(['東京', '長野'])]
```

1 東京と長野の気温データを取り出す

```
[8]:        date  station  temp  latitude  longitude  altitude
    3   2018/9/1    東京   25.9     35.69     139.75        25
   20   2018/9/1    長野   20.5     36.66     138.19       418
```

東京と長野の気温が表示されます。

6 予測する

取り出したデータの緯度列（latitude）の値から、東京と長野の緯度がわかりました。次にこれらの緯度をpredict()メソッドへ渡して、予測された気温を見てみましょう❶。東京は約1.8度低い、長野は約3.1度高い気温が予測されました。

```
reg.predict([[35.69], [36.66]])
```

1 東京と長野の気温を緯度から予測する

```
[9]:  array([24.13603503, 23.64120668])
```

予測された長野の気温です。

予測された東京の気温です。

目的変数をまとめて予測する場合は、角カッコが重なり、[[説明変数1], [説明変数2]]のようになります。紛らわしいので、注意して入力しましょう。

● 回帰直線を表示しよう

1　回帰直線を表示する　`chapter-6-7-regression.ipynb`

最後にデータの散布図と線形回帰分析のモデルの回帰直線を表示してみましょう。まず、説明変数の軸から適当な値を2つ選びます❶。この2点間に回帰直線が引かれるので、この2点にはグラフの説明変数(latitude)軸の両端に近い値を選びましょう。次に、predict()メソッドを用いて選んだ説明変数に対する目的変数の値を取得します❷。そして、気温データのDataFrameから散布図を表示します❸。plot.scatter()メソッドはmatplotlibのAxesオブジェクトを返すため、このAxesオブジェクトのplot()メソッドを用いて回帰直線を引きます❹。

```
x1,_x2_=_25,_45
y1,_y2_=_reg.predict([[x1],_[x2]])
ax_=_df7.plot.scatter('latitude',_'temp')
ax.plot((x1,_x2),_(y1,_y2))
```

1　説明変数の軸から適当な値を2つ選ぶ

2　目的変数の値を予測する

3　散布図を表示する

4　回帰直線を引く

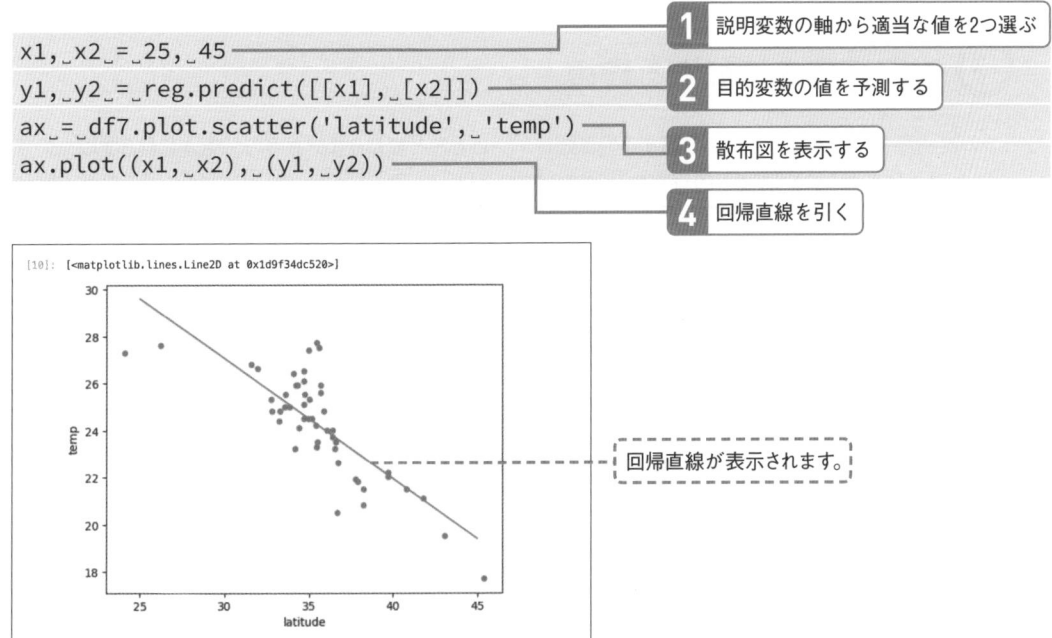

```
[10]:  [<matplotlib.lines.Line2D at 0x1d9f34dc520>]
```

回帰直線が表示されます。

Lesson 59 ［線形重回帰分析］

説明変数を追加してみましょう

**このレッスンの
ポイント**

目的変数の予測に、1つの説明変数だけでは十分な精度が得られないことがあります。このLessonでは複数の説明変数で目的変数を予測する「線形重回帰分析」について学習します。複数の説明変数を使い、より予測精度の高いモデルを作成できるようになりましょう。

→ 説明変数を追加する理由

1つの説明変数だけで目的変数を予測するのは難しいことがあります。前Lessonと同様に気温を例に考えてみましょう。

緯度が同じであっても山の上と下では気温が違うことを、私たちは経験的に知っています。下表の通り、実際に東京と長野のデータを見比べると、緯度は

ほとんど変わらないものの、気温には5度以上の差があります。したがって、「気温」という目的変数は「緯度」という1つの説明変数だけでは説明しきれず、「高度」という別の説明変数の影響を受けることが予想できます。

▶ 気温は緯度だけでなく高度の影響を受ける

地点	気温	緯度	高度
東京	25.9	35.69	6
長野	20.5	36.66	418

私たちの経験上でも、高度が高いほど寒くなるというイメージがありますね。

→ 説明変数を追加するときの注意点

説明変数が1つ、目的変数が1つのときは、変数の関係を平面 (2次元) 上で表すことができました。しかし、説明変数が2つ、目的変数が1つで、合計3つになると、変数の関係を表すには次の図のように3次元の空間が必要になります。さらに説明変数

が増えると、すべての変数の関係をまとめて見ることができなくなります。また、回帰分析に限らず、機械学習では扱う変数が増えると、増えた分だけ処理時間も増えることを忘れないようにしましょう。

▶ 説明変数が2つのときの散布図の例

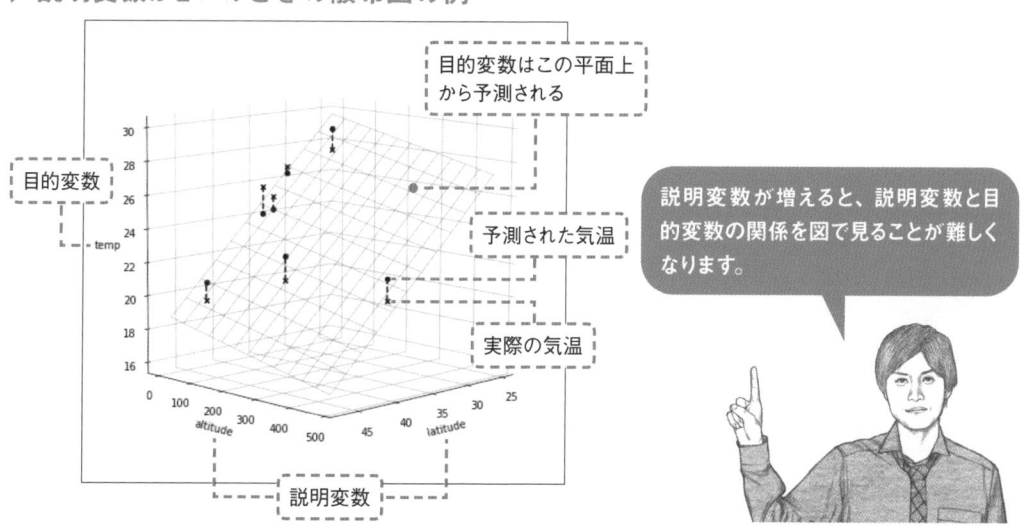

> 説明変数が増えると、説明変数と目的変数の関係を図で見ることが難しくなります。

LinearRegressionで線形重回帰分析のモデルを扱う

線形重回帰分析のモデルも、scikit-learnのLinearRegressionクラスを利用します。線形単回帰分析のモデルではfit()メソッドやpredict()メソッドに

渡す説明変数が1列だけでしたが、線形重回帰分析のモデルでは複数列になる点が異なります。

▶ 線形重回帰分析のモデルの予測の書き方

```
reg.predict([[35, 6]])
```
説明変数の値

```
reg.predict([[35, 6], [43, 17]])
```
説明変数の値 (1つ目)　　　説明変数の値 (2つ目)

線形重回帰分析のモデルを学習させよう

1 説明変数と目的変数を取り出す `chapter-6-7-regression.ipynb`

説明変数に「緯度 (latitude)」と「高度 (altitude)」を用いた、線形重回帰分析のモデルを作成しましょう。まず、気温データの DataFrame から説明変数の DataFrame❶と、目的変数の入った Series を取り出します❷。

緯度と高度を取り出す

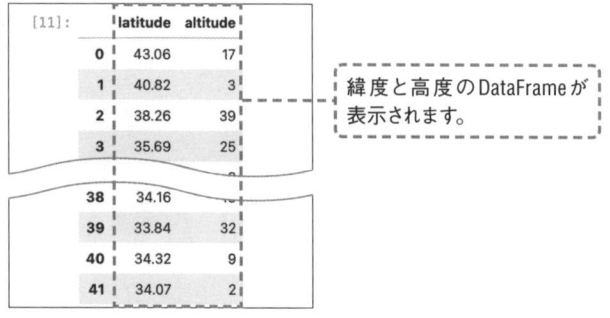

緯度と高度のDataFrameが表示されます。

気温を取り出す

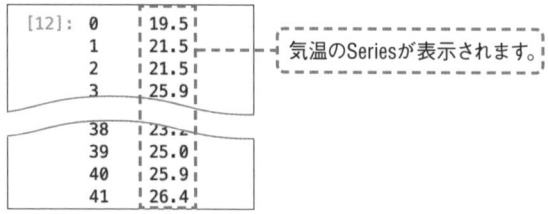

気温のSeriesが表示されます。

2 線形重回帰分析のモデルを作成する

次に LinearRegression クラスをインスタンス化して、線形重回帰分析のモデルを作成します❶。最後に、作成したモデルへ説明変数と目的変数を渡し、学習させます❷。

```
reg2_=_LinearRegression()
reg2.fit(X.values,_y)
```

1 モデルを作成

2 学習させる

```
[13]:  ▾ LinearRegression
       LinearRegression()
```

LinearRegressionクラスの情報が表示されます。

◯ 気温を予測させよう

1 実際の値を確認する `chapter-6-7-regression.ipynb`

前Lessonと同じように、東京と長野の気温を予測 を表示させてみましょう❶。
させてみましょう。比較のためにまず実際のデータ

```
df7[df7['station'].isin(['東京',_'長野'])]
```

1 東京と長野の気温データを取り出す

```
[14]:        date  station  temp  latitude  longitude  altitude
       3   2018/9/1   東京   25.9    35.69    139.75       25
       20  2018/9/1   長野   20.5    36.66    138.19      418
```

東京と長野の気温データ
が表示されます。

2 予測された値と比較する

前Lessonと同じように、東京と長野の気温を予測
してみましょう。前Lessonでは、東京が24.1度、長
野が23.6度という予測でした。説明変数に高度を

足したことで、予測された気温が実際の値に近づく
ことがわかります❶❷。

```
reg2.predict([
____[35.69,_6],
____[36.6,_418],
])
```

1 東京の緯度と高度

2 長野の緯度と高度

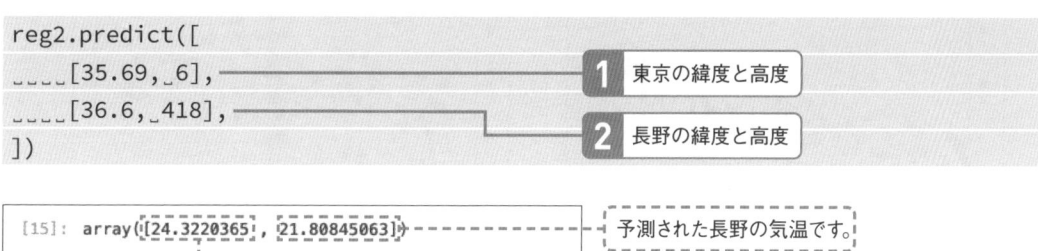

```
[15]:  array([24.3220365 , 21.80845063])
```

予測された長野の気温です。

予測された東京の気温です。

Lesson 60

[回帰分析のモデルの評価]

回帰分析のモデルを比べてみましょう

**このレッスンの
ポイント**

Lesson 58とLesson 59で2つの線形回帰分析のモデルを作成しました。このLessonでは、2つのモデルの精度を比べる方法を学習します。モデルを比較することで、より精度のよい回帰分析のモデルを選べるようになりましょう。

➡ 回帰分析のモデルの評価尺度「決定係数」

Chapter 5で分類のモデルの精度を比較したように、回帰分析のモデルも精度を比較することができます。複数のモデルを作り、精度を比較することで、より精度のよい回帰分析のモデルを選べます。Chapter 1やChapter 5で紹介した通り、分類のモデルでは正解率やF値などを精度の評価尺度に用いました。回帰分析のモデルでは、「決定係数」などが精度の評価尺度に使われます。

決定係数（R^2）はよく使われる回帰分析のモデルの評価尺度の1つです。次の図を見てください。決定係数は、目的変数の予測値と実データとの差から、回帰分析のモデルがどれくらい実データに当てはまっているかを表す評価尺度です。決定係数は、目的変数の予測値と実データとの差が小さいほど1に近く、差が大きくなるほど小さい値になります。

▶ 回帰直線と決定係数の例1

決定係数0.8

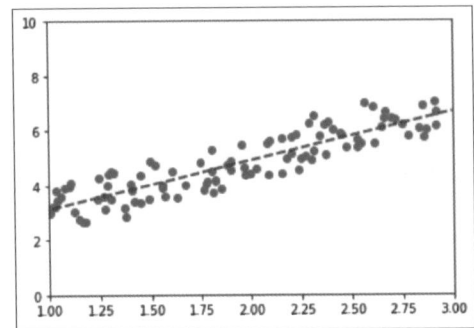

決定係数0.4

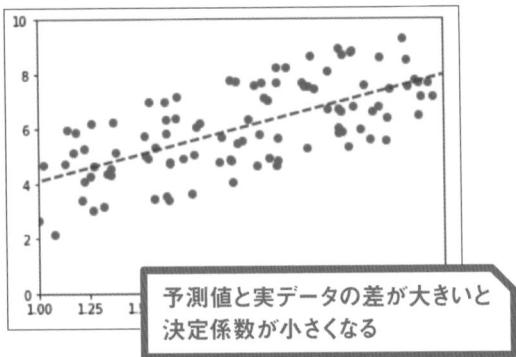

予測値と実データの差が大きいと
決定係数が小さくなる

▶ 回帰直線と決定係数の例2

決定係数0

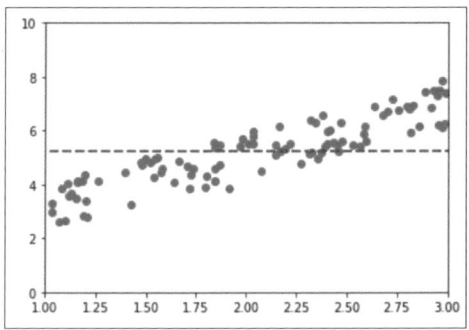

決定係数-2

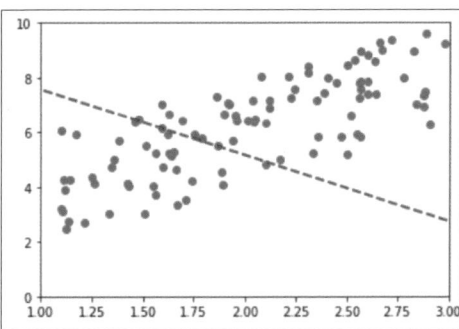

> 回帰直線が目的変数の平均値で一定なとき決定係数は0になる

> 回帰直線がデータにまったく当てはまっていないと決定係数がマイナスになることもある

> 決定係数が1に近いほど精度のよいモデルと評価できます。

➔ r2_score()関数で決定係数を算出する

scikit-learnで決定係数を算出するには、sklearn.metricsモジュールのr2_score()関数を利用します。r2_score()関数は、実データでの目的変数の値と、目的変数の予測値を引数にとり、計算した決定係数を返します。

▶ r2_score()関数の使い方

```
from sklearn.metrics import r2_score


y_pred = reg.predict(X)············目的変数を予測する
r2_score(y, y_pred)················実データyと予測値のy_predを渡す
```

気温データを教師データとテストデータに分割しよう

Chapter 5のLesson 45では分割学習法（hold-out method）を用いて、モデルの精度を評価しました。このLessonでも、分割学習法を用いて、データを分割して精度を評価します。評価尺度にはこの

Lessonで紹介した決定係数R^2を用います。では、データセットを教師データとテストデータに分割しましょう。データセットの分割にtrain_test_split()関数を用いるのもChapter 5と同様です①。

```
from_sklearn.model_selection_import_train_test_split


y_=_df7['temp']
X_train,_X_test,_y_train,_y_test_=_train_test_split(df7,_y,_random_
state=0)
```

1 データを分割する

分割学習法は、まずデータセットを教師データとテストデータに分割し、教師データでモデルを学習させ、テストデータで正解率などの評価尺度を計算します。

緯度のみのモデルの決定係数を計算しよう

1 分割したデータセットから緯度のデータを取り出す

chapter-6-7-regression.ipynb

まず緯度のみのモデルの決定係数を求めましょう。分割した教師データX_trainとテストデータ X_testから、説明変数となる緯度列（latitude）を取り出します①②。

```
X1_train_=_X_train[['latitude']]
X1_train
```

1 教師データの緯度列を取り出す

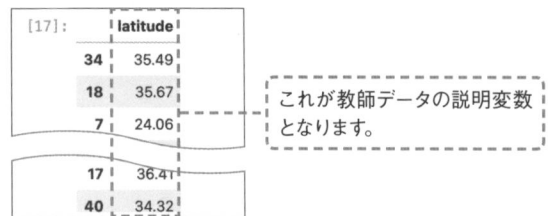

これが教師データの説明変数となります。

```
X1_test_=_X_test[['latitude']]
X1_test
```

2 テストデータの緯度列を取り出す

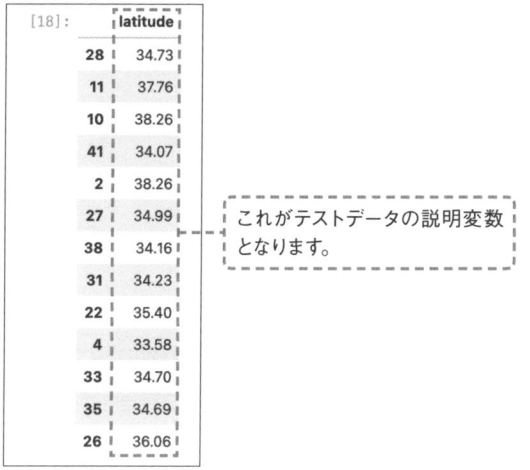

[18]:

	latitude
28	34.73
11	37.76
10	38.26
41	34.07
2	38.26
27	34.99
38	34.16
31	34.23
22	35.40
4	33.58
33	34.70
35	34.69
26	36.06

これがテストデータの説明変数となります。

2 教師データでモデルを学習させ、テストデータで予測する

線形回帰分析のモデルを作成し、教師データ（X1_train、y_train）を学習させます❶。教師データを学習させたら、テストデータの説明変数をpredict()メソッドに渡して、目的変数を予測させます❷。

```
reg1_=_LinearRegression()
reg1.fit(X1_train,_y_train)
y_pred1_=_reg1.predict(X1_test)
y_pred1
```

1 教師データを学習させる

2 テストデータで予測する

```
[19]: array([24.61272633, 23.15469222, 22.91409253, 24.93031792, 22.91409253,
       24.48761449, 24.88700998, 24.85332602, 24.29032275, 25.16610561,
       24.62716231, 24.63197431, 23.97273116])
```

テストデータから予測された気温が表示されます。

3 決定係数を算出する

最後にr2_score()関数を利用して決定係数を計算しましょう❶。

```
from sklearn.metrics import r2_score
```

```
r2_score(y_test, y_pred1)
```
1 決定係数を求める

```
[20]: 0.5578013485452739
```
決定係数は約0.56と表示されました。

◯ 緯度と高度のモデルの決定係数を計算する

1 決定係数を計算する　chapter-6-7-regression.ipynb

次は緯度と高度のモデルで決定係数を求めましょう。決定係数を求める流れは、緯度のみのモデルと同じですから、一気に実践してみましょう。まず、分割した教師データX_trainとテストデータX_testから、それぞれ説明変数を取り出して、X2_trainとX2_test

に代入します❶❷。次に、教師データを用いてモデルを学習させ❸、テストデータで目的変数を予測します❹。最後に予測した目的変数y_pred2と、目的変数の実際の値y_testをr2_score()に渡して、決定係数を計算します❺。

```
X2_train = X_train[['latitude', 'altitude']]
X2_train
```
1 教師データの緯度列と高度列を取り出す

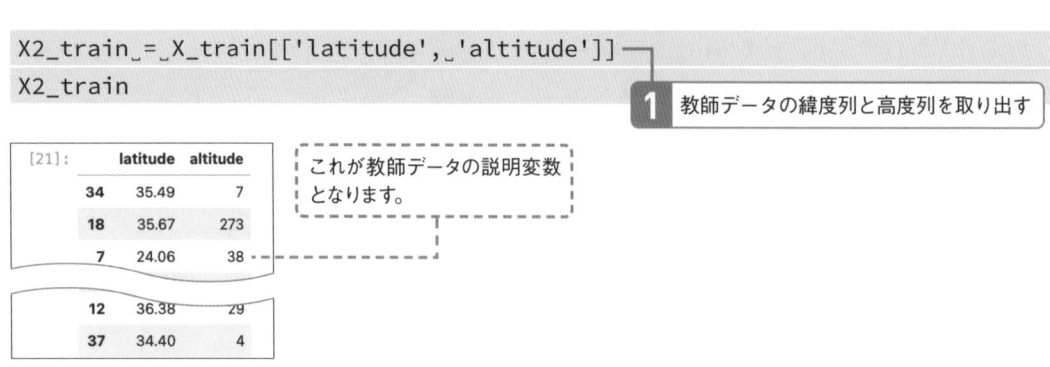

これが教師データの説明変数となります。

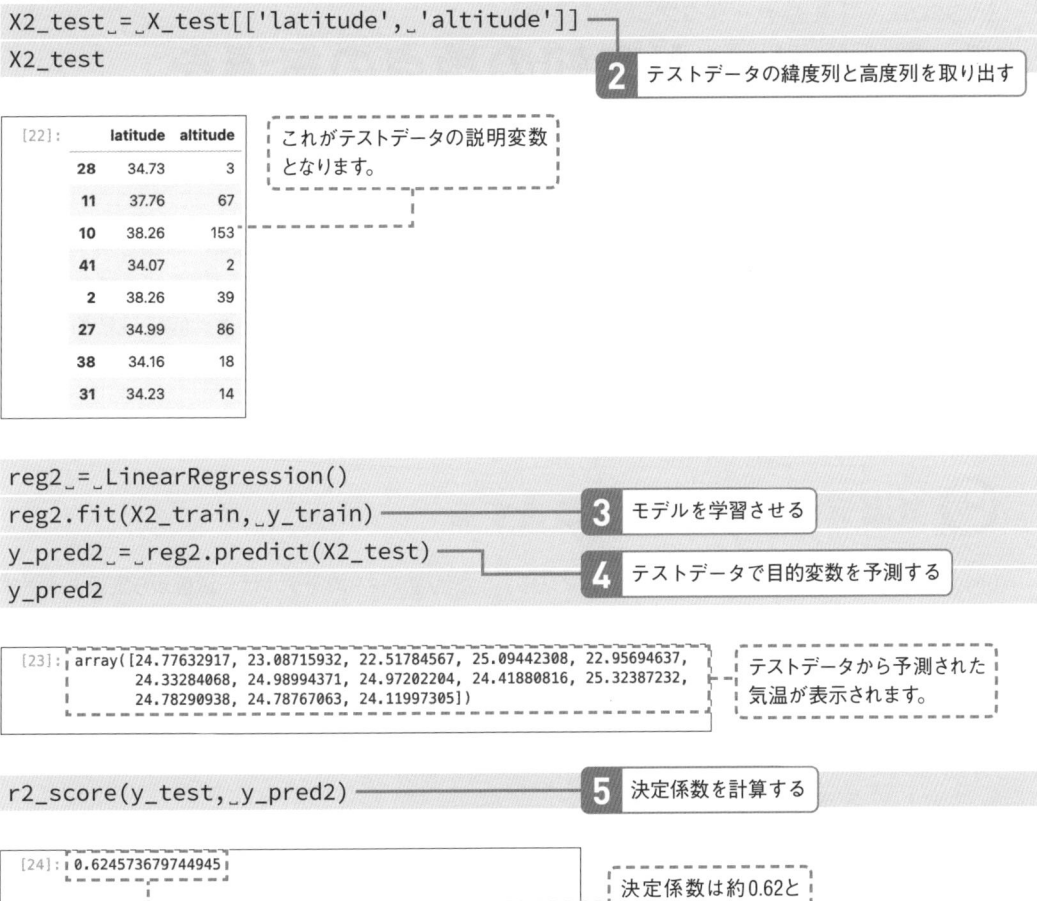

```
X2_test_=_X_test[['latitude',_'altitude']]
X2_test
```

2 テストデータの緯度列と高度列を取り出す

[22]:

	latitude	altitude
28	34.73	3
11	37.76	67
10	38.26	153
41	34.07	2
2	38.26	39
27	34.99	86
38	34.16	18
31	34.23	14

これがテストデータの説明変数となります。

```
reg2_=_LinearRegression()
reg2.fit(X2_train,_y_train)
y_pred2_=_reg2.predict(X2_test)
y_pred2
```

3 モデルを学習させる

4 テストデータで目的変数を予測する

```
[23]: array([24.77632917, 23.08715932, 22.51784567, 25.09442308, 22.95694637,
              24.33284068, 24.98994371, 24.97202204, 24.41880816, 25.32387232,
              24.78290938, 24.78767063, 24.11997305])
```

テストデータから予測された気温が表示されます。

```
r2_score(y_test,_y_pred2)
```

5 決定係数を計算する

```
[24]: 0.624573679744945
```

決定係数は約0.62と表示されました。

2 決定係数を比較する

次の表にまとめた通り、決定係数は、緯度のみのモデルでは約0.56、緯度と高度のモデルでは約0.62となりました。このことから、決定係数がより1に近い、緯度と高度のモデルのほうが精度がよいと評価できます。

▶ 2つのモデルの決定係数

説明変数	決定係数
緯度のみ	約0.56
緯度と高度	約0.62

Lesson 61

[気温データコマンドの改良]

pybotが未知の地点の気温を
予測できるように改良しましょう

このレッスンの
ポイント

Chapter 6で作った気温データコマンドは未知の地点の気温を返すことができませんでした。このChapterで作成してきた回帰分析のモデルを使うと、未知の地点の気温も予測することができます。回帰分析のモデルを使って気温データコマンドを改良してみましょう。

→ 気温データコマンドを改良する

Chapter 6で作成した、pybotの気温データコマンドは、気温データ内にある地点の気温しか返すことができませんでした。このLessonでは、気温データコマンドを改良して、気温データのない地点の気温を予測して返せるようにします。このChapterで作った気温データのモデルは、緯度から気温を予測するものでした。そこで未知の地点名が渡されたら、まず地点名の代わりに緯度を渡すようpybotに返事をさせます。返事を受けてユーザーから緯度が渡されたら、緯度から気温を予測して返します。

▶改良した気温データコマンド

Chapter 6版
気温データコマンド

メッセージ：気温データ 神保町

データガミツカラナイ

気温データ＋緯度で
問い合わせできる

Chapter 7版
気温データコマンド

メッセージ：気温データ 神保町

データガアリマセン緯度ヲ入力シテクダサイ

メッセージ：気温データ 35.7090

タブン24.1度クライ

予測

● 気温データコマンドの改良に必要な変更を確認しよう

1 | 追加される処理を確認する

pybotの気温データコマンドで気温を予測するのに必要な変更を考えましょう。まず、Chapter 5で作成した「文字」コマンドと同じく、学習済みモデルが必要です🅐。文字認識コマンドと同じように、Pickleを使って学習済みモデルを作成しましょう。

次に、作成した学習済みモデルを読み込み、予測に使えるようにする必要があります🅑。最後に、ユーザーから緯度が送られたら気温を予測して返す処理を追加すれば完成です🅒。

▶ 必要な変更

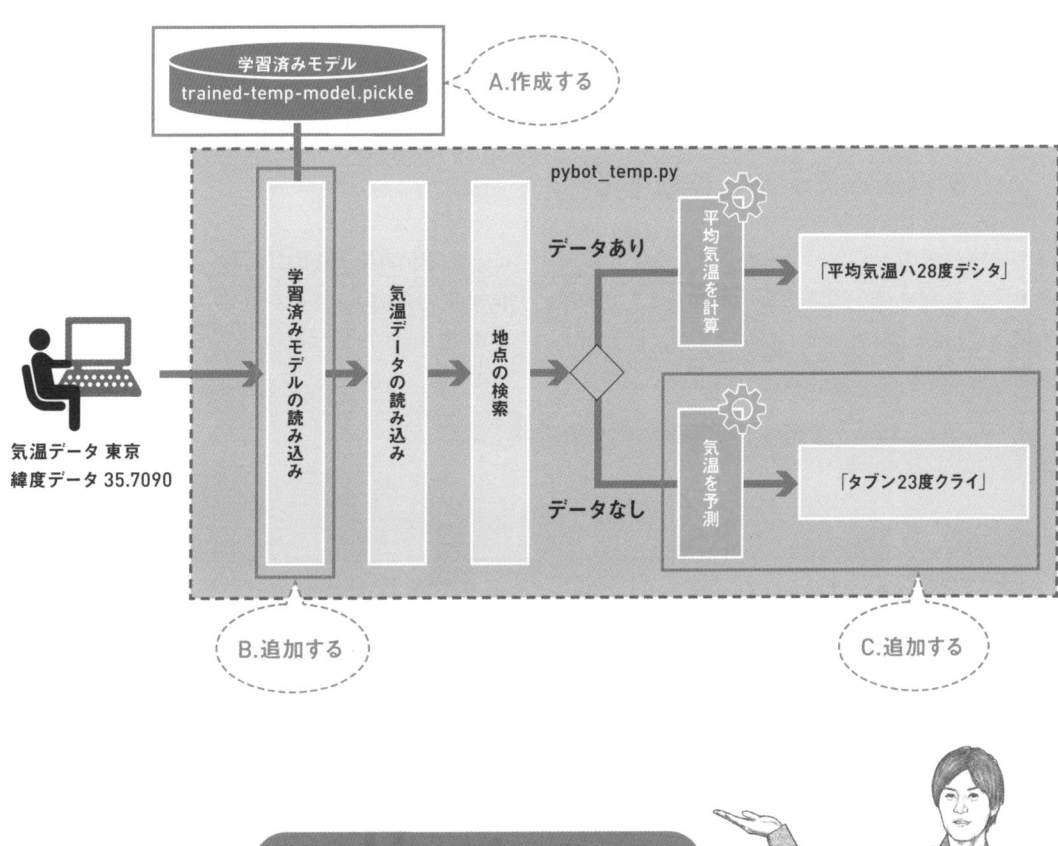

Chapter 6で作成したものを改造して、緯度から予測する機能を追加します。

学習済みモデルを作成しよう

1 線形回帰分析のモデルを作って教師データを学習させる

`chapter-6-7-regression.ipynb`

学習済みモデルを作成するため、JupyterLab上で、緯度から気温を予測する線形単回帰分析のモデルを作りましょう。Lesson 58で学習した通り、LinearRegressionクラスをインスタンス化して❶、教

師データをfit()メソッドに渡します❷。このLessonでは、緯度から気温を予測するため、説明変数は緯度、目的変数は気温になります。

```
reg_=_LinearRegression() ─── 1 モデルを作成する
X_=_df7[['latitude']] …………緯度
y_=_df7['temp'] ……………… 気温
reg.fit(X.values,_y) ─── 2 学習させる
```

2 学習済みモデルを作成する

線形回帰分析のモデルの学習ができたら、学習済みモデルをpickleを利用して保存しましょう。保存先のファイル名は「trained-reg-model.pickle」とします❶。成功すると、ipynbファイルと同じフォルダー

に、学習済みモデルのファイルが保存されます。ipynbファイルのフォルダーに保存された学習済みモデル (trained-reg-model.pickle) を、pybotから利用するため、pybot.pyのフォルダーにコピーします❷。

```
import_pickle

with_open('trained-reg-model.pickle',_'wb')_as_f:
____pickle.dump(reg,_f) ─── 1 ファイルを保存する
```

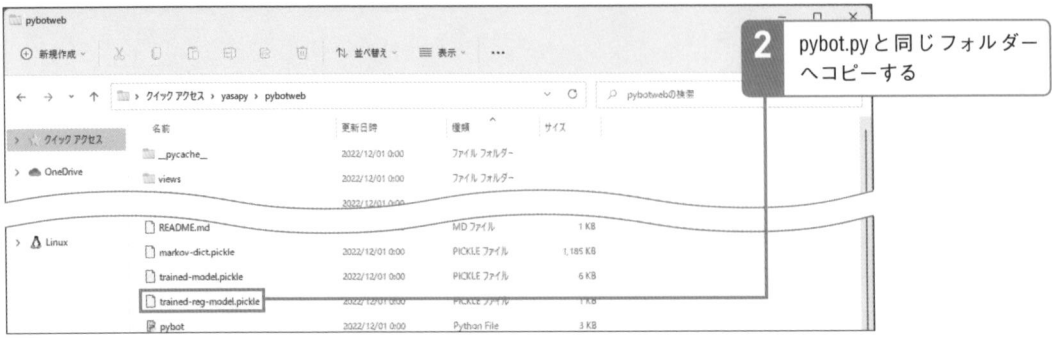

2 pybot.py と同じフォルダーへコピーする

282

● pybot_temp.pyを改造しよう

1 学習済みモデルを読み込む `pybot_temp.py`

気温データコマンドで学習済みモデルが利用できるようにしましょう。まず、pickleで保存した学習済みモデルを読み込むため、pybot_temp.pyでpickleをimportします❶。次に、保存した学習済みモデルをopen()関数で開き、pickle.load()関数で読み込みます❷。

```
001  import pandas
002  import pickle                                          学習済みモデルを読み込むためpickleをimportする  ①
003
004  def temp_command(command):
005      temp, station = command.split()
006      # 学習済みモデルのロード                              学習済みモデルを開く  ②
007      with open('./trained-reg-model.pickle', 'rb') as b:
008          reg = pickle.load(b)
```

2 コマンドから緯度を取り出す

改良した気温データコマンドでは、コマンドから緯度を取り出し、気温を予測します。コマンドから取り出した緯度の値は文字列型なので、教師データと同じfloat型への変換が必要です。そこでまず、float()関数を使って、緯度の文字列をfloat型へ変換します❶。次に、コマンドに緯度以外の値が渡された場合に対応します。float()関数は、数値以外の値を渡すとValueError例外を送出します。float()関数の呼び出しをtry-exceptブロックで囲み、ValueErrorを捕まえましょう。そして数値以外の値が送られたとき、pybotに「緯度ヲ入力シテクダサイ」と返事させます❷。

```
029      else:
030          try:                                                緯度の文字列を浮動小数点数型に変換する  ①
031              latitude = float(station)  # 緯度はstation変数に入っている
032          except ValueError:
033              response = '緯度ヲ入力シテクダサイ'                緯度以外が指定された場合  ②
```

3 緯度から気温を予測する

最後に、気温を予測してpybotから返します。まず読み込んだ線形回帰分析のモデルregのpredict()メソッドを呼び出し、気温を予測します❶。

predict()メソッドには、角カッコ2つで囲んだ緯度を渡しましょう。角カッコが2つになるのは、predict()へ渡す緯度が、[1つ目のデータ]の[[1つ目の説明変

数]]であるためです。

predict()で予測ができたら、predict()の戻り値から[0]で予測された気温を取り出します ❷。予測された気温が取得できたら、pybotが「タブン24.1度クライ」のように返事するよう、返事を組み立てましょう ❸。

```
029 ____else:
030 _____try:
031 _____latitude_=_float(station)__#_数値以外が入力されるとValueError
032 _____predicted_=_reg.predict([[latitude]])
033 _____predicted_temp_=_predicted[0]
034 _____rounded_temp_=_round(predicted_temp,_1)
035 _____response_=_f'タブン{rounded_temp}度クライ'
036 _____except_ValueError:__#_緯度以外が指定された場合
037 _____response_=_'緯度ヲ入力シテクダサイ'
```

1 気温を予測する

2 予測された気温を取り出す

3 pybotの返事を作る

● 気温データコマンドを使ってみよう

1 教師データに含まれている地点を入力する

このLessonでは、教師データに含まれる地名を気温データコマンドに渡すと、平均気温が返るところは変更しませんでした。そこでまず、Chapter 6で作成した平均気温を計算する機能が、正常に動作す

ることを確認しましょう。「気温データ 東京」と入力して、pybotの返事を見てみます❶。pybotから「平均気温ハ22.9度デシタ」と応答があれば、確認成功です。

pybot Webアプリケーション

メッセージを入力してください: [＿＿＿＿＿＿＿＿]
画像を選択してください: [ファイルを選択] 選択されていません
[送信]

- 入力されたメッセージ: 気温データ 東京
- pybotからの応答メッセージ: 平均気温ハ22.9度デシタ

1 「気温データ 東京」と入力して送信

東京の平均気温が表示されます。

2 教師データにない地点を入力する

次に教師データにない地点を入力してみましょう。このLessonでは、教師データにもなく、緯度でもない文字列が渡ると、緯度の入力を促すメッセージが返るように改造しました。試しに「気温データ 神保町」と入力して、pybotの返事を確認してみましょう❶。pybotから「緯度ヲ入力シテクダサイ」と応答があれば成功です。

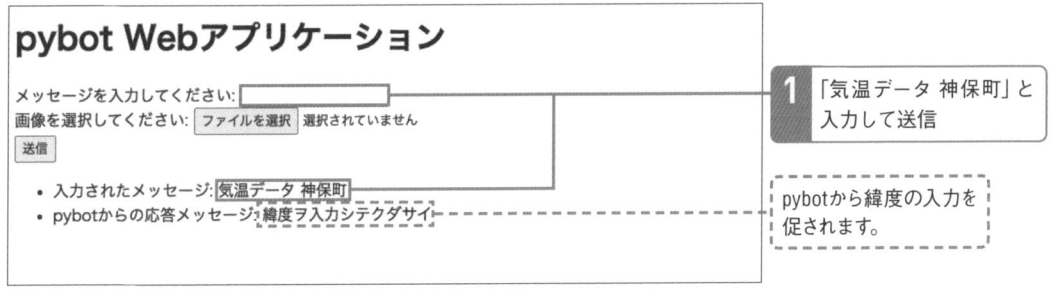

1 「気温データ 神保町」と入力して送信

pybotから緯度の入力を促されます。

3 緯度を調べる

pybotに気温を予測させるため、pybotに渡す地点の緯度を調べてみましょう。ブラウザで国土地理院地図 (https://maps.gsi.go.jp/) を開き、緯度を調べたい地点名を検索します❶。続いて検索結果から調べたい地点を選びます❷。調べたい地点に地図が移動したらその地点の旗をクリックして、緯度の情報を表示させます❸。最後に、表示された緯度をコピーします❹。図の例では、35.6964...という数値が緯度に当たります。

1 緯度を調べたい地名を入力する

2 検索結果から調べたい地名を選択する

3 調べたい地点の旗を地図上でクリックして情報を表示する

4 緯度を選択してコピーする

NEXT PAGE → | 285

4 緯度を入力して予測された気温を見る

緯度がわかったので、いよいよpybotに気温を予測させることができます。神保町の緯度は約35.7でした。「気温データ 35.7」と入力して予測された気温を

見てみましょう❶。「タブン24.1度クライ」という応答があれば、気温データコマンドの改造は無事完了です！

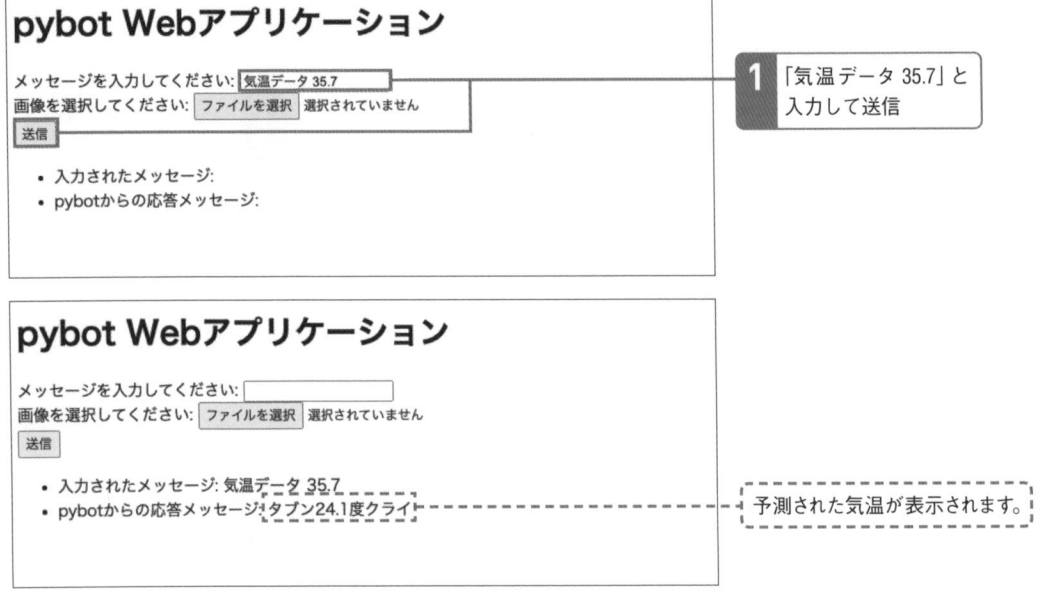

pybot Webアプリケーション

メッセージを入力してください: 気温データ 35.7
画像を選択してください: ファイルを選択 選択されていません
送信

- 入力されたメッセージ:
- pybotからの応答メッセージ:

> **1** 「気温データ 35.7」と入力して送信

pybot Webアプリケーション

メッセージを入力してください:
画像を選択してください: ファイルを選択 選択されていません
送信

- 入力されたメッセージ: 気温データ 35.7
- pybotからの応答メッセージ: タブン24.1度クライ

> 予測された気温が表示されます。

> インターネットでは、住所を緯度経度に変換する（ジオコーディング）APIが提供されています。Chapter 3で紹介したライブラリと組み合わせて、未知の住所の緯度を自動で調べる機能を追加してみると面白いでしょう。

Chapter

8

機械学習の
次のステップ

ここまでで機械学習プロジェクトの全体像や各技術のポイントについて解説しました。機械学習を実際のプロジェクトに活用するには、継続的な調査や学習が必要です。情報源となるWebサイト、書籍、コミュニティなどを紹介します。

Lesson
62

[Webサイトの情報源]

機械学習の学習をサポートする Webサイトを知りましょう

このレッスンの
ポイント

機械学習の学習を進めるための情報源として、各種Webサイトがあります。ここでは主なものをジャンル別に紹介します。本書を読み終えただけではゴールとはいえません。インターネット上の情報源を活用して、機械学習についての学習を継続しましょう。

➔ Web上のドキュメント

本書で扱った各種ライブラリはWeb上に公式ドキュメントが公開されています。本書ではごく一部の利用方法しか紹介していないので、より詳細な使い方や便利な使い方は公式ドキュメントを参照してください。これらの公式ドキュメントはすべて英語ですが、Webサイトにあるサンプルコードを手元で動かすなどすると、理解の助けになります。

▶ 各種ライブラリの公式サイト、公式ドキュメント

ライブラリ	URL	内容
JupyterLab	https://jupyterlab.readthedocs.io/	ノートブック形式のプログラム実行環境
Bottle	https://bottlepy.org/	シンプルなWebフレームワーク
Requests	https://requests.readthedocs.io/	HTTPクライアントライブラリ
Beautiful Soup 4	https://www.crummy.com/software/BeautifulSoup/bs4/doc/	HTMLの構文解析ライブラリ
Janome	https://mocobeta.github.io/janome/	日本語の形態素解析ライブラリ
Pillow	https://python-pillow.org/	画像処理ライブラリ
NumPy	https://www.numpy.org/	数値計算ライブラリ
Matplotlib	https://matplotlib.org/	グラフ描画ライブラリ
pandas	https://pandas.pydata.org/	データ分析ライブラリ
scikit-learn	https://scikit-learn.org/	機械学習ライブラリ

 **Colaboratory**

ColaboratoryはGoogleが提供する、クラウド上で動作するPythonの実行環境です。PC上に環境構築せずにJupyterLabのようなノートブックを使用したプログラミングが可能であり、作成したノートブックはインターネット上で共有できます。

https://colab.research.google.com/

 **Kaggle**

Kaggleは世界中の機械学習に関わるエンジニアやデータサイエンティストなどが集まるコミュニティであり、Webサイトです。ある問題に対して精度の高いモデルを競い合うコンペティション(Competitions)や、さまざまなデータ分析に使用できるデータセット(Datasets)、学習のためのコンテンツ(Courses)などが提供されています。

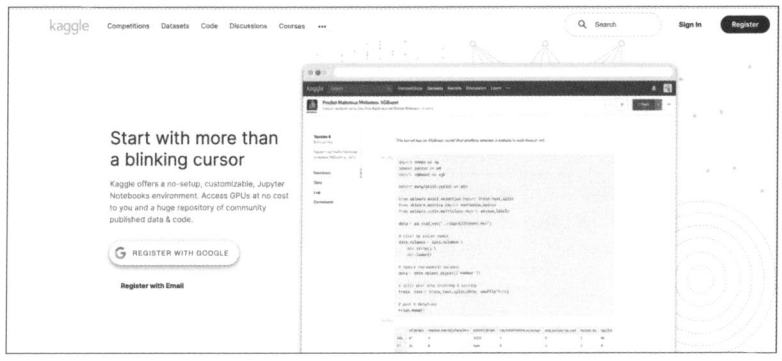

https://www.kaggle.com/

Lesson 63 ［書籍とコミュニティ］
書籍を読み、コミュニティに 参加しましょう

このレッスンの
ポイント

機械学習に関するまとまった情報源として、書籍を活用することはおすすめです。また、機械学習関連の人と知り合うことで、より早く情報を得られます。ぜひ機械学習やデータ分析のコミュニティにも参加してみましょう。

➜ 機械学習や周辺技術に関する書籍

機械学習やその周辺技術に関する書籍は大量に出版されています。ここでは本書で触れた技術をさらに深掘りするような書籍や、機械学習全般の知識を得るために有用な書籍を紹介します。

タイトル	内容
統計学入門（基礎統計学Ⅰ） （東京大学教養学部統計学教室 編、1991年、東京大学出版会刊）	統計学でデータ分析を行うための考え方や手法をまとめた入門書。確率論の基礎、基本的なデータの読み方から回帰分析までをカバー
Pythonクローリング＆スクレイピング［増補改訂版］ ──データ収集・解析のための実践開発ガイド（加藤耕太著、2019年、技術評論社刊）	Webスクレイピングに関して広範な内容を扱った書籍。Scrapyについても触れている。2016年発売の初版から内容をアップデート
Pythonによるあたらしいデータ分析の教科書 第2版 （寺田学／辻真吾／鈴木たかのり／福島真太朗 著、2022年、翔泳社刊）	データ分析を学ぶために、NumPy、pandas、Matplotlib、scikit-learnの基本をまとめており、数学の基礎についても触れている。2018年発売の初版から最新の情報にアップデート
改訂版 Pythonユーザのための Jupyter［実践］入門 （池内孝啓／片柳薫子／@driller 著、2020年、技術評論社刊）	Jupyter Notebook を使用して pandas でのデータ操作、Matplotlib、Bokehでのグラフ描画について解説した書籍。2017年発売の初版からアップデート
Python機械学習プログラミング PyTorch & scikit-learn編 （Sebastian Raschka/Yuxi (Hayden) Liu/Vahid Mirjalili 著、株式会社クイープ 訳、福島真太朗 監訳、2022年、インプレス刊）	機械学習の基本的な考え方を Python で実装することによって理解を深められる。難易度は高いが一通り読むと機械学習の広範な知識が手に入る
Pythonによるデータ分析入門 第2版──NumPy、pandasを使ったデータ処理 （Wes McKinney 著、瀬戸山雅人／小林儀匡／滝口開資 訳、2018年、オライリー・ジャパン刊）	pandasの開発者が執筆した入門書。ページ数が多く、文章も平易ではないが、pandasの正しい使い方をマスターするのにおすすめ

コミュニティに参加しよう

現在はたくさんの機械学習、データ分析関連のコミュニティが存在します。IT勉強会支援プラットフォームのconnpass（https://connpass.com/）でデータ分析、機械学習といったキーワードで検索すると、関連するイベントの一覧が表示されます。また、これらのイベントの中には運営するコミュニティが存在しており、オンライン上のチャットなどで交流ができるものもあります。

▶ 機械学習、データ分析関連のカンファレンス、コミュニティ

名称	URL	主な活動
PyCon JP	https://www.pycon.jp/	年に1回、日本最大のPythonイベントPyCon JPを開催している。Pythonを利用した機械学習関連の発表も多数ある
SciPy Japan	https://www.scipyjapan.scipy.org/	Pythonでの科学技術計算に関するカンファレンス。2008年からアメリカ、ヨーロッパで開催されている。2019年、2020年には日本でも開催された
PyData.Tokyo	https://pydatatokyo.connpass.com/	Python+Dataをテーマにした勉強会を定期的に開催しているコミュニティ。2018年10月には第1回となる終日のカンファレンスを開催し、200名以上を集めた
Start Python Club	https://startpython.connpass.com/	「みんなのPython勉強会」という名前で毎月Python関連の勉強会を開催。機械学習関連の発表も多め

▶ 機械学習に関連するイベント

connpassでキーワードに関連したイベント、グループの情報

https://connpass.com/

機械学習用語集

▶ 機械学習プロジェクトの全体像

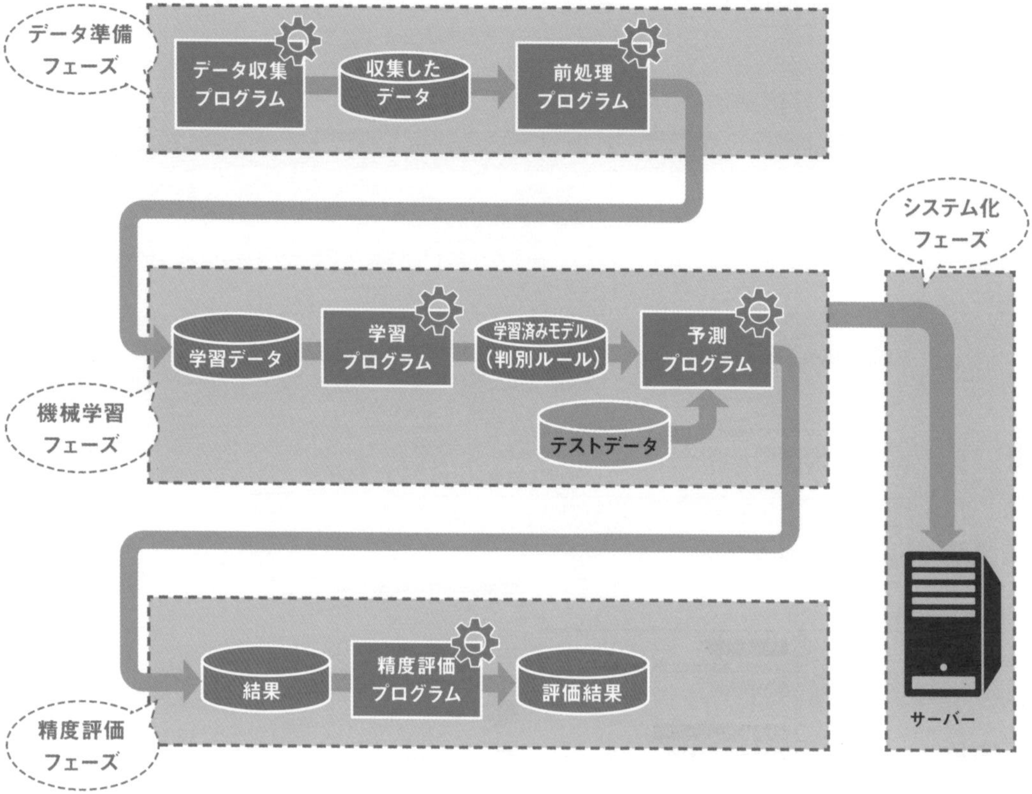

データ準備フェーズ

- データ収集プログラム
- 収集したデータ
- 前処理プログラム

機械学習フェーズ

- 学習データ
- 学習プログラム
- 学習済みモデル（判別ルール）
- 予測プログラム
- テストデータ

精度評価フェーズ

- 結果
- 精度評価プログラム
- 評価結果

システム化フェーズ

- サーバー

4つのフェーズのうち、システム化を除いた3つのフェーズで使われる用語を説明します。

データ準備フェーズ

データ収集についてはLesson 4で、前処理については Lesson 5で解説しています。たくさんの用語があるので、すべてを一度に覚えようとはせず、他の Chapterに進みながら何度もこの用語集を見返すようにしてください。

▶ データ収集に関する用語

用語	説明	参照先
データ収集	機械学習に使用する大量のデータを集めること	―
Webスクレイピング	インターネット上のWebページからデータを収集すること	Lesson 18
オープンデータ	一般に公開されている利用可能なデータ。データとして扱いにくい場合もある	Lesson 4

▶ 前処理に関する用語

用語	説明	参照先
前処理	収集したデータを機械学習で扱える形式に変換したり、精度を向上するために加工すること	Chapter 6
欠損値	データ中で値が欠落して空となっているもの	Lesson 52
外れ値	データ中で他の値と大きく異なるため、分布から外れているデータのこと	Lesson 5
画像の前処理	画像データを機械学習で扱える形式に変換したり、精度を向上するために加工すること	Lesson 42
形態素解析	日本語などのテキストを単語に分割し、品詞や読みなどの情報を取り出すこと	Lesson 27
ラベル付け	データに対して正解となる値を設定する作業。人が行う	―

機械学習フェーズ

機械学習についてはLesson 6、Lesson 7で解説し
ています。用語については検索などでも利用するこ とが多いため、英語を併記します。

▶ 機械学習に関する用語

用語	説明	参照先
教師あり学習 (Supervised Learning)	正解となるデータをもとに機械学習を行う手法。データの分類や数値の予測などに使用する	Chapter 5、Chapter 7
教師なし学習 (Unsupervised Learning)	正解が用意されていないデータに対して行う手法。データのクラスタリングなどに使用する	ー
強化学習 (Reinforcement Learning)	ある環境の中での行動に対して報酬を与えて学習させる手法。ゲームや自動運転などにおいて、振る舞いを最適化するために使用する	ー
分類 (Classification)	教師あり学習でデータがどのグループに属するか（ラベル）を予測すること	Chapter 5
回帰 (Regression)	教師あり学習でデータに対して数値を予測すること	Chapter 7
クラスタリング (Clustering)	教師なし学習で、似ているデータをグループ化すること。分類とは異なり正解が存在しない	ー
アルゴリズム (Algorithm)	機械学習ではそれぞれの機械学習を行うための手順のことを指す。主要なアルゴリズムはscikit-learnで用意されている	Chapter 5、Chapter 7
アンサンブル学習 (Ensemble Learning)	複数のモデルの結果を組み合わせて多数決などで決定する手法	ー
ラベル (Label)	分類で、データの正解を表す値	ー
モデル (Model)	機械学習アルゴリズムが作成した、予測を行うためのパラメーターの集まり。予測プログラムで使用する	

▶ 教師あり学習の主な手法

手法	説明	参照先
線形回帰 (Linear Regression)	回帰に使用するアルゴリズムの1つ	Chapter 7
ロジスティック回帰 (Logistic Regression)	アルゴリズムの名前には回帰が付いているが、主に分類に使用するアルゴリズム	Chapter 5
サポートベクターマシン (Support Vector Machine：SVM)	分類、回帰に使用できるアルゴリズム	ー
決定木 (Decision Tree)	データを分割するルールを定義して分類を行うアルゴリズム	ー
ランダムフォレスト (Random Forest)	複数の決定木の予測結果から、多数決で予測を行うアルゴリズム。アンサンブル学習の1つ	Chapter 5

精度評価フェーズ

PoC（概念実証）についてはLesson 8で解説しています。また、精度評価については、Lesson 9で解説しています。精度については混同行列の図を見ながら理解を深めてください。

▶ 精度に関する用語

用語	説明	参照先
学習データ（Data）	学習済みモデルを作成するための、機械学習アルゴリズムの入力に使用するデータの集まり。あらかじめ用意したデータを学習データとテストデータに分割する。教師データともいう	Lesson 9
テストデータ（Test Data）	モデルの精度評価を行うために使用するデータ	Lesson 9、Lesson 45、Lesson 60
混同行列（Confusion Matrix）	分類の精度を計算するために予測と正解の組み合わせを集計した表	Lesson 9
陽性（Positive）	分類で目的としているデータの持つ性質	Lesson 9
陰性（Negative）	分類で目的としていないデータの持つ性質	Lesson 9
真陽性（True Positive：TP）	陽性と予測して（Positive）、予測が当たった（True）データの性質	Lesson 9
偽陽性（False Positive：FP）	陽性と予測して（Positive）、予測が外れた（False）データの性質	Lesson 9
偽陰性（False Negative：FN）	陰性と予測して（Negative）、予測が外れた（False）データの性質	Lesson 9
真陰性（True Negative：TN）	陰性と予測して（Negative）、予測が当たった（True）データの性質	Lesson 9
正解率（Accuracy）	全体のうち予測が当たった割合。(TP + TN) / (TP + FP + FN + TN)	Lesson 9
適合率（Precision）	陽性と予測したうち、実際に陽性だった割合。TP / (TP + FP)	Lesson 9
再現率（Recall）	陽性のデータのうち、陽性と予測した割合。TP / (TP + FN)	Lesson 9
F値（F-Value）	適合率と再現率のバランスをとった値。適合率と再現率の調和平均で求める	Lesson 9

▶ 混同行列

	予測（陽性）	予測（陰性）
正解（陽性：Positive）	TP (True Positive)	FN (False Negative)
正解（陰性：Negative）	FP (False Positive)	TN (True Negative)

JupyterLabのショートカットキー

JupyterLabのコマンドモード（ Esc キーを押してセルの編集モードから抜けた状態）では、さまざまなショートカットが使えます。いくつか覚えておくと便利なショートカットキーを紹介します。その他のショートカットキーの確認方法については、P.66のワンポイント「ショートカットキーを活用する」を参照してください。

いくつか覚えておくと便利なショートカットキーを紹介します。

▶ コマンドモードのショートカットキー

キー	動作
↑ または K	1つ上のセルに移動
↓ または J	1つ下のセルに移動
A	1つ上にセルを追加
B	1つ下にセルを追加
X	選択したセルを削除
C	選択したセルをコピー
V	コピーしたセルをペースト
Z	削除したセルを元に戻す（アンドゥ）

▶ 編集モードのショートカットキー（macOSではCtrlではなくCommand）

キー	動作
Tab	コードの補完またはインデント
Shift + Tab	docstringをツールチップで表示(関数の説明、引数の確認など)
Ctrl + /	選択した行のコメント化/非コメント化
Shift + Enter	セルを実行して次のセルに移動
Ctrl + ↑	セルの先頭に移動
Ctrl + ↓	セルの末尾に移動

索引

本書サンプルコードのダウンロードについて

本書で使用しているサンプルコードは、下記の本書サポートページからダウンロードできます。サンプルコードは「501607_sample.zip」というファイル名でzip形式で圧縮されています。展開してからご利用ください。

※Chapter 6、7で利用しているデータは、気象庁「気象データ」（https://www.data.jma.go.jp/obd/stats/etrn/index.php）を加工して作成しました。

○ 本書サポートページ

https://book.impress.co.jp/books/1122101123

1 上記URLを入力してサポートページを表示

2 ［ダウンロード］をクリック

画面の表示にしたがってファイルをダウンロードしてください。

※Webページのデザインやレイアウトは変更になる場合があります。

○ スタッフリスト

カバー・本文デザイン	米倉英弘（細山田デザイン事務所）
カバー・本文イラスト	東海林巨樹
撮影	蔭山一広（panorama house）
DTP	株式会社リブロワークス
校正	株式会社トップスタジオ
デザイン制作室	今津幸弘 鈴木 薫
編集	株式会社リブロワークス
編集長	柳沼俊宏

■商品に関する問い合わせ先

このたびは弊社商品をご購入いただきありがとうございます。本書の内容などに関するお問い合わせは、下記のURLまたは二次元バーコードにある問い合わせフォームからお送りください。

https://book.impress.co.jp/info/

上記フォームがご利用いただけない場合のメールでの問い合わせ先
info@impress.co.jp

※お問い合わせの際は、書名、ISBN、お名前、お電話番号、メールアドレスに加えて、「該当するページ」と「具体的なご質問内容」「お使いの動作環境」を必ず明記ください。なお、本書の範囲を超えるご質問にはお答えできないのでご了承ください。

- ●電話やFAXでのご質問には対応しておりません。また、封書でのお問い合わせは回答までに日数をいただく場合があります。あらかじめご了承ください。
- ●インプレスブックスの本書情報ページ https://book.impress.co.jp/books/1122101123 では、本書のサポート情報や正誤表・訂正情報などを提供しています。あわせてご確認ください。
- ●本書の奥付に記載されている初版発行日から3年が経過した場合、もしくは本書で紹介している製品やサービスについて提供会社によるサポートが終了した場合はご質問にお答えできない場合があります。

■落丁・乱丁本などの問い合わせ先
FAX 03-6837-5023
service@impress.co.jp
※古書店で購入された商品はお取り替えできません。

いちばんやさしいPython機械学習の教本 第2版

人気講師が教える業務で役立つ実践ノウハウ

2023年2月21日　初版発行

著 者	鈴木たかのり、降籏洋行、平井孝幸、株式会社ビープラウド
発行人	小川　亨
編集人	高橋隆志
発行所	株式会社インプレス
	〒101-0051　東京都千代田区神田神保町一丁目105番地
	ホームページ　https://book.impress.co.jp/
印刷所	株式会社暁印刷